科学出版社"十四五"普通高等教育本科规划教材

雷达辐射源分析

王　海　唐　波　黄中瑞　秦立龙　编著

科学出版社
北　京

内 容 简 介

本书针对复杂技术体制雷达辐射源精准分析难、海量雷达辐射源数据快速处理难的现实问题，紧密结合宽带数字电子侦察和雷达技术的现状与趋势，系统阐述了雷达频率分析、雷达脉冲重复间隔分析、雷达天线扫描特征分析、雷达脉内特征分析、雷达辐射源识别等方法。

本书综合性强、挑战度高、与实践结合紧密，涉及信号与系统、雷达原理、电子对抗原理等相关知识。在编著过程中，对教学团队 30 余年的积累不断删繁就简、充实完善，力求深入浅出、循序渐进地反映雷达辐射源分析的全部内容，便于读者理解和掌握。

本书可供高等院校电子信息工程、信息对抗等专业本科生、研究生使用；也可供部队院校电子对抗、侦察情报等专业的本科生、研究生使用；还可作为科研院所从事雷达、电子对抗装备研发的工程技术人员的参考用书。

图书在版编目（CIP）数据

雷达辐射源分析/王海等编著. —北京：科学出版社，2022.9
科学出版社"十四五"普通高等教育本科规划教材
ISBN 978-7-03-072575-2

Ⅰ.①雷… Ⅱ.①王… Ⅲ.①雷达信号-辐射源-信号分析-高等学校-教材 Ⅳ.①TN957.51

中国版本图书馆 CIP 数据核字（2022）第 105210 号

责任编辑：潘斯斯 陈 琪 / 责任校对：王 瑞
责任印制：张 伟 / 封面设计：迷底书装

科 学 出 版 社 出版
北京东黄城根北街 16 号
邮政编码：100717
http://www.sciencep.com

北京天宇星印刷厂印刷
科学出版社发行 各地新华书店经销
*
2022 年 9 月第 一 版 开本：787×1092 1/16
2024 年 8 月第三次印刷 印张：13 1/2
字数：320 000
定价：68.00 元
（如有印装质量问题，我社负责调换）

序

  雷达辐射源分析是制约雷达电子战能力提升的瓶颈，是先进的雷达电子战装备效能得以发挥的基础。雷达辐射源分析从20世纪40年代发展至今，已经走过了80余年的历程。在发展过程中，雷达辐射源情报由早期主要服务于电子干扰引导向服务于战场态势生成、武器平台实时自卫告警等方向不断延伸，需求不断拓展，要求不断提高，已经成为现代战争军事情报的重要组成部分之一。当前，随着信息化武器装备的大量运用，战争的信息化程度越来越高，雷达辐射源分析在现代战争中发挥的作用越来越大，既需要雷达辐射源情报能够满足反辐射等精确制导武器在电子目标数据精确度和时效性等方面的需求，又需要雷达辐射源情报能够与海情、空情等其他情报系统，甚至是指挥决策系统、武器控制系统等相连接，形成一个"无缝隙"的信息网络，提升对战场态势信息的共享程度。

  近年来，随着电子信息技术的飞速发展，雷达技术快速迭代，新体制雷达不断投入实际运用，已部署的雷达也不断得到升级换代，迫切需要全面掌握相关武器平台搭载雷达的战术技术参数，为研判作战对手能力、企图等提供准确、及时的雷达辐射源情报保障。从电子侦察的角度看，近年新部署或升级的雷达具有工作频段覆盖宽、调制参数复杂、信号样式多等特点，导致新旧体制雷达并存，信号特征提取越来越复杂，受电磁环境、地理环境、气象环境的影响，"分选增批""信号分裂"等问题也越来越严重。既要提高雷达辐射源数据分析的时效性，缩短数据搜集到用户之间的时间差；又要提高雷达辐射源数据分析的准确性，提升对海量、多源数据的处理能力，尽量避免因信息来不及处理而导致拖延的现象；同时，还要提高雷达辐射源情报产品的多样性，提升对不同用户的及时、准确保障能力，这给快速、精准分析处理雷达辐射源数据提出了巨大的挑战。

  与此同时，随着电子侦察手段的快速发展，陆、海、空、天电子侦察平台不断投入运用，对雷达辐射源数据的搜集能力得到了极大的提升，导致来自电子侦察设备（系统）的数据海量增长，对雷达辐射源分析处理的要求越来越高，任务比重越来越大。客观上，在电子侦察数据海量增长的同时，用于描述雷达的信号特征参数类型也在不断丰富，如何全面发挥陆基、舰载、空基、天基等多种电子侦察平台的效能，挖掘大数据、人工智能技术潜力，及时、准确地分析处理雷达辐射源数据，应对电子侦察技术发展带来的挑战，提升雷达辐射源情报保障能力，以适应电子对抗和联合作战的需要，是迫切需要深入研究的问题。

  该书紧密围绕新的时代背景下雷达辐射源分析学科方向亟待解决和回应的重点、热点问题，紧密结合雷达和宽带数字电子侦察技术的现状与趋势，系统介绍了雷达频率、脉冲重复间隔、脉冲宽度、脉内调制、天线扫描特征等参数的分析方法，全面阐述了对不同年代、不同国别的雷达辐射源进行用途、技术体制分析和识别的方法，填补了雷达辐射源分析领域专业教材的空白，对应对电子侦察技术发展对雷达辐射源分析处理的挑战、加快专业人才培养、提升雷达电子战能力具有重要的参考借鉴意义。

中国工程院院士　王沙飞

2022 年 3 月 15 日

前　言

随着雷达技术的快速发展和新体制雷达的广泛应用，传统的获情手段已经很难满足现代战争对情报准确性和时效性的要求，通过分析武器平台所搭载的雷达辐射源特征数据，查明雷达与相关武器平台的关系和威胁等，已成为现代战争的重要需求之一；同时，发挥已掌握雷达辐射源特征数据的作用，提升武器系统的告警、打击等任务的精准度和时效性，也离不开高质量的雷达辐射源分析。可以说，雷达辐射源分析已经成为制约电子侦察、自卫告警、态势生成等方面的瓶颈。

对雷达辐射源分析而言，随着电子侦察技术的快速发展，通过电子侦察截获的雷达辐射源数据越来越多，给及时、准确地分析雷达辐射源提出了越来越大的挑战。一方面，雷达技术体制越来越复杂、信号样式越来越多，根据截获的信号参数精准分析雷达的用途、技术体制和威胁等越来越难；另一方面，电子侦察技术发展迅速，灵敏度越来越高、接收带宽越来越大，单位时间截获的数据越来越多，快速分析处理截获的雷达辐射源数据越来越难。为适应电子对抗相关专业人才培养需求，编者在总结30余年雷达辐射源分析科研、教学和实践成果，并汲取国内外优秀研究成果的基础上，完成了本书的编写工作。

本书从雷达辐射源分析的由来入手，重点从电子侦察截获的雷达辐射源数据的角度，阐述雷达频率分析、雷达脉冲重复间隔分析、雷达天线扫描特征分析等内容，共分为8章。其中，第1章为概述，主要阐述雷达辐射源分析的基本概念、由来和涉及的主要业务，以及当前面临的挑战等；第2章为雷达频率分析，主要阐述雷达频率分析的内容、频率变化的类型和频率分析的方法等；第3章为雷达脉冲重复间隔分析，主要阐述雷达脉冲重复间隔分析的内容、脉冲重复间隔变化的类型和脉冲重复间隔分析的方法等；第4章为雷达天线扫描特征分析，主要阐述雷达天线扫描特征分析的内容、雷达天线扫描的类型和雷达天线扫描特征分析的方法等；第5章为雷达脉内特征分析，主要阐述雷达信号脉内特征分析的内容、脉内调制的类型和脉内特征分析的方法等；第6章为雷达辐射源识别，主要阐述雷达辐射源识别的内容、依据和方法等；第7章为雷达辐射源技术与战术特性分析，主要阐述雷达辐射源技术与战术特性分析的内容、雷达技术体制与用途的关系，以及雷达战术运用规律分析的方法等；第8章为雷达辐射源综合分析，主要结合电子目标情报生成、电磁态势研判和武器系统数据加载等不同任务，简要阐述雷达辐射源综合分析的要求、内容和方法。在内容安排上，本书对雷达辐射源数据分析的相关内容进行了较为详细的讨论，力求反映雷达辐射源分析领域的最新需求，力争做到深入浅出，通俗易懂。此外，为方便学生自主学习，强化对重点知识的理解，本书融入微课视频及思维导图等数字资源，可扫描书中二维码进行学习。

对雷达辐射源分析而言，其作为一个门槛较高的专业方向，要通过截获的雷达辐射源数据“逆向”精准分析对应的雷达和相关武器平台，面临的挑战主要体现在三个方面：

一是专业基础要求高，要具备信号处理、雷达原理、电子对抗原理等专业基础知识；二是熟悉雷达的发展历程，由于很多雷达的服役年限超过 50 年，因此，不仅要跟踪雷达技术发展的前沿领域，还要了解不同年代雷达技术的发展历程和典型代表；三是熟悉电子侦察设备性能，尤其是随着宽带高灵敏度电子侦察设备的广泛应用，雷达辐射源数据的表现形式会出现一定的差异性，不掌握这些差异性，就很难准确分析相关参数。在使用本书的过程中，不同的读者对象需要有所侧重。对于电子信息工程、信息对抗等专业的本科生，建议侧重打牢基础，需要全面系统地学习第 1～5 章中的理论和方法，对第 6～8 章则以了解相关知识点为主；对于有一定实践基础的研究生和任职培训学生，建议从目标的角度侧重掌握分析方法，着重学习第 1 章以及第 6～8 章的内容，从深度和广度两个方面掌握相关理论和方法；对于有实践经验的工程技术人员，建议以熟悉相关结论为目标，根据业务需求学习相关章节，实现雷达原理、电子对抗原理和业务实践融会贯通。

本书第 1、7、8 章由王海教授编写，第 2、3、5 章由唐波副教授编写，第 4 章由黄中瑞讲师编写，第 6 章由秦立龙讲师编写。王海教授对全书进行了统稿。

本书的出版首先要感谢林春应教授，他在雷达辐射源分析领域三十年如一日的默默奉献，为本书的编写打下了扎实的理论基础，积累了丰富的实践经验，虽然他已经退休多年，但是一直关心教材的建设，勉励我们严谨治学、关爱学生，不断在这个无形领域做出新的贡献。特别感谢薛磊教授站在全局的高度，对本书的出版提出了很多建设性、前瞻性的宝贵建议，多年来一如既往地指导和帮助团队不断完善书稿。感谢科学出版社的潘斯斯、陈琪编辑对书稿进行了认真细致、精益求精地修改完善。在此，对支持帮助完成本书的单位和同志表示诚挚的感谢。

由于编者水平和经验所限，本书在内容安排、理论阐述、方法研究等方面难免存在不妥之处，恳请广大读者批评指正。编者的电子邮箱地址如下：

王海：wanghai17@nudt.edu.cn

唐波：tangbo17@nudt.edu.cn

黄中瑞：huangzhongrui17@nudt.edu.cn

秦立龙：qinlilong17@nudt.edu.cn

编　者

2022 年 1 月

目　　录

第 1 章　概　　述

雷达作为一种主动传感器，是现代军事领域的重要传感器之一，也是衡量一个国家或地区情报侦察能力的重要依据。经过近 90 年的发展，雷达从单纯的防御报警设备发展到多体制、多用途综合的传感器，并广泛应用于预警探测、侦察监视、目标指示、武器控制、航行保障、敌我识别、地形测绘和气象观测等诸多领域。由于不同技术体制、不同用途雷达所设计的战术与技术参数存在一定的差异性，这些雷达所发射的电磁信号参数也千差万别。通过搜索、截获和分析各种武器平台所搭载雷达的电磁信号，就可以掌握该雷达和相关武器平台的战术技术性能、类型、用途、部署变化等信息。这些信息不仅可以用于威胁告警，还可以为电子干扰、火力打击提供目标引导，甚至用于研判作战对手的装备水平、战场态势、作战企图等，成为军事情报的重要来源。

1.1　雷达辐射源分析简介

雷达辐射源分析是将截获的雷达信号分析形成军事目标的枢纽，是电子情报 (Electronic Intelligence，ELINT) 和电子支援措施 (Electronic Support Measure，ESM) 业务的核心。搜索、截获雷达发射的电磁信号，经过分析识别从中获取关于雷达的战术技术参数等信息，为战略决策、作战筹划、态势感知和武器系统运用等提供支持，是现代战争中电子战行动的重要任务之一。

1.1.1　雷达辐射源分析的内涵

雷达是防空体系、武器系统的"千里眼"，它能构成紧密无隙的监视网，实时掌握空中、海上目标的位置、速度等信息。现代武器系统大多数依赖雷达进行目标瞄准和跟踪，例如，地面高炮、机载空射武器、导弹等系统，如果干扰或摧毁了这些系统的雷达，就会削弱或破坏其探测与跟踪能力，进而无法瞄准目标，致使命中率降低或直接失去作战能力。因此，在现代战争中，雷达电子战通常是削弱或摧毁作战对手的防空武器系统最经济有效的途径，对于取得现代战争的战场优势有着不可替代的地位和作用。

从雷达电子战担负的具体任务看，通常包括雷达电子战支援、雷达干扰和雷达电子防御。雷达电子战支援的任务是侦测并分析作战对手的雷达信号参数，查明作战对手雷达的工作参数、性能、用途、数量、部署、工作状态和威胁等级等，从而进一步获取作战对手指挥系统和武器系统的性能、配置、行动、企图等信息，为己方干扰引导、研究战术对策、制定作战计划等提供依据。例如，对战斗机、预警机等空中武器平台而言，分析其搭载的雷达辐射源，不仅能提供告警信息，更是保护己方平台安全的重要手段之一。因此，快速、准确地分析作战对手的雷达辐射源，就成为雷达电子战最基础的任务，同时也是制约雷达电子战能力生成的瓶颈因素。

当前，所有军事活动越来越依赖于电磁频谱的有效、合理运用，各作战要素、作战单元、作战系统的作战运用方式、作战能力不同，电磁频谱特征也不完全相同，这些特征不仅受限于电磁频谱本身的特性，而且与当前器件的工艺水平、体积重量要求等密切相关。对雷达辐射源而言，不同体制、不同用途、不同平台的雷达在频率选择、脉冲宽度和脉冲重复间隔设计、脉内调制等诸多方面都会有差异，在运用方式上也会有差异，甚至不同国家的工业基础参差不齐，也会导致某一类用途雷达的参数设计与其他国家不同。这些因素既有主观因素，也有客观因素，就构成了雷达辐射源分析的基础。从雷达信号设计与发射的角度看，通过截获雷达发射的电磁信号，分析雷达的性能、用途、体制、国别、型号、平台、威胁等是一个典型的逆向思维过程。

因此，雷达辐射源分析就是通过对搜集的与雷达相关的多源数据进行综合与研判，将处理过的信息转化为情报，以满足不同用户需求的过程。

需要说明的是，雷达辐射源情报作为现代战争军事情报的重要组成部分，对雷达辐射源的分析既具有传统情报分析的共性特征，也具有专业领域的个性特征。对情报分析的共性特征而言，其作为一种探求未知的理性创造活动，是将各种素材连贯起来思索并形成可供决策者使用和判断的过程，在整个情报工作中至关重要，是将搜集来的数据转化为情报的枢纽，是情报价值得以实现的关键。但在数据搜集至情报应用的过程中，情报分析是最容易被忽视，也最难以理解的环节。对雷达辐射源分析的个性特征而言，其分析信号参数为无语义信息，且很多数据需要直接用于武器平台告警库、识别库的加载，并不符合大多数人对传统情报的认知，更不容易得到足够的重视；而且，对雷达辐射源的分析涉及相对较长历史时期的雷达，随着雷达理论研究的深入、基础工业的发展和平台运用方式的变化等，对同一种技术体制雷达信号参数的分析方法也不能一概而论，需要具体分析、区别应对。

1.1.2 雷达辐射源分析的由来

雷达是利用电磁波探测目标的电子信息设备，通过发射电磁波对目标进行照射，然后接收其回波，由此获得目标的距离、径向速度、方位和高度等信息。雷达探测远距离目标时，具有全天候、全天时的特点，并有一定的穿透能力。雷达的发展历程可以追溯到第一次世界大战，但是直到第二次世界大战期间，雷达技术才得到真正应用，并迅速发展成为现代战争中重要的传感器之一。虽然雷达能够不受气候和光照的影响实现远距离目标的探测，但也会受到干扰和欺骗。这是因为来自目标的回波通常是非常微弱的，雷达的接收机必须以极高的灵敏度才能接收这些回波信号，电子战正是利用雷达的这个弱点，对准雷达信号的来波方位，发射相同频率且具有较强功率的干扰信号，将回波信号淹没。由此，通过及时、准确地截获雷达信号，掌握其频率、脉冲重复间隔、脉冲宽度、方位等参数，引导干扰压制，甚至是火力摧毁，使雷达丧失"千里眼"的作用，成为电子战的重要任务之一。

早期雷达辐射源分析的重要目的之一，是通过掌握对方雷达辐射源参数，形成使用箔条的无源干扰策略，进而在对方雷达屏幕上形成与实际"进攻舰队"一模一样的回波，达到欺骗对方、隐蔽己方作战企图、迟滞对方行动的目的。其关键是依据对方雷达辐射源参数，掌握雷达的距离分辨率和方位分辨率，进而计算所需播撒箔条飞机的架数、飞机编队的速度、编队之间的距离，以及箔条箱的投放方式等。

例如，要通过播撒箔条的方式，在距对方某监视雷达 10mile(1mile≈1.609km)附近形成一块长 16mile、宽 16mile 的巨大干扰云，进而在该雷达的显示器上出现一支舰队的回波。为确保该行动有效，通常先期组织电子侦察行动，使用电子侦察飞机掌握对方雷达的部署和参数情况。例如，先期掌握某型雷达的频率为 370MHz，脉冲宽度为 3μs，波束宽度为 15°。设该型雷达的最小距离分辨单元为 ΔR，最小方位分辨单元为 l，波束宽度为 θ，脉冲宽度为 τ，形成假目标与雷达之间的距离为 R，c 为光速，则有

$$l = \theta R = \frac{15\pi}{180} \times 10 \approx 2.6(\text{mile}) \tag{1-1}$$

$$\Delta R = \frac{c\tau}{2} = \frac{1}{2} \times 3 \times 10^8 \times 3 \times 10^{-6} = 450(\text{m}) \tag{1-2}$$

利用式(1-1)和式(1-2)，可以得到以下结论：①距雷达 10mile 处，波束横向宽度为 2.6mile，为了留有余地，要求干扰箔条所形成干扰云的分布沿"舰队"正面的相互间距应在 2mile 以内，以便在雷达屏幕上产生一个没有间隙的连续回波信号；②因该雷达的脉冲宽度为 3μs，则其距离分辨率为 450m，也就是说，要在雷达屏幕上获得一个在距离上连续的回波，干扰云团的间距必须小于等于 450m。以早期典型轰炸机投放干扰箔条为例，其每小时飞行 180mile(约为 289km/h)，即每分钟约 4.8km，机组人员每分钟投放 12 包干扰箔条，即每隔约 400m 或者 5s 投放一包，就可达到预期目的。

因此，如图 1-1 所示，要达到预期的无源欺骗干扰效果，需要 8 架飞机，分成 2 个梯队行动，飞机间距 2mile。为了模拟"舰队"向前推进，两批飞机保持编队按照一系列长环形航线飞行，环形航线长 8mile、宽 2mile，每周飞行 7min。第一批按直线平行飞行，两架飞机间隔 2mile；第二批在其后 8mile 处，以同样的队形飞行。每飞行一周向前移动 1mile，从而使投放的箔条区域以 8kn(1kn=1.852km/h)的速度向前推进，在雷达屏幕上显示的图像就如同一支正在前进的舰队。

为了增加欺骗的真实性，通常还采取一些其他措施，在上述航线附近安排其他飞机在对方雷达频率上释放干扰，并在一些水面舰艇上安装干扰设备，用来干扰对方雷达，使雷达回波看起来更像一支舰船编队。

在早期这一类行动中，既涉及雷达辐射源分析、作战计算的相关内容，也涉及电子欺骗、电子防御等问题，但掌握对方雷达的信号特征，分析这些雷达的距离分辨率、方位分辨率等性能参数，对于准确计算飞机的航速、编队之间的距离、箔条投放的方式等起到关键的作用。当然，现在雷达技术的发展已经日新月异，这种方式的效果已经大打折扣，无论技术如何进步，通过对雷达辐射源的分析，掌握潜在对手雷达的相关信号特征，分析其战术与技术参数，在现代战争中依然具有重要的作用和意义。

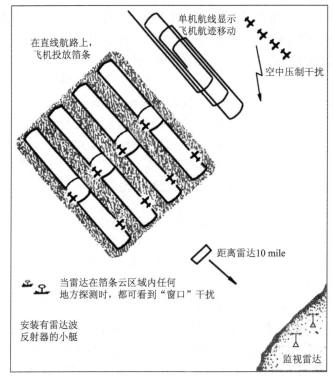

雷达辐射源
分析的由来

图 1-1　欺骗干扰示意图

1.2　雷达辐射源分析的应用

对雷达辐射源的分析从第二次世界大战发展至今，已经走过了 80 余年的历史。在这个发展过程中，雷达技术体制越来越复杂、应用越来越广泛，电子侦察技术也越来越先进，使雷达辐射源分析由早期的电子干扰引导向各种平台的实时自卫告警、战场态势保障等方向延伸，需求不断拓展、要求不断提高。

1.2.1　雷达辐射源分析的参数

自第一部雷达应用于军事实践以来，雷达可以分为连续波雷达和脉冲体制雷达两大类，综合这两类雷达在军事领域的应用现状和实际威胁，脉冲体制雷达用途广、数量多，绝大部分预警探测、防空反导、制导火控等系统的雷达均采用脉冲体制。因此，在雷达辐射源分析领域，重点是对脉冲体制雷达信号的分析研究，如图 1-2 所示。

从雷达辐射源侦测数据的角度分析脉冲体制雷达，雷达辐射源分析的内容主要是通过专用设备截获的雷达信号参数信息，主要包括脉冲频率、脉冲重复间隔、脉冲宽度、脉冲到达方位、天线扫描周期，以及脉内调制参数、信号出现时间和消失时间等。当然，在分析过程中离不开资料的支撑，既包括通过各种途径掌握的技术资料，也包括先前掌握的雷达辐射源参数数据和分析结论。对雷达辐射源分析而言，这些资料通常作为雷达辐射源分析的重要参考依据。对脉冲体制雷达信号参数实施测量，可获取的数据主要包括以下三类，如表 1-1 所示。

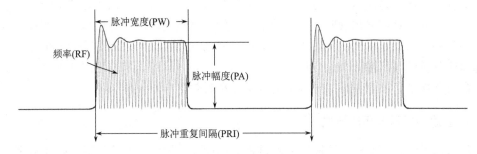

图 1-2　脉冲体制雷达信号示意图

表 1-1　雷达辐射源侦测的主要数据

类型		参数	全称
技术参数	基本参数	频率	Frequency
		脉冲到达方位	Direction of Arrival
		脉冲重复间隔	Pulse Repetition Interval
		脉冲宽度	Pulse Width
		脉冲幅度	Pulse Amplitude
		信号带宽	Signal Bandwidth
		天线扫描周期	Antenna Scan Cycle
	细微特征参数	脉冲上升沿参数	Leading Edge of a Pulse
		脉冲下降沿参数	Trailing Edge of a Pulse
		脉内调制参数	Intra-Pulse Modulation
战术参数		信号出现时间	Signal Occurrence Time
		信号消失时间	Signal Disappearing Time
		搭载平台的运动状态参数	Platform Moving State

(1) 雷达辐射源基本参数。主要包括脉冲信号的频率、信号强度(脉冲幅度)、脉冲宽度、脉冲重复间隔、天线扫描周期等。在对雷达信号的侦测过程中，基本参数通常以脉冲描述字(Pulse Description Word，PDW)的形式体现出来。这些脉冲描述字数据是雷达辐射源分析的主要对象，在分析过程中，既要把握不同参数之间的制约关系，也要把握分析不同目标时的关键参数。也就是说，在形成分析结论的过程中，这些参数的贡献度或重要程度是不一样的。

(2) 雷达辐射源细微特征参数。主要包括脉冲上升沿参数、脉冲下降沿参数、脉内调制参数等。近年来，雷达的这些细微特征参数通常作为个体识别的依据，但就目前的军事需求、器件水平、理论方法等而言，基于雷达所辐射的电磁信号细微特征对雷达及其平台进行个体识别多局限于对部分类型雷达和平台的识别。对这一类雷达的基本要求通常是开机时间长、发射机的辐射特征稳定、相关武器平台的数量规模相对较小等。

（3）雷达辐射源的战术参数。从雷达信号参数的角度，对雷达辐射源的分析可以分成两大部分，一部分是技术参数分析；另一部分是战术参数分析，也就是通常说的活动规律分析，主要包括信号出现时间、信号消失时间、雷达活动区域等信息。在初步完成对雷达辐射源分析识别的情况下，通过对雷达及其搭载平台战术运用规律的分析，可以更准确地研判雷达技术参数与作战运用方式之间的关系，验证识别结论的准确性，分析相关平台及所属部队的意图，提升分析的准确度和时效性。

1.2.2　雷达辐射源分析的层次

雷达辐射源分析是一个不断深入的过程。如图 1-3 所示，现代战场上按作战需求和对所截获数据分析的递进程度，可以分为雷达辐射源数据分析、雷达辐射源识别、雷达辐射源技术战术特性分析和雷达辐射源综合分析四个层次，各个层次的主要任务既有衔接也有区别。

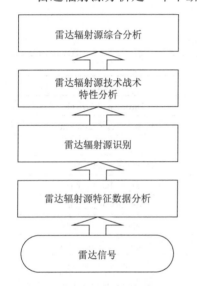

图 1-3　雷达辐射源分析层次示意图

1）雷达辐射源特征数据分析

对截获的雷达信号参数数据进行分析是雷达辐射源分析的"第一步"，要求分析人员在熟悉电磁波传播条件、地形和气象条件对电子设备影响的基础上，及时、全面地分析所截获到的远程警戒、制导火控、航行保障等雷达技术参数和战术参数，完整地记录雷达的参数典型值、参数变化范围、参数变化类型、战术运用规律等信息，准确掌握"第一手"信息，为火力摧毁或干扰压制提供目标参数引导，并为深层次的分析打下坚实的基础。

2）雷达辐射源识别

雷达辐射源识别是在雷达辐射源数据分析的基础上，依据雷达辐射源当前的参数类型，分析雷达的型号、工作模式、状态和威胁等级，判明该雷达及其所搭载平台的企图，确保及时、准确地掌握实时态势，引导火力摧毁或干扰压制，并做好电子防御工作，最大限度地发挥己方的作战效能。

3）雷达辐射源技术战术特性分析

雷达辐射源技术战术特性分析是在雷达辐射源识别的基础上，依据相关资料，识别雷达的类型、用途等信息，分析其技术体制、战术性能，如作用距离、测量精度、跟踪速度、抗干扰能力等，用于判别雷达及相关平台的型号、企图等。

4）雷达辐射源综合分析

雷达辐射源综合分析是在雷达辐射源数据分析、雷达辐射源识别等的基础上，结合资料，分析与雷达及其搭载平台相关的部队编成、指挥关系、力量部署，以及军事战略、关键技术、发展趋势等情况，为指挥筹划、目标引导、力量建设、技术研发等提供决策依据。

在雷达辐射源分析的四个层次中，雷达辐射源数据分析是基础，为了实现对相关雷达及其平台的准确分析，还需要依据海情、空情等其他来源的信息。当然，需要说明的是，并不是所有分析过程都要按部就班地完成这个过程。根据用户需求不同、目标掌握程度不同，分析的过程也不完全相同。通常，雷达辐射源特征数据分析是贯穿始终的，是电子侦察前端和各级分析处理机构都需要有的过程，并不是说在传感器前端对数据分析结束以后，就不再需要这个阶段了。即使在对飞机等平台的告警库、识别库进行数据加载时，依然需要结合任务区域、任务类型、己方雷达性能、平台告警设备性能、已掌握信息等内容，再对雷达辐射源特征数据进行边分析边加载。

1.2.3　雷达辐射源分析涉及的主要业务

情报分析的核心在于预测，也就是要求情报分析不仅要从零散的信息中描述事物过去的情况，更重要的是分析现在的能力，并预测未来的发展趋势。可以说，情报分析既是科学，也是艺术，既要明确、严谨、一丝不苟，又不排斥直觉、灵感等奇妙的思维过程。综合来看，情报分析是通过对多源数据进行综合与研判，将处理过的信息转化为情报，以满足不同用户需求的过程。应当说明的是，情报分析强调依赖人的思想活动而认知事实的真相。

对雷达辐射源分析而言，从满足不同用户需求的角度看，雷达辐射源分析涉及的主要业务包括电子目标情报生成、电磁态势研判、武器系统数据加载、雷达电子战技术研究等方面。如表 1-2 所示，不同军兵种、不同武器系统(平台)等用户对不同的业务类型在时效性、准确性方面的需求存在着很大的差异，需要结合实际工作不断提升雷达辐射源分析的能力。

表 1-2　雷达辐射源分析涉及的主要业务

主要业务	具体内容	时效性
电子目标情报生成	信号样式、目标型号(个体)、技术体制、搭载平台等	较低
电磁态势研判	目标型号(个体)、工作模式、搭载平台、运用方式等	高
武器系统数据加载	信号样式、工作模式、目标型号(个体)、运用方式等	最高
雷达电子战技术研究	信号样式、技术体制、目标型号(个体)、搭载平台等	低

1)电子目标情报生成

全面获取作战对手雷达辐射源的信号参数，分析其技术细节，精准掌握与武器系统相关雷达辐射源的性能和薄弱环节，为战法研究、目标选择等提供基本依据。对电子战而言，要达到预期的电子战效果，必须准确掌握作战对手雷达辐射源等电子信息系统的特性。纵观百年电子战历史，可靠地获取作战对手雷达辐射源的特性是一项极其困难的任务，即使运用最先进的电子侦察手段也不能确保及时准确地掌握这些雷达辐射源的战术与技术特性，这是因为信号处理方式、波束切换方法、抗干扰措施等方面的特性是很难利用电子侦察的手段来获取的。但是，在没有更可靠情报来源的情况下，为了尽可能避免战争中的意外、减少战争损失，提升电子战战法研究、电子战训练等的针对性，以及通过电子侦察获取作战对手武器系统雷达辐射源的性能参数也就成为最为迫切和需要长期坚持的工作。雷达作为电子信息系统中的重要传感器之一，掌握其战术与技术参数，自然也就成为电子侦察的重要任务之一。因此，平时全面搜集与分析作战对手雷达辐射源的战术参数和技术参数，掌握其参数特征、作战能力等就显得尤为重要。

2) 电磁态势研判

电磁态势就是指作战空间的敌我双方电磁设备、系统的分布和电磁活动，以及影响电磁活动的其他因素所形成的状态和形势，它是战场态势的重要组成部分。通过对多平台、多传感器获取的侦察数据进行融合，将多种传感器获取的数据按照一定的采信原则，提高任务相近、区域相似的敏感目标的联合侦察判断能力，以得到准确、完整、可靠的目标战术与技术数据，生成全时域、全频域、全空域的电磁态势，为判明作战对手的作战意图、作战能力、主攻方向等提供支撑。电子侦察具有作用距离远、获取目标类型多等优势。作用距离远，就是相对于雷达的探测距离而言，同等条件下电子侦察的作用距离要大于雷达的作用距离。获取目标类型多，是指不同用途雷达使用的频率、信号类型是不相同的，电子侦察设备可以依据截获的信号特征，判断雷达辐射源的类型，如警戒雷达、火控雷达等，甚至通过雷达辐射源参数识别相关武器平台个体等，这就使得雷达辐射源分析能够为战场态势生成提供更丰富、更准确的目标信息。

3) 武器系统数据加载

准确分析作战对手雷达电磁辐射特征参数，是机载告警器、反辐射武器、自卫干扰系统等发挥效能的关键。受电子侦察接收机技术体制、数据处理方式、敌我双方平台相对位置等问题的影响，同一目标在不同侦察设备上的响应存在差别，导致先期掌握的雷达电磁辐射特征参数与武器系统截获的数据不完全一致，给告警、反辐射引导和干扰数据库加载带来诸多困难。若要切实发挥机载告警器、反辐射武器、自卫干扰系统等的效能，则需要结合吊舱侦察数据，进一步实施雷达辐射源分析，修正上级下发的雷达辐射源参数信息，使相关系统更有效地发挥效能。

4) 雷达电子战技术研究

现代战争的节奏加快，一方面要求提高情报的时效性，缩短从数据搜集到用户使用环节之间的时间间隔；另一方面随着电子侦察技术的不断进步，搜集到的雷达辐射源信息量越来越大，靠传统的处理方式难以应付。因此，迫切需要对所获取的雷达辐射源特征参数进行分析处理，查明作战对手雷达的类型、用途和威胁程度，推断作战对手雷达的技术水平、发展趋势，为电子战、雷达等技术研发提供参考借鉴。同时，充分利用人工智能技术，发挥传感器的第一"感觉"作用，缩短获取目标的反应时间，并提高系统的自动化程度和智能处理能力，实现对目标信号属性的自动判证和对目标信息的自动分类，提高电子侦察装备对雷达进行识别的准确性和时效性。

1.3　影响雷达辐射源分析的环境因素

雷达辐射源分析的对象是通过电子侦察设备截获的雷达信号特征数据，这些数据在雷达、环境和电子侦察设备等因素的影响下，相比雷达所发射的信号已经发生了很大变化。其中，环境包括气象环境、电磁环境、地理环境等，是导致雷达辐射源特征参数变化的重要因素，也是导致电子侦察过程中"增批"问题的重要因素，它给雷达辐射源数据分析、雷达辐射源识别带来诸多挑战。因此，分析影响雷达辐射源分析的环境因素，有助于更好地把握雷达辐射源分析过程中的重点与难点。

1.3.1　气象环境的影响

气象环境对较短波长的频率有较大的衰减，对部分频段的信号还会产生折射现象，这些影响会使电子侦察接收机本该接收到的信号低于门限电平，使本无法接收到的远距离雷达信号长时间稳定存在。

1. 基本侦察方程

掌握使用基本侦察方程估算雷达侦察距离的方法，理解影响侦察距离的各种因素，熟悉电子侦察设备的系统损耗和损失，掌握电子侦察作用距离相比雷达作用距离的优势，是认清影响雷达辐射源分析环境因素的前提和基础。

基本侦察方程，是指在自由空间中忽略大气衰减、地面海平面反射，以及雷达和电子侦察接收机系统损耗等因素的影响，分析侦察作用距离与雷达参数、接收机参数的关系方程式。

为建立基本侦察方程，考虑电子侦察接收机与雷达的空间位置如图 1-4 所示。设雷达发射机的功率为 P_t，雷达发射天线最大增益为 G_t，雷达与电子侦察接收机之间的距离为 R_r，接收机天线增益为 G_r，接收机灵敏度为 $P_{r\min}$。

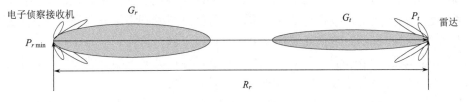

图 1-4　电子侦察接收机与雷达的空间位置

于是，在电子侦察接收机处雷达信号的功率密度为

$$S = \frac{P_t G_t}{4\pi R_r^2} \tag{1-3}$$

若侦察天线的有效接收面积定为 A_r，则侦察天线接收的雷达信号功率为

$$P_r = \frac{P_t G_t A_r}{4\pi R_r^2} \tag{1-4}$$

根据天线理论，天线的有效接收面积 A_r 与天线最大增益 G_r 之间的关系为

$$A_r = \frac{G_r \lambda^2}{4\pi} \tag{1-5}$$

式中，λ 为雷达信号的波长。将式(1-5)代入式(1-4)，得

$$P_r = \frac{P_t G_t G_r \lambda^2}{(4\pi R_r)^2} \tag{1-6}$$

接收到的雷达信号功率 P_r 与 R_r^2 成反比，随着 R_r 的增大，P_r 迅速减小。当 R_r 超过一定距离后，接收信号功率将低于接收机灵敏度 $P_{r\min}$，无法检测雷达信号。将接收信号功率正好等于接收机灵敏度处的距离称为侦察作用距离，记为 $R_{r\max}$，即

$$P_{r\min} = \frac{P_t G_t G_r \lambda^2}{(4\pi R_{r\max})^2} \tag{1-7}$$

从而，有

$$R_{r\max} = \sqrt{\frac{P_t G_t G_r \lambda^2}{(4\pi)^2 P_{r\min}}} \tag{1-8}$$

基本侦察方程(1-8)确定了侦察作用距离与雷达参数、接收机参数之间的关系，即侦察作用距离与雷达等效辐射功率 $P_t G_t$ 的平方根成正比，与接收机的等效灵敏度 $(P_{r\min}/G_r)$ 的平方根成反比，$P_{r\min}/G_r$ 越高，侦察作用距离的数值越小。

在实际环境中，系统损耗会对侦察作用距离产生不利影响。系统损耗的分析应从雷达和电子侦察接收机两个方面入手。雷达的系统损耗或损失主要包括以下两个方面。

(1)雷达发射系统馈线的损耗 L_1。基本侦察方程中所给出的 P_t 是发射机的峰值发射功率，此功率由发射机输出端至雷达天线，中间经过传输线及微波元件、装置，必然要产生损耗，使真正辐射到空间的功率减小。

(2)雷达发射天线波束非矩形引起的损失 L_2。在侦察方程中雷达天线增益考虑的是最大辐射方向上的增益，即认为雷达最大辐射方向对准电子侦察接收机，但实际上雷达天线通常处于扫描状态，接收机截获的雷达信号强度要受到雷达天线波束形状的影响。

电子侦察接收机的系统损耗或损失主要包括以下四个方面。

(1)接收机馈线系统的损耗 L_3。从侦察天线到接收机输入端，馈线的损耗引起信号减小，馈线损耗大小与馈线长度、微波元件的质量有关。

(2)接收机天线波束非矩形引起的损失 L_4。电子侦察系统天线增益考虑的是侦收方向上的增益，即认为电子侦察天线的主波束对准雷达。

(3)侦察天线波束增益在侦察频带内变化引起的损失 L_5。接收机一般都采用宽频带天线，但在整个频带范围内天线增益不可能保持恒定。

(4)侦察天线的极化与雷达信号极化形式不一致引起的损失 L_6。雷达信号的极化形式通常是线极化或圆极化，被侦收雷达信号的极化方式事先是并不知道的，接收机为了能接收各种不同极化形式的雷达信号，侦察天线通常采用45°倾斜线。这样，对于常见极化方式的雷达信号都有一部分能量被天线接收。

综上所述，从雷达发射机的输出端到接收机放大器的输入端之间的损耗和损失总和为

$$L = \sum_{i=1}^{6} L_i \tag{1-9}$$

这些损耗或损失使得进入侦察接收机的雷达信号能量下降为原来的 $1/L$ 倍，从而使侦察作用距离 $R_{r\max}$ 下降，故要在基本侦察方程(1-8)中考虑损耗的影响，修正后的基本侦察方程为

$$R_{r\max} = \sqrt{\frac{P_t G_t G_r \lambda^2}{(4\pi)^2 P_{r\min} L}} \tag{1-10}$$

应该指出，上述各项损耗和损失只是一般性的估计，在进行具体计算时，先要根据实际情况和条件来判断各种损耗或损失的大小，再计算总损耗和损失。

对雷达辐射源进行侦察时，雷达也对电子侦察接收机的搭载平台(如飞机、军舰)进行探测。为了确保电子侦察接收机能隐蔽地工作，同时也为了提供较长的预警时间，电子侦察接收机必须在雷达发现接收机所在平台之前发现雷达信号，即侦察作用距离应大于雷达作用距离。从原理上讲，电子侦察接收机主要接收雷达信号的直射波，而雷达只能接收能量微弱的目标回波，两者的信号功率分别与距离的平方和四次方成反比。随着距离的增加，雷达回波信号的能量下降速度远远快于接收机接收信号的能量下降速度。因此，电子侦察接收机在作用距离上通常占有优势。但是，在接收机性能方面，由于雷达有回波信号的先验信息，雷达接收机通常采用高灵敏度的超外差接收机，其灵敏度远高于侦察接收机的灵敏度；在信号处理方面，雷达还可以通过脉冲压缩和回波积累等信号处理方法提高输出信号的信噪比，而电子侦察接收机则不能。所以，一般在实际工作中使得电子侦察作用距离大于雷达作用距离是可能的，但对于高性能雷达也不是轻而易举的。

2. 大气衰减的影响

当频率低于 1GHz(波长超过 30cm)时，电磁波在大气中的能量损耗是很小的。而在更高频率(较短的波长)，尤其是频率高于 3GHz(波长在 10cm 以下)时，电磁波在大气中有着明显的衰减现象。这些衰减主要是由两个因素引起的：一是氧气和水蒸气的吸收；二是大气中水滴的散射与吸收。

氧气和水蒸气所引起的电磁波能量衰减与频率的关系如图 1-5 所示，频率为 60GHz 时，衰减达到最大，其后随着频率降低而迅速减小。图 1-5 中，曲线 1 是在大气中含氧量为 20% 和 1 个标准大气压(1atm=1.01325×10^5Pa)时的电磁波衰减情况。衰减量与大气压力平方成正比，所以随着高度的增加而迅速下降。图 1-5 中曲线 2 表示当大气中水蒸气的含量为 1000g/m³(相当于

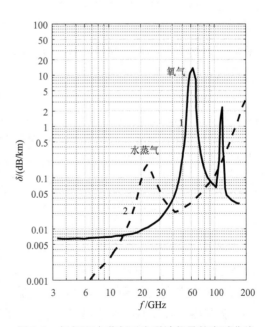

图 1-5　氧气和水蒸气对电磁波能量的衰减曲线

18℃，相对湿度为 66%)时，水蒸气造成的衰减情况。频率为 23GHz 时，衰减达到最大；频率为 37.5GHz 时，衰减有一个谷值，其后衰减随频率的增加而增加。图 1-5 中能量的衰减可以看作与大气的热力学温度成正比。

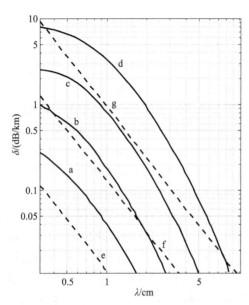

图 1-6　雨雾对电磁波的衰减曲线

a-0.25mm/h，毛毛雨；b-1mm/h，小雨；c-4mm/h，中雨；
d-16mm/h，大雨；e-含水量 0.032g/m³，能见度 600m，
薄雾；f-含水量 0.32g/m³，能见度 120m，浓雾；
g-含水量 2.3g/m³，能见度 30m，大雾

大气中水滴的散射与吸收导致电磁波衰减主要有两个原因：一是水滴是非理想介质，其中介质的损耗造成对电磁波的吸收；二是在水滴中的感应电流的二次辐射(散射)减少了电磁波传播方向上的功率密度。电磁波在云层和雾中传播时，由于水滴的体积很小，所以第一个原因是引起电磁波衰减的主要因素。从图 1-6 中的虚线可以看出，电磁波的衰减与大气中水粒的数量成正比，并随着波长的减小而增加。当下雨时，第二个因素起主要作用，且电磁波衰减与雨滴的体积有关，雨滴的体积又与降雨量有关，通常这种情况下的衰减可根据图 1-6 中的实线来计量。实践表明，电磁波的衰减随着降雨量和频率的增加而增加。

考虑到大气衰减时，若电磁波单程传播时衰减系数为 δ(dB/km)，则接收机接收的雷达信号功率密度为 S'，其与不计大气衰减时的信号功率密度 S 有如下关系：

$$L' = \delta \cdot R = 10\lg(S / S') \tag{1-11}$$

式中，L' 为大气损耗或衰减(dB)；R 为雷达与接收机之间的距离。考虑衰减后，目标离侦察设备越远，则损耗越大。

由式(1-11)可得

$$S' = Se^{-0.23\delta R} \tag{1-12}$$

可见，由于大气衰减，侦察天线处功率密度减小，即所接收的功率减小，因而作用距离必然缩短。若此时的侦察作用距离用 $R'_{r\max}$ 表示，则

$$R'_{r\max} = \left[\frac{P_t G_t G_r \lambda^2}{(4\pi)^2 P_{r\min}}\right]^{\frac{1}{2}} \exp[-0.115\delta R_{r\max}] = R_{r\max} \exp[-0.115\delta R_{r\max}] \tag{1-13}$$

从式(1-13)中可以看出 $R_{r\max} > R'_{r\max}$。也就是说，在原来未考虑各因素对电磁波传播影响的侦察作用距离式后乘以一个衰减因子 $\exp[-0.115\delta R_{r\max}]$，然后解此超越方程，即可求出考虑大气衰减时的侦察作用距离。

为了便于计算有大气衰减时的侦察作用距离，将式(1-13)绘制成图 1-7，曲线以衰减系数 δ 为参变量，纵坐标表示无大气衰减时的侦察作用距离 $R_{r\max}$，横坐标代表有衰减时

的侦察作用距离 $R'_{r\max}$ 。根据图 1-6 查出相应的大气衰减系数 δ ，再根据 δ 和 $R_{r\max}$ 由图 1-7 所示曲线查出有大气衰减时的侦察作用距离 $R'_{r\max}$ 。

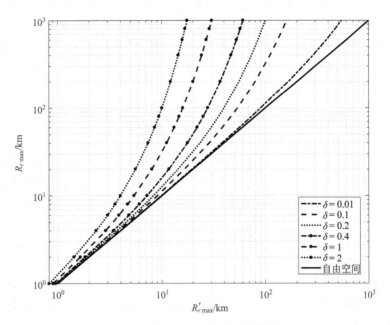

图 1-7　有衰减时的侦察作用距离

例如，中雨时，若雷达信号波长为 5cm，则 $\delta = 0.01\,\mathrm{dB/km}$ ，若无大气衰减时 $R_{r\max}$ 为 600km，则此时的 $R'_{r\max}$ 降低为 385km。

3. 大气折射的影响

大气折射可以使雷达信号作用距离加大，大气折射对海面雷达的影响比较明显。但在大多数情况下，大气折射仅发生在高出地平线 5°～10°处，超过这个角度，大气折射可以忽略不计。

大气波导就是由于大气表面层折射指数随高度的迅速下降而形成的一种区别于标准大气的异常大气结构，它能够使电磁波射线向下弯曲的曲率大于地球表面曲率，从而将电磁能量陷获在波导结构内形成大气波导传播；大气表面层内海水与大气的双重相互作用使得大气结构变得更加剧烈，海面波导就是频繁出现在海洋环境中的一种大气波导形式。

大气波导传播现象不仅可以使电磁波偏离原来传播的方向，而且能够使电磁波以较小的衰减沿波导传播到视距以外很远的地方。大气波导传播会导致雷达盲区的出现和雷达杂波的增强，从而造成定位失效甚至目标丢失，但当具有合适的频率及发射仰角时雷达又能实现超视距探测。

1.3.2 电磁环境的影响

电磁频谱作为目前人类唯一理想的无线信息传输媒介，由于具有开放性、可控性等典型特征，越来越广泛地运用于各种电子信息系统，这就导致电磁频谱在自由空间交错重叠，使电磁环境越来越复杂。在雷达辐射源分析面对的环境中，电磁环境是影响最深、理解最难的方面。总体来看，雷达辐射源分析所面对的电磁环境，是指电子侦察设备所处环境中所有电磁辐射源的集合，可以描述如下：

$$\text{ENV} = \sum_{i=1}^{m}\sum_{j=1}^{n} R_{ij}(P_1, P_2, T) \tag{1-14}$$

式中，m 为工作在电子侦察设备频率范围之内的电磁辐射源数量；n 为当前电磁辐射源信号样式的数量；R_{ij} 表示第 i 个辐射源的第 j 个信号样式；P_1 表示电磁辐射源的技术参数，如频率、脉冲重复间隔、脉冲宽度、天线扫描周期等参数，这里的电磁辐射源主要包括雷达，也包括通信基站、敌我识别器等非雷达辐射源；P_2 表示电磁辐射源搭载平台的状态参数，如位置、速度、加速度等；T 表示电磁辐射源的当前工作状态，包括开机(出现)时间、关机(消失)时间等。

从设备输出的角度看，电子侦察面对的电磁环境，就是指进入电子侦察接收机的所有以脉冲状态呈现的信号集合，也就是接收机输出的信号脉冲流。每个脉冲都对应脉冲描述字的基本参数，每项参数都有取值范围(Δ)、字长、量化单位和测量误差等。DOA、RF、PW、TOA、PA 等五项基本参数范围的直积构成了脉冲描述字的信号空间 S：

$$S = \Delta_{\text{DOA}} \otimes \Delta_{\text{RF}} \otimes \Delta_{\text{PW}} \otimes \Delta_{\text{TOA}} \otimes \Delta_{\text{PA}} \tag{1-15}$$

设 N 为电磁环境中全体可测辐射源的集合，N_1 为其中已知辐射源的集合，N_2 为其中未知辐射源的集合，且

$$N = N_1 \bigcup N_2, \quad N_1 \bigcap N_2 = \varnothing \text{（空集）} \tag{1-16}$$

S_i 为正常情况下可测辐射源 i 在信号空间 S 中的子集：

$$S_i \in S, \quad \forall i \in N \tag{1-17}$$

因此，从电子侦察面对的电磁环境中分选识别雷达，就是在信号空间 S 上建立映射 T，即

$$\text{PDW} \xrightarrow{\ T\ } \hat{S}_j, \quad \forall \text{PDW} \in S \tag{1-18}$$

式中，$\hat{S}_j$ 为对电磁环境中可能存在的辐射源 j 的估计。

电子侦察信号环境与雷达所面对的信号环境是不同的。雷达所面对的信号环境包括目标回波、环境回波和人为的有源干扰与无源干扰所产生的信号，由于雷达通常是窄频带工作，它所接收的信号一般是波束范围内进入雷达通频带内的信号，它需要在这个背景下提取目标信号，这些信号除了目标回波信号外，还有环境杂波(如地物杂波、海浪杂波)、人为的干扰，以及同频率的雷达信号等。电子侦察所面对的信号环境是由各种辐射源所形成的，由于电子侦察设备通常是宽频带和宽空域工作的，要随时截获各个辐射源的信号并进行分析和识别，并判断目标的属性与威胁等级，从而导致电子侦察信号环境

随着辐射源数量日益增加而日趋复杂。当电磁信号环境超过电子侦察接收机的适应能力时，接收设备就不能正常工作或输出错误的数据，增加雷达辐射源分析的难度。

1. 电磁辐射源数量的影响

随着信息技术的迅猛发展，依赖电磁频谱的用频设备广泛应用于各种武器平台。从空域上看，电磁辐射源遍布陆海空天，其作用距离从几十米到数万米；从时域上看，电磁辐射源分布广，雷达、通信等电子信息设备不仅在空间上会产生位移，其工作状态也会不断发生改变，导致各种军用信号与民用信号相互交织；从频域上看，电磁辐射源的工作带宽不断增加，如雷达、通信、导航、制导等电子信息设备的工作带宽越来越宽，敌我双方军用和民用的同类型辐射源工作频段交叠严重，导致信号密度越来越大，每秒可以达到数百万个脉冲。由此，当信号密度超过电子侦察接收机终端处理能力时，就会产生漏脉冲的现象，分选识别越来越困难，甚至导致侦察接收机无法正常工作。因此，研究信号密度对电子侦察、雷达辐射源分析的影响，从事雷达辐射源分析时，合理设置电子侦察设备的工作带宽，从频域上稀释进入接收机的电磁信号，都能显著提升雷达辐射源分析的效率；在设计武器系统的电子侦察接收设备时，需要结合武器系统的实际需求，合理设计电子侦察系统的工作带宽，这有助于提升电子侦察系统的整体性能。

2. 电磁辐射功率的影响

电磁辐射源的用途不同，发射功率或强或弱，动态范围差别很大；同时，电磁辐射源与电子侦察接收机的距离不同，进入电子侦察接收机的信号强度差异也很大。例如，在 850～1400MHz 频段内，集中了移动通信、陆基对空警戒雷达、舰载对空对海搜索雷达、地面空中管制雷达，以及敌我识别设备等，这些电磁辐射源信号带宽不同、发射功率不同，但都可能会对这个频段的电子侦察产生一定的影响。对电子侦察而言，同频干扰是电子侦察系统不可避免的问题，当频率相近的多个电磁辐射源信号同时进入电子侦察接收机时，就会对其分选识别产生影响，尤其是同频段的己方信号，由于距离近、强度大，将严重干扰对目标信号的正常侦测。一方面，由于己方信号强度通常比目标信号强度大，也就必然高于检测门限，若与目标信号特征相似，容易造成长时间"虚警"，影响态势感知能力；另一方面，当己方信号强度超过接收机阈值时，会造成接收机前端饱和，灵敏度下降，影响搜索截获性能，导致"漏警"。

3. 电磁信号调制的影响

目前，随着雷达的用途越来越广泛，雷达的波形也越来越复杂，频率捷变、频率分集、脉冲压缩、脉冲多普勒等技术体制广泛用于陆基、舰载、机载等平台的雷达，且在实际工作过程中，信号样式切换频繁，给电子侦察接收设备提出越来越高的要求。雷达辐射源信号分选识别方法主要还是基于频率、脉冲幅度、脉冲宽度、脉冲重复间隔等基本参数，以及脉内调制参数进行，其中，频率、脉冲重复间隔仍然是应用较为普遍的分选识别依据。随着新体制雷达的不断涌现，单部雷达工作模式多样，参数变化频繁，可以集频率捷变、脉冲多普勒、脉冲压缩等类型于一身，使得电子侦察设备在分选过程中，信号样式的复杂性导致信号编批超过电子侦察设备数据关联的准则，进而将其识别为多型雷达，造成"增批"问题，影响获取雷达辐射源识别的准确性和时效性。"增批"问题是电子侦察领域固有的"顽疾"，只能在一定程度上缓解，很难彻底解决。所谓"增批"，就是电子侦察系统在对雷达电磁辐射特征截获过程中，受设备性能、信号样式、电磁环境、空间位置等因素的影响，导致同一个辐射源在侦察设备输出端形成多批目标数据的现象。要想尽量克服电磁信号调制的影响，缓解电子侦察设备的"增批"问题，需要从雷达辐射源侦察测向技术、信号分选与识别方法、信号标签体系构建等多方面共同努力，才能不断提升雷达辐射源分析的效果。

1.3.3 地理环境的影响

大多数雷达发射的信号均是直线传播的，在直线传播过程中，既受到地球曲率的影响，也易被地形地物反射，形成多径效应，使原本简单的雷达信号在电子侦察接收机上呈现出复杂的波形结构，导致"增批"问题的发生。

1. 地球曲率的影响

工作在微波频段的雷达所发射的信号是近似直线传播的，而地球表面是弯曲的，故电子侦察接收机与雷达之间的直视距离受到限制，如图 1-8 所示。其直视距离为

$$R_s = \overline{AB} + \overline{BC} \approx \sqrt{2R_0}\left(\sqrt{H_1} + \sqrt{H_2}\right) \tag{1-19}$$

式中，R_s 为直视距离；H_1、H_2 分别为电子侦察接收机和雷达的高度；R_0 为地球半径。

大气层的介电常数随高度增加而下降，因此电磁波在大气层中将产生折射而向地面倾斜，折射的作用是增加了直视距离，如图 1-9 所示。如果雷达信号的频率适应当时的天气情况，最极端的情况是电磁波传播的曲率和地球的曲率相同，此时雷达信号将平行于地面传播。但通常情况下折射的效果可用等效的、增大的地球半径 R_e 来表示。典型参数下地球等效半径 $R_e=8500\text{km}$。

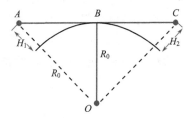

图 1-8 地球曲率对直视距离的影响

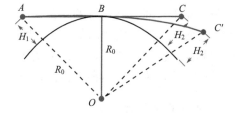

图 1-9 电磁波折射对直视距离的影响

因此，在考虑大气折射的影响下，侦测直视距离为

$$R_s \approx 4.1 \cdot \left(\sqrt{H_1} + \sqrt{H_2}\right) \tag{1-20}$$

式中，R_s 以 km 为单位；H_1、H_2 以 m 为单位。当目标雷达的高度一定时，只有通过提高电子侦察接收机平台的高度，才能保证较远的侦测直视距离。

2. 地形地物反射的影响

如果雷达天线波束照射范围内有山地、海崖或高大建筑物，那么这些障碍物会产生反射波。这样，电子侦察接收机不仅可以收到雷达的直射波，还可以收到上述障碍物产生的反射波。一般来说，直射波信号较强，反射波信号较弱。反射波信号对直射波信号的延迟，由障碍物与电子侦察接收机的相对距离决定。如果反射波对直射波的延迟时间小于脉冲宽度，那么反射信号就会与直射信号叠加，从而使信号参数特征数据变形，直射信号与反射信号叠加使脉冲幅度变大、变小或分裂为多个脉冲。如果雷达波束范围内有多个障碍物存在，那么在电子侦察接收机上可能产生多个反射波信号。反射波信号是虚假雷达信号，它给电子侦察增加了困难，原因在于排除虚假信号通常需要综合分析研判。

对米波或更长波长的雷达信号进行侦测时，必须考虑地面反射对侦察作用距离的影响，如图 1-10 所示。此时地面反射系数可近似认为接近 100%，而到达接收机的直射波和反射波由于路径不同，两个信号的相位差是随仰角(或飞机的高度)而变化的。当相位差为零，即两个电磁波同相时，将得到幅度相加的合成信号；当相位差为 180° 时，两个电磁波反相将得到幅度相减的合成信号。因此，接收机接收到的信号将随着雷达的高度变化而增强或减弱(假设雷达与接收机之间的距离不变)，也就使侦察作用距离发生变化。

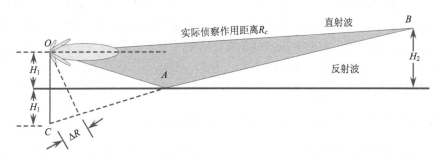

图 1-10 有地面反射影响时的电磁波传播

1.4 雷达辐射源分析面临的挑战与应对

电子信息技术的飞速发展，尤其是雷达相关技术的不断突破，使已部署的雷达不断升级换代，新体制雷达也不断投入实际运用，因此迫切需要全面掌握相关武器系统(平台)的雷达性能参数，为研判战略对手和主要作战对象的作战能力、作战意图等，提供及时、准确的目标保障。近年来，升级或新部署的雷达具有工作频段覆盖宽，脉冲重复间隔、脉冲宽度、脉内调制等参数复杂，以及信号样式多等特点，这就导致对相关参数测不准、测不全，电子侦察设备(系统)"增批"问题严重，给快速、准确分析处理雷达信号提出了巨大的挑战。

1.4.1　雷达辐射源分析面临的挑战

当前，随着电子信息技术的快速发展，电子侦察设备的带宽越来越宽，灵敏度越来越高，短时间截获的数据越来越多，世界各国在这个领域均面临着海量电子侦察数据分析处理难、电子侦察数据快速关联雷达辐射源难的困境，因此迫切需要从技术研究、处理机制、人才培养等诸多方面共同发力，以提升雷达辐射源分析的能力。

1. 需求日益广泛与多样化用户保障能力不足的矛盾突出

近年来，在世界主要国家持续推进军事转型的过程中，情报对作战行动的支持能力成为各国军事转型成效的一个重要指标，核心问题是情报如何向战场不断拓展延伸，以满足日益缩短的决策周期和武器系统的反应时限要求。当前，电磁空间成为作战体系多维联合制胜的基本依托，其开放性、资源有限性、物理约束性等特点使这个战场充满着机遇与挑战。通过对截获雷达信号的分析，掌握对手武器系统或平台搭载雷达的性能参数、信号样式或工作模式等，对战略决策、作战行动甚至是武器系统效能发挥都起着越来越重要的作用。雷达辐射源分析涉及的主要业务包括电子目标情报、电磁态势研判、武器系统数据加载、雷达电子战技术研究等方面。从不同用户需求的角度看，不同军兵种、不同武器系统或平台等用户对雷达辐射源情报的需求存在着很大的差异。从服务指挥决策的角度看，雷达辐射源分析需要根据雷达信号判明所搭载平台或武器系统的型号，甚至是个体，承担着战场态势、作战目标保障的任务；从服务于武器系统的角度看，雷达辐射源分析需要在准确掌握作战对手雷达信号参数的前提下，紧密结合具体军事行动、任务区域、设备性能等，完成机载或舰载雷达告警系统、目标制导系统的数据加载。用户需求不同，雷达辐射源情报保障的内容、方式、要求等方面的差距也很大，对数据处理机制、专用系统工具、专业分析人才等有很高的要求。

2. 雷达辐射源数据作战支持准确性与时效性的矛盾突出

针对作战对手雷达不断升级换代的情况，迫切需要全面掌握相关武器系统(平台)的雷达性能参数，为研判战略对手和主要作战对象的作战能力、作战意图等，提供准确、及时的作战支持。当前，复杂体制雷达信号的特征参数多、相参处理周期(Coherent Processing Interual, CPI)长，传统的分选识别方法适用条件有限，很难根据目标、环境、设备等实际情况自适应地调整算法参数，导致分选"增批"严重，识别率低下。从电子侦察的角度看，近年升级或新部署的雷达等电子信息设备具有工作频段覆盖宽、调制参数复杂、信号样式多等特点，因此导致新旧电子信息设备并存的问题越来越多，信号特征提取越来越复杂，受电磁环境、地理环境、气象环境的影响，对有些参数测不准、测不全的情况时有发生，给快速、准确分析处理电磁信号提出了巨大的挑战。例如，"漏脉冲""宽脉冲分裂"是影响分选识别效果最突出的表现，"漏脉冲"问题导致脉冲重复间隔值与原始值呈现两倍以上的关系，"宽脉冲分裂"问题使得对一些参数相对固定的宽脉冲信号的分选与识别变得极其复杂，以合成孔径雷达(Synthetic Aperture Radar, SAR)为例，其脉冲宽度可达几百微秒，在实际侦测过程中，由于脉冲顶部不平坦，且信号弱或电子侦察接收机门限设置高,接收机将一个脉冲输出若干个脉冲。目前的雷达辐射源处理方法对这些信号的重构能力弱,迫切需要研究对雷达信号的逆向重构方法,准确提取复杂体制雷达信号参数特征。因此,既要提高电子侦察数据分析的时效性,缩短从数据搜集到用户之间的时间差;又要提高电子侦察数据分析的准确性,提升对海量、多源数据的处理能力,尽量避免因信息来不及处理而导致拖延的现象;同时,还要提高电子情报产品的多样性,提升对不同用户的及时、准确保障能力。因此,针对不同对象、不同任务、不同时机、不同区域的各类差异化需求,迫切需要深化对复杂体制雷达辐射源分析处理方法的研究,健全电磁信号侦测、电子侦察协同、分发共享等制度,切实提升雷达辐射源情报的精准定向作战支持能力。

3. 电子侦察数据海量增长与分析处理能力不足的矛盾突出

应对侦察情报技术发展挑战的重要内容之一,就是情报分析能力并未随着情报侦察技术的发展而实现质的飞跃,导致侦察装备获取的大量数据未能最大限度地发挥作用。近年来,随着电子侦察技术的发展,陆、海、空、天电子侦察平台不断投入运用,雷达辐射源的侦测能力得到了极大的提升,但也导致来自电子侦察设备(系统)的数据越来越多,对雷达辐射源分析处理的要求越来越高,任务比重越来越大。对于进入电子侦察接收机的任意一个雷达信号,均是受雷达本身(包括发射机、天线和运用方式等)、环境(信号传输路径的气象环境、电磁环境、地理环境等)、侦测设备本身(包括天线、接收通道,以及接收机的门限、接收带宽设置等)这三项主要因素影响,导致截获雷达辐射源数据中存在大量的异常值,与雷达所发射的原始信号参数有很大差异,使雷达辐射源分选与识别效率大幅度降低。针对电子侦察设备工作频段越来越宽、灵敏度越来越高、采集数据越来越多的情况,迫切需要加强对快速分析复杂体制雷达辐射源数据技术的深入研究,提升雷达辐射源分析处理能力,为全面发挥陆基、舰载、空基、天基等多种电子侦察平台的效能提供支撑。

1.4.2　提升雷达辐射源分析能力的途径

随着现代战场上的电磁信号密度越来越大,信号形式越来越复杂,信号样式与武器平台作战运用的关系越来越密切,在雷达辐射源分析任务日益繁重的同时,允许数据分析的反应时间越来越短,需要充分利用多种手段、多种渠道获取更多的信息,实现互通共享、互证互补,进而提升雷达辐射源分析的能力,为谋求战场信息优势提供关键支撑。

1. 多特征截获,不断提升雷达辐射源数据分析能力

从雷达辐射源的角度看,无论是高效的武器控制,还是精确打击,均离不开有效利用电磁频谱,不同要素、不同单元、不同系统的运用方式不同,电磁频谱特征也是不完全相同的,表现为参数值大小、参数变化规律、持续时间、信号强弱或信号内容等均会呈现出独有特征,这就是电磁频谱的表现形式,这些表现形式不仅体现了雷达辐射源的技术性能,更直接描述了相关雷达辐射源及其搭载平台和所属部(分)队的活动情况。因此,数据分析是雷达辐射源分析的基础,提升数据分析能力的关键就是要在恰当的时机,

根据当前电磁环境情况，尽可能多地截获雷达辐射源的显著技术战术特征，从而为精准的雷达辐射源数据分析提供依据。

2. 多渠道联合，不断提升雷达及其平台型号或个体分析能力

基于截获的雷达辐射源数据，判明雷达及其平台的型号或个体，是雷达辐射源分析的基本要求。对雷达辐射源型号或个体的识别离不开全面的资料支撑，雷达辐射源相关的资料来源渠道不同可能导致分析结果差之甚远，要去粗取精、去伪存真、由此及彼、由表及里，将侦察截获到的雷达辐射源信息与通过公开或特殊手段获取的资料实现互证互补。同时，任何雷达辐射源的各个信号参数之间均存在着密切的联系，是相互制约、相互依存的，这些参数与雷达辐射源的技术性能密切相关，如作用距离、测量精度、跟踪速度、抗干扰方式等，而这些雷达辐射源及其搭载平台的性能很大程度上又决定了相关武器平台的战术与技术性能，这就需要在判明雷达辐射源及其搭载平台技术体制、用途等内容的前提下，提升雷达及其平台型号或个体分析能力。

3. 多类型融合，不断提升雷达辐射源的综合分析能力

提升雷达辐射源的综合分析能力，需要加强对已有电子侦察力量的整合和电子情报成果的综合，进而根据敌我双方作战行动对电磁活动的依赖性，迅速将各种平台获取的作战对手雷达辐射源的战术技术参数、信号特性、体制类别等电磁属性转化为以部署情况、作战企图、薄弱环节、威胁等级为表征的可供各级指挥员使用的雷达辐射源信息，以满足不同用户对雷达辐射源的情报需求。一方面，任何侦察手段都有独特优势，也有其局限性，只有加强相互协作，充分发挥陆基、舰载、空中、空间等电子侦察平台的综合效能，对作战对手预警探测系统、武器控制系统等实施侦察监视，将通过多类型侦察设备获取的作战对手雷达辐射源战术技术参数、武器平台的状态等信息进行关联处理，快速研判作战对手雷达辐射源与武器平台、力量部署、部队编成的关系，为指导电子攻防行动、及时研判态势等提供电子目标保障。另一方面，由于部队行动与雷达辐射源的信号样式、工作模式、武器平台的位置、速度等多种因素密切相关，只有尽可能全面地利用已掌握的电子情报，才能在作战对手雷达辐射源及其平台能力分析的基础上，分析雷达辐射源及其平台当前的工作状态和威胁等级，进而判明雷达辐射源及其所搭载平台对应的作战对手企图，做到透过现象看本质，不被作战对手的假象所迷惑，准确分析电磁活动与作战对手部队行动的关系。

1.4.3 雷达辐射源分析的常用方法

随着雷达辐射源数据分析技术不断创新，数据分析手段建设不断加强，数据分析实践探索不断深入，实现雷达辐射源分析能力的拓展，应对雷达辐射源分析面临的信息化电子设备广泛应用、战场电磁环境复杂和作战节奏加快等新挑战，雷达辐射源分析的方法很多。从总体上看，可以分为两类，一类是定性方法；另一类是定量方法。定性方法是建立在逻辑推理和辩证分析基础上，利用对事物的分析、鉴别、综合、推理、判断等逻辑思维和辩证思维来揭示事物的发展规律与因果关系；定量方法是以数学、统计学、

运筹学等方法获得大量数字、图表、曲线、模型来定量描述事物的固有特性。当然，在实际数据分析过程中，这两种方法也不是截然分开的，而是可以配合使用，相互补充。

1. 对比分析法

对比分析法，也称类比分析法，是雷达辐射源分析中最常用的一种方法。它是把资料数据、情况等与已知的雷达等进行对比，判断相似点与差异点，从而得到对方雷达的战术技术性能、电子战斗序列或运用规律。对比分析法主要分为历史数据比对、多种途径数据比对和不同传感器数据比对等。历史数据比对，是指把当前侦察数据与以往侦察数据进行比对，重点是目标信号在一段较长时期内有无变化，如有变化，目标信号的变化有无规律可循。这一方法适用于侦获时间较长、参数积累较为完整的目标。多种途径数据比对，是将电子侦察情报与海空情、开源资料等进行比较，从而为判证目标、总结活动规律、研判军事动向提供依据。这一方法比较适用于对不明目标进行判证，或是对明显电磁异常情况进行判证。不同传感器数据比对，是在对侦察数据进行分析过程中，将分析结果与其他类型电子侦察设备的侦察数据进行比对，从而为结果确认提供可靠依据。这一方法比较适用于对载体设备多种发射电磁信号设备的目标在某一方面进行精确分析。

2. 相关分析法

相关分析法是利用事物之间内在的或现象上的联系，通过一些特定的相关关系进行定量分析或定性分析的一种分析方法。雷达的技术参数之间、技术参数与战术参数之间、雷达的战术技术性能与雷达的平台之间、雷达的平台及相应的武器之间等，都有很强的相关性，这正是相关分析法的基础。进行相关分析时，首先必须找出一特定的相关关系，相关关系越紧密、越独特，就越容易确定两者的关系，如雷达技术参数之间的制约关系、战术要求与技术性能之间的制约关系、经济实力及科技水平与雷达技术的制约关系、雷达部署与自然环境之间的制约关系、国内外形势与局部地区雷达部署和战场态势的制约关系等。

3. 系统分析法

系统分析法就是把研究对象放在系统的形式中加以考虑的方法。系统就是由相互作用和相互依赖的若干部分组成的、具有确定功能的有机整体。系统分析法就是从系统的观点出发，着重从整体与部分之间、整体与外部环境之间相互关系、相互作用、相互制约的关系中，综合地、精确地考察对象，以达到最佳处理问题的一种方法。系统分析法在雷达辐射源分析中正在得到越来越多的应用。一方面，为了使雷达总体性能最佳，其各项战术技术性能必然是综合平衡；另一方面，在现代军事系统中，雷达辐射源一般都不是孤立地运用，而是作为系统的一个组成部分。例如，在防空系统中，测高雷达通常总是与两坐标警戒雷达配合运用，在这个系统中有时还配备炮瞄雷达、制导雷达和相应的武器系统。因此，在雷达辐射源分析中，系统分析不仅能对所占有的大量数据素材进行分类，使复杂的问题条理化、系统化，而且使分析研究更能反映雷达及雷达与武器系统之间的内部联系，便于从整体上形成初步结论，作为进一步判断和推理的基础。

4. 假设验证法

电子侦察是一种被动侦察，其截获的数据与作战对手的雷达及其搭载平台的运用密切相关，雷达辐射源数据分析过程中，要结合信号参数、方位、截获次数、同方位信号情况等进行综合分析，初步对各信号所属目标性质进行判证，找出可能是目标所辐射的可疑信号，在侦测中有重点地进行验证。这一方法适用于在已知某平台部分雷达辐射源情况下对未知目标进行侦测。例如，在侦获某一舰载对空或对海雷达信号时，如果在同一时间、同一方位发现某一信号参数与其火控雷达性能较为吻合，就可先将其列为可疑信号，如果多次在不同时间、方位发现该信号与已知舰载对空或对海雷达信号同时出现，就可判证该目标为其舰载火控雷达。

5. 统计分析法

统计分析法是通过数量上的统计分析，展现事物发展变化的过程及其相互关系，从而把握研究对象的现状和发展方向，掌握其发展规律。雷达辐射源分析中，经常采用统计分析法来分析下列问题：雷达技术参数变化范围和变化规律、雷达的战术运用规律、雷达及其武器系统的发展趋势等。对于未知雷达辐射源，通过长时间全面收集某一目标信号参数，包括常规参数和信号细微特征，达到对目标的准确分辨；对于已知雷达辐射源，通过对活动规律、信号参数和细微特征变化情况的长期积累，达到对搭载平台个体识别、运动活动规律和固定目标开关机及参数变化规律的准确掌握。

思维导图-1

1.5　本　章　小　结

雷达辐射源分析作为将电子侦察接收设备截获的信号参数转化为具体目标的关键环节，是制约雷达电子战能力生成的瓶颈。尤其对海空力量而言，雷达电子战无论是在自卫防护系统中还是压制作战对手防空系统中，都起着不可替代作用。由于雷达辐射源参数的无语义特性，其不容易得到指挥机构、战略情报力量的重视。自 20 世纪 80 年代以来的高技术局部战争实践表明，及时、准确掌握作战对手的雷达辐射源参数，有助于不断缩短用于态势研判和武器系统(平台)告警和引导的周期，实现传感器向打击系统快速拓展，这将会极大提升武器系统(平台)的能力。因此，深刻认识雷达辐射源分析的重要意义，并掌握雷达辐射源分析的方法，有助于全面提升雷达电子战、电磁态势生成、电磁威胁研判，以及武器系统(平台)精准告警等能力。

习　　题

1. 阐述雷达辐射源分析与哪些军事任务有相关性，并简要说明不同任务对雷达辐射源分析要求的差异性。

2. 试推导对雷达的侦察距离方程，并分析雷达辐射源侦测的优势与不足。

3. 试推导式(1-13)。如果自由空间中的侦察作用距离为 300km，大气衰减系数 δ 为 0.1dB/km，试分析考虑大气衰减后的侦察作用距离。

参 考 文 献

戴清民, 2009. 求道无形之境[M]. 北京: 解放军出版社.

贺平, 2016. 雷达对抗原理[M]. 北京: 国防工业出版社.

李景龙, 2014. 美国情报分析理论发展研究[M]. 北京: 军事科学出版社.

刘庆国, 2012. 联合作战电磁态势分析[M]. 北京: 解放军出版社.

孙建民, 等, 2008. 战后情报侦察技术发展史研究[M]. 北京: 军事科学出版社.

袁文先, 杨巧玲, 2008. 百年电子战[M]. 北京: 军事科学出版社.

SKOLNIK M I, 2010. 雷达手册[M]. 3 版. 南京电子技术研究所, 译. 北京: 电子工业出版社.

WILEY R G, 2007. 电子情报(ELINT)——雷达信号截获与分析(ELINT: The interception and analysis of radar signals)[M]. 吕跃广, 等译. 北京: 机械工业出版社.

第2章　雷达频率分析

频率是任何一部雷达的基本参数之一，雷达频率的选择受到电磁波传播特性、探测目标类型、搭载平台等诸多因素的限制。因此，分析雷达的频率典型值、变化特征等，通常是分析雷达辐射源的第一步。由于电子侦察设备的工作带宽通常远大于雷达的工作带宽，特别是随着宽带数字接收机技术的快速发展，设备在全面采集雷达频率特征数据的同时，也经常会出现多部雷达的信号同时进入电子侦察接收机的情况，这给雷达辐射源分析带来诸多挑战。

2.1　雷达频率分析概述

雷达的频率是指雷达发射机产生的射频振荡频率，通常用 f（Frequency）或者 RF 来表示。考虑到雷达信号一般都占据一定的带宽，如图 2-1 所示，雷达信号的频率分布范围为

$$\left[f-\frac{B}{2}, f+\frac{B}{2}\right] \tag{2-1}$$

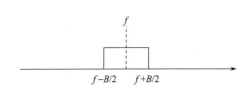

图 2-1　雷达信号频率范围的示意图

式中，B 为信号带宽。电子侦察设备在侦测信号时，一般测量信号的中心频率，所以本章所指的雷达频率是雷达信号的中心频率，它对应的波长为

$$\lambda=\frac{c}{f} \tag{2-2}$$

对雷达辐射源的频率进行分析，首先要熟悉雷达频率的相关规定。雷达常用的工作频段为 5MHz～95GHz，按照电气和电子工程师协会(IEEE)的频段命名方法，这些频段跨越 HF 至 Ka 频段以及毫米波频段(各个频段的标称频率范围见表 2-1)。随着电子信息技术领域的分工越来越细和 20 世纪的老旧雷达逐步被淘汰，不同用途、不同体制雷达工作频段的选择通常都符合国际电信联盟(ITU)的规定。在 ITU 关于雷达频率划分规定中，将全世界所有国家和地区划分成三个区，每一个区域的频率划分结果不完全相同，且每一频段中只有部分频段分配给雷达使用，例如，包括南美洲、北美洲和夏威夷的 ITU 第 II 区各个频段分配给雷达使用的频率范围可见表 2-1。

表 2-1　雷达频段及频率分配

频段名称	标称频率范围	分配频率范围	对应波长
HF	3～30MHz	3～30MHz	10～100m
VHF	30～300MHz	138～144MHz，216～255MHz	208～217cm，117～139cm
UHF	300MHz～1GHz	420～450MHz，890～942MHz	67～71cm，31～33cm

续表

频段名称	标称频率范围	分配频率范围	对应波长
L	1~2GHz	1215~1400MHz	21.4~24.6cm
S	2~4GHz	2300~2500MHz, 2700~3700MHz	12~13cm, 8~11cm
C	4~8GHz	4200~4400MHz, 5250~5925MHz	5~5.7cm
X	8~12GHz	8500~10680MHz	2.8~3.5cm
Ku	12~18GHz	13.4~14.0GHz, 15.7~17.7GHz	2.1~2.2cm, 1.7~1.9cm
K	18~27GHz	24.05~24.25GHz, 24.65~24.75GHz	1.24~1.25cm
Ka	27~40GHz	33.4~36.0GHz	0.83~0.9cm

为了能够更快速、更准确地分析雷达辐射源，判明其型号、技术体制和用途，在掌握 ITU 规定的同时，还需要掌握雷达的具体频率选择范围（尤其是民生领域的相关雷达），以确保通过其他参数能够与相关频段的雷达实现互相区分，例如，绝大部分船用导航雷达都工作于 9300~9500MHz。

下面对各个雷达频段的特点进行简单介绍。

(1)高频(High Frequency，HF)频段(3~30MHz)。高频频段雷达的主要用途是探测远程目标，特别是视距外目标，可分为天波雷达和地波雷达。HF 频段雷达可用来探测飞机、舰船和弹道导弹，也可探测海面本身，获得海面的风向及风速信息。

(2)甚高频(Very High Frequency，VHF)频段(30~300MHz)。工作于甚高频频段的雷达有时也被称为米波雷达，它不容易受到云雨杂波的困扰，作用距离远，造价相对较为低廉，在探测隐身目标方面具有比较显著的优势，常常用于对空监视。然而，工作在该频段的雷达容易受到多径传播的影响，特别是难以发现某些低仰角上的目标。另外，VHF 频段中包含着许多重要的民用服务，如电视和调频广播，会对雷达系统造成一定的干扰，实际可用的带宽较窄。

(3)超高频(Ultra High Frequency，UHF)频段(300MHz~1GHz)。超高频频段有时也被称为 P 频段。与 VHF 频段相比，UHF 频段外部噪声低，波束也较窄，并且不受气候的困扰。超高频频段的固态发射机能产生大功率，并且具有可维护性强和带宽大的优点。UHF 频段可用于机载预警雷达系统实现动目标检测，也适用于探测和跟踪卫星与弹道导弹的远程雷达。另外，一些舰载对空监视雷达也工作在这个频段。

(4)L 频段(1~2GHz)。工作于 L 频段的雷达能得到比较好的动目标指示性能，获得较大的发射功率及窄波束天线，并且外部噪声低。L 频段是远程地对空警戒雷达和机载预警雷达的首选频段，也用于探测卫星和洲际弹道导弹。

(5)S 频段(2~4GHz)。工作于 S 频段的雷达波束宽度更窄，测角精度和角分辨力高，易于减少军用雷达可能遭遇作战对手主瓣干扰的影响。由于在更高的频率能得到窄的仰角波束宽度，很多军用三坐标雷达和测高雷达工作在 S 频段。一些机载预警雷达也工作在该频段，但其作用距离更容易受到雨杂波的影响。

(6)C 频段(4~8GHz)。C 频段介于 S 频段和 X 频段之间，工作于 C 频段的雷达可以兼顾两者之间的特性，能够在远距性能和精测性能之间进行折中选择，可以实现对目标的监视和跟踪，广泛用于舰载中程对海搜索雷达以及导弹跟踪制导雷达等。

（7）X 频段（8～12GHz）。工作于 X 频段的雷达可用带宽较宽，能够采用比较小的天线产生窄波束，这些都是高分辨力雷达应用的重要考虑因素，但工作于 X 频段的雷达系统较容易受到云雨的影响，因此适用于注重机动性而非远距离的应用场合。X 频段是军事和民用领域中比较常用的雷达频段，不仅广泛应用于机载多功能武器控制雷达、机载合成孔径雷达（SAR）和逆合成孔径雷达（ISAR），还广泛应用于船用导航、气象等用途的雷达，是雷达辐射源分析中最复杂的频段。

（8）Ku、K、Ka 频段（12～40GHz）。K 频段中，在 22.2GHz 处有一条水蒸气吸收线，这就是后来引入 Ku 频段和 Ka 频段的原因。机场表面探测设备（ASDE）通常安装在大型机场控制塔顶端，工作在 Ku 频段，比 X 频段有更好的分辨力。

（9）毫米波频段。毫米波频段的命名和定义有很多种说法，其中一种定义把频率位于 30～300GHz 区间的雷达都称为毫米波雷达，然而也有资料把工作在 24GHz 附近的民用雷达（如汽车雷达）归类为毫米波雷达。另外，还有将 40～75GHz 命名为 V 频段，将 75～110GHz 命名为 W 频段，将 100～300GHz 定义为毫米波频段。工作在毫米波频段的雷达可用带宽很宽，其使用很小的天线尺寸就能获得极窄的波束，且抗干扰能力较强。毫米波雷达比较适合部署在一些载荷极为有限的平台，如无人机平台。然而，相比于工作在微波频段的雷达，毫米波雷达更容易受到雨水、烟雾等因素的影响。另外，毫米波雷达的发射功率受限。

表 2-2 对各个频段雷达的典型用途进行了总结。

表 2-2　雷达频段及典型用途

频段	频率/MHz	用途
HF	3～30	超视距（OTH）警戒
VHF	30～300	超远程警戒
UHF	300～1000	超远程警戒
L	1000～2000	远程警戒、空中交通管制
S	2000～4000	中程警戒、机场交通管制、船用导航
C	4000～8000	远程跟踪、机载气象观测、炮瞄、船用导航、高度计
X	8000～12000	远程跟踪、导弹制导、炮瞄、气象、船用导航
Ku	12000～18000	高分辨率地形测绘、卫星测高计、炮瞄
K	18000～27000	很少使用（水蒸气吸收）
Ka	27000～40000	极高分辨率地形测绘、机场监视

除了 IEEE 的频段命名方法，还有一种用于电子战领域的电磁波频段命名方法，见表 2-3。可以看出，在该命名方法中，D 频段与 IEEE 命名方法中的 L 频段是一致的。

对雷达的频率进行分析时，主要内容通常包括以下三个方面：

（1）确定雷达频率的变化类型；

表 2-3　电磁波频段命名方法及其对应频率范围

频段名称	标称频率范围
A	30~250MHz
B	250~500MHz
C	500~1000MHz
D	1~2GHz
E	2~3GHz
F	3~4GHz
G	4~6GHz
H	6~8GHz
I	8~10GHz
J	10~20GHz
K	20~40GHz
L	40~60GHz
M	60~100GHz

(2)确定雷达频率的数值及其变化规律、变化范围与特点;

(3)建立雷达频率变化的典型样本数据,为深度分析、电子目标整编等提供样本数据支撑。

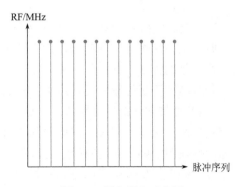

雷达频率变化
类型的分析

2.2　雷达频率的变化类型

为了提高对目标的检测能力、多目标分辨能力和抗干扰能力等,雷达在频域上采取多种变化方式。为了便于理解,将其归纳为频率固定、频率捷变、频率分集、频率步进、频率正弦等类型。

2.2.1　频率固定

频率固定(Frequency Fixed)也称频率恒定,如图 2-2 所示,是指雷达的频率在一次开机时间内或一种工作模式下保持不变。频率固定是雷达信号频率的最基本变化类型,几乎所有技术体制的雷达频率都存在这种变化类型。

在实际环境中,雷达频率固定永远是相对的,即使对方雷达使用了固定的发射频率,侦察设备所侦测的雷达信号频率值也并不是一成不变的,其中的原因包括以下方面。

图 2-2　频率固定示意图

(1) 对方雷达本振漂移,导致一些雷达系统本振无法稳定地输出频率,使雷达发射的信号频率不稳定,常见于 20 世纪六七十年代生产的磁控管雷达和对频率稳定度要求不高的民用雷达。

（2）对方雷达平台的运动会产生多普勒频移，且多普勒频率的大小和平台的运动速度、姿态等因素相关，所以雷达平台的运动也会造成电子侦察接收机截获的雷达信号频率发生细微变化。

（3）多径干扰和同频段雷达信号的干扰影响设备的测频结果，甚至会使设备出现测频错误。

（4）测频方法的不同，也会导致测频结果的变化。典型的电子战接收机测频方法包括超外差测频、信道化测频、瞬时测频等，不同方法的测频精度不同。因此，对于频率固定的雷达，设备所侦测的频率具体值也会出现一定的起伏，可以将它的全脉冲序列建模为

$$RF_n = RF + \sigma_n \tag{2-3}$$

式中，RF_n 为侦测到的第 n 个脉冲的中心频率；RF 为对方雷达频率的真值或标称值；σ_n 为侦测值相对于真值或标称值的误差，包括固定误差和随机误差两部分，通过将侦测到的多个雷达脉冲频率进行平均，可以减少其中的随机误差。

2.2.2　频率捷变

频率捷变(Frequency Agility)，是指雷达发射脉冲的频率在一个较大频带范围内快速有规律或随机变化。频率捷变通常要求相邻频率的频差达到一定的数值，具备跃变特性，这种特性归结为不同频率回波的去相关。使相邻频率不相关所需的最小脉间频差称为临界频差，临界频差对不同性质的目标是不相同的。例如，对于均匀分布的云雨、海浪目标，其临界频差约为脉冲宽度的倒数；对于飞机、导弹、卫星等具有较大反射面或形状较规则的目标，其临界频差与目标的径向深度成反比，通常其值远大于脉冲宽度的倒数。从海杂波去相关的角度看，只要雷达信号的相邻频差大于脉冲宽度的倒数，这样的雷达就可以称为频率捷变雷达；从抗干扰的角度看，频率捷变雷达需要相邻脉冲之间的频差达到雷达的整个工作频带(如 10%带宽)。

频率捷变雷达有很多优点，具体如下。

（1）抗干扰能力强。抗干扰的方法有很多，如空间选择法、极化选择法、频率选择法和时间选择法等，其中最有效的方法是频率选择法，而频率捷变可以认为是频率选择法中最有效的方法。其抗干扰能力取决于频率捷变的范围与雷达接收机的带宽之比，只要窄带瞄准式干扰的频率变化跟不上雷达频率的变化速度，便可以对抗窄带瞄准式干扰。

（2）增加雷达的探测距离。只要频率捷变雷达相邻脉冲的频差大于临界频率，就可以使相邻回波幅度不相关，进而消除由目标回波慢速起伏带来的检测损失。这种回波的慢速起伏在固定频率雷达中经常出现。试验结果表明，当需要达到较高的检测概率(80%以上)时，频率捷变雷达可以比具有相同参数的固定频率雷达对慢速起伏目标的探测距离提高 20%～30%，相当于发射机功率增大 2～3 倍。

（3）提高雷达的跟踪精度。频率捷变有助于提高目标在反射中心的闪动(角噪声)频率，可将角噪声的能谱移至角度伺服系统带宽之外，因此可以大大减小由角噪声引起的

角度跟踪误差。这种误差是单脉冲雷达对近距离和中距离目标跟踪误差的主要来源，也是圆锥扫描雷达的一项主要跟踪误差。试验结果表明，对于飞机目标回波，在 Ku 频段其跟踪误差可以减小 50%，对于船舰等大型目标可以将跟踪误差减小为原来的 1/4～1/2。频率捷变也可以改善搜索雷达的测角精度。

(4) 抑制海杂波及其他分布杂波的干扰。当相邻脉冲载频的频差大于脉冲宽度的倒数时，就可以使海浪、云雨、箔条等分布目标的杂波去相关。对这些回波进行视频积累后，目标的等效反射面积接近于其平均值，而杂波的方差减小，这就改善了信杂比。理论计算和实测结果表明，若雷达的波束内脉冲数为 15～20 个，则采用频率捷变后，可以将信杂比提高 10～20dB。因此，这种体制特别适用于机载雷达或舰载雷达，用于检测海面低空目标或海上目标。

(5) 提高雷达的目标分辨能力。频率捷变雷达可以将回波密度函数的幅度变化量减小为原来的 $1/\sqrt{N}$，即不需要很多脉冲就可以相当精确地测出目标的平均有效反射面积，从而提高分辨目标性质的能力，这在地貌测绘雷达中特别有用。

(6) 消除相同频段邻近雷达之间的干扰。不管邻近雷达工作在相同频段的固定频率，还是工作于捷变频率，其相遇的概率都是很低的，约等于雷达信号的带宽和捷变带宽之比，因此有较好的电磁兼容性。

(7) 消除二次 (或多次) 环绕回波。在很多地面雷达中 (尤其是海岸警戒雷达中)，由大气折射引起的异常传播会使雷达有极远的探测距离，这就使得远距离的地物杂波或海浪干扰在第二次 (或更多次) 重复周期内反射回来。轻微杂波干扰会增加背景噪声，严重时甚至会淹没正常目标回波。但在频率捷变雷达中，由于第二次发射脉冲的载频和第一次不同，因此在第二个周期内接收机不会接收到上一个周期的回波，这就自然地消除了二次或多次环绕回波。但是，正是这个原因导致频率捷变体制不能直接应用到具有距离模糊的高重复频率 (高重频) 雷达中。

(8) 消除地面反射引起的波束分裂影响。由地面或海面反射引起的波束分裂的最小点的角度位置是与雷达所用的工作频率有关的，改变工作频率就可以改变最小点的位置。因此，当雷达工作于捷变频率时，就可以使分裂的波瓣相互重叠，从而消除波束分裂的影响。这在采用计算机跟踪录取的雷达中可以显著减小丢失目标的概率。

此外，频率捷变雷达还可以消除雷达天线罩的折射对测角精度的影响，提高距离分辨率，实现目标识别，消除盲速及距离模糊。

尽管频率捷变雷达有很多优越性，但也还是存在一些缺点。

(1) 频率捷变雷达在设备上比一般雷达更复杂，技术难度、研发成本更高，工作可靠性低。例如，非相参频率捷变雷达的频率捷变磁控管、自动频率控制系统，以及全相参雷达中的相参信号产生器、末级宽带功率放大器、宽带天线馈线系统等，都要求有比较先进的技术水平、工艺条件等才能实现。

(2) 频率捷变与很多雷达体制不相容。例如，频率捷变体制与动目标显示体制相结合，频率捷变体制和高重频脉冲多普勒体制相结合，都具有一定的难度，只能采用脉组捷变或减少频道数等折中方案。因此，目前频率捷变雷达较少采用脉间频率捷变，大多采用脉组频率捷变。

由于频率捷变体制的雷达具有很强的抗截获、抗干扰以及抗海浪杂波的能力，也有助于减少对友邻雷达系统的干扰，因此广泛运用于各种雷达中。按频率变化形式，频率捷变信号可分为脉间频率捷变和脉组频率捷变两种。脉间频率捷变是指频率在相邻脉冲之间捷变，如图 2-3 所示；脉组频率捷变是指信号分组工作，频率在组内不变，在相邻脉组之间捷变，如图 2-4 所示。一般来说，脉间频率捷变不利于雷达系统进行相参处理，很难从中获取目标的多普勒信息，而脉组频率捷变这种频率变化类型比较适合进行相参处理，目前已经广泛地运用于脉冲多普勒雷达系统。

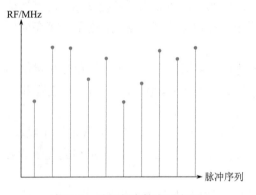

图 2-3　脉间频率捷变示意图

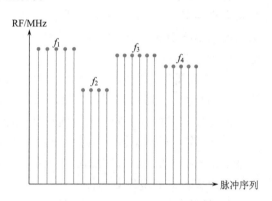

图 2-4　脉组频率捷变示意图

2.2.3　频率分集

频率分集(Frequency Diversity)，是指一部雷达同时或在相隔很短的时间内发射多个频率以完成同一任务，如图 2-5 所示。频率分集雷达通常由两部(或几部)固定频率的雷达发射接收机组成，所以其只能以两个(或几个)固定频率发射脉冲，然后将各个接收机收到的回波组合起来，并且这些不同频率的脉冲是在同一个雷达工作周期内发射的，彼此相隔很小的延时。由于各个不同频率的脉冲由不同的发射机发射，并由不同的接收机接收，其频率数量不可能很多，抗干扰能力也无法与频率捷变体制相比。但是，它在增大雷达的探测距离上与频率捷变体制有类似之处，而且它由两部(或几部)发射接收机组成，其工作的可靠性比采用单部发射接收机的频率捷变雷达要高很多。

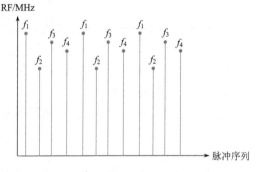

图 2-5　频率分集示意图

通常频率分集雷达信号除了频率外，脉冲重复间隔一般相同，脉冲宽度可能相同，也可能不同。各个频率之间的间隔一般为几十兆赫兹至几百兆赫兹，也有的几个频率处在不同的频段，频率的个数通常为 2～4 个，很少超过 6 个。频率分集信号一般是方位角相同，仰角上有的相同，有的不同。频率分集雷达的优点如下。

(1)雷达可以同时或在很短的时间内接收来自同一目标的信号，通过对不同频点回波信号的处理，有利于提高目标信噪比，增强雷达发现目标的能力。

（2）如果采用多部发射机，则可以突破单部发射机发射功率的限制，等效地增加雷达的总发射功率，提高雷达系统的作用距离。

（3）不同发射机所发射的不同频率的信号可以覆盖不同的仰角，可以减少雷达系统的仰角盲区。

（4）雷达系统使用多个频点，具有较高的抗瞄准式干扰的能力。

在分析频率分集雷达信号时，常常容易把它误认为是几部雷达，区分频率分集雷达信号与多部雷达信号的方法如下。

（1）频率分集雷达信号来自同一个方向，而多部雷达信号的方向往往有差别，或随时间变化方式不同。

（2）频率分集雷达信号的脉冲重复间隔、脉冲宽度与频率具有对应关系，而多部雷达信号之间一般不存在这种相关性。

（3）频率分集雷达信号中几个同时使用的频率，其出现时间和消失时间是相同的，多部雷达信号则不存在这一特点。

在分析频率分集雷达信号时，有两点需要注意。

（1）频率分集雷达信号与相控阵雷达信号之间的区别。对于一些相控阵雷达，在进行多目标跟踪时，探测每个目标所用的雷达信号频率变化有时也会呈现类似于图 2-5 的特点，但雷达信号的脉冲宽度、脉冲重复间隔可能均不相同，在同一频点所侦收信号的幅度也呈现出相控阵雷达信号幅度的特征（如"台阶"状）。因此，此时应该结合侦收数据的脉冲宽度、脉冲重复间隔，以及幅度变化等特点来区分相控阵雷达信号和频率分集雷达信号。

（2）计算频率分集雷达信号的脉冲重复间隔时，应以同一频点的相邻两个脉冲到达时间作为脉冲重复间隔的计算依据。例如，对于图 2-5 所示的频率分集雷达，在分析脉冲重复间隔时，第 1 个脉冲和第 5 个脉冲都属于频点 f_1，因此频点 f_1 对应的脉冲重复间隔为

$$\text{PRI}_1 = \text{TOA}_5 - \text{TOA}_1 \tag{2-4}$$

式中，TOA_1 和 TOA_5 分别为第 1 个脉冲和第 5 个脉冲的到达时间。类似地，频点 f_2 对应的脉冲重复间隔为

$$\text{PRI}_2 = \text{TOA}_6 - \text{TOA}_2 \tag{2-5}$$

式中，TOA_2 和 TOA_6 分别为第 2 个脉冲和第 6 个脉冲的到达时间。其他频点的脉冲重复间隔可以以此类推。

2.2.4　频率步进

频率步进（Frequency Stepped），是指雷达的频率在相邻脉冲之间等间隔递增或递减变化。如图 2-6 所示，频率步进雷达的信号脉冲频率可以建模为

$$\text{RF}_n = f_0 + (n-1)\Delta f \tag{2-6}$$

式中，f_0 为起始频率；Δf 为相邻脉冲频率步进间隔。当 $\Delta f > 0$ 时，称为频率正向步进；

当 $\Delta f < 0$ 时，称为频率负向步进。总体来说，频率正向步进的雷达系统更为常见。

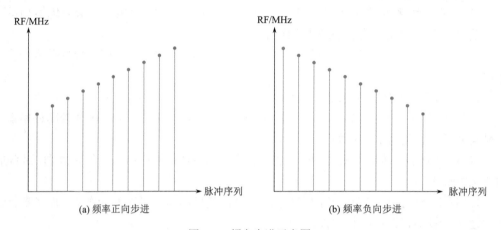

(a) 频率正向步进　　　　　　　　　　　　　(b) 频率负向步进

图 2-6　频率步进示意图

频率步进雷达可能存在特殊用途，例如，在满足一定条件的情况下，频率步进雷达能够基于窄带雷达信号合成等效的大带宽信号，从而实现对目标的高分辨距离成像。相比于传统的宽带成像雷达(如合成孔径雷达和逆合成孔径雷达)，频率步进雷达降低了对数字信号处理机瞬时带宽的要求，可以用于载荷能力有限的武器平台(如小型无人机、弹载平台)对目标进行高分辨率成像。用于合成高分辨距离像的典型频率步进雷达信号示意图如图 2-7 所示，雷达信号脉冲采用等间隔发射，脉冲重复间隔为 PRI，脉冲宽度在合成距离像的期间不变，记为 τ。为了避免合成高分辨距离像出现距离折叠、影响成像效果，要求频率步进间隔 Δf 不可太大，一般来说，对于脉内无调制的频率步进雷达，频率步进值 Δf 应满足

$$\Delta f \approx \frac{1}{\tau} \tag{2-7}$$

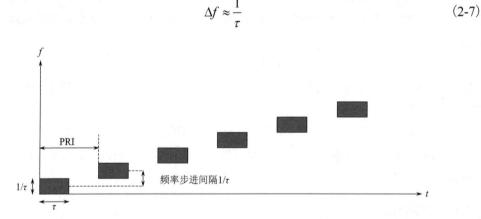

图 2-7　用于合成高分辨距离像的典型频率步进雷达信号示意图

如果频率步进雷达在合成一次高分辨距离像期间共发射了 N 个脉冲，且频率步进间隔满足式(2-7)，则合成带宽约为

$$B_s = N\Delta f \tag{2-8}$$

等效的距离分辨率为

$$\Delta\tau_s = \frac{c}{2B_s} = \frac{c}{2N\Delta f} \tag{2-9}$$

式中，$c = 3 \times 10^8$ m/s，为光速。

值得指出的是，脉冲宽度为 τ 的脉内无调制雷达距离分辨率为

$$\Delta\tau = \frac{c\tau}{2} = \frac{c}{2\Delta f} \tag{2-10}$$

因此，频率步进雷达通过合成等效宽带信号，可以将距离分辨率提高 N 倍。虽然频率步进雷达能够通过带宽合成获得距离高分辨，但该雷达所能成像的目标尺寸也受到频率步进值的影响，即目标沿距离向的尺寸（记为 Size_t）应该满足

$$\text{Size}_t \leqslant \frac{c}{2\Delta f} \tag{2-11}$$

频率步进雷达才能有效地获得目标的高分辨距离像，否则可能会出现成像错误。例如，如果雷达信号脉冲宽度为 0.1μs，则采用频率步进雷达对目标进行成像时，目标沿距离向的尺寸不能超过 15m。

随着雷达信号处理技术的发展，除了图 2-7 所示的步进频率雷达信号，还出现了调频步进雷达信号，此处调频是指雷达信号的脉内调制方式采用线性调频的方式，步进是指雷达信号的中心频率线性步进，如图 2-8 所示。如果将脉内无调制的雷达信号视为时间带宽积为 1 的特殊线性调频信号，那么也就可以将图 2-7 中的频率步进雷达视作一种特殊的调频步进雷达。

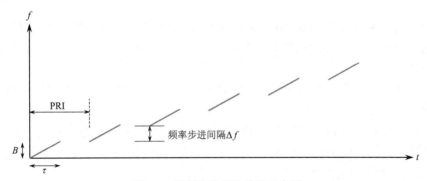

图 2-8　调频步进雷达信号示意图

对于一般的调频步进雷达，它的发射脉冲为线性调频信号，信号的时间带宽积可以远大于 1，因此它在相邻脉冲之间的频率步进值突破了式 (2-7) 中的约束，它只受限于每一个线性调频信号的带宽 B，即频率步进值满足

$$\Delta f \approx B \gg \frac{1}{\tau} \tag{2-12}$$

故调频步进雷达信号所能合成的带宽为

$$B_s = B + (N-1)\Delta f \approx NB \tag{2-13}$$

等效的距离分辨率为

$$\Delta \tau_s = \frac{c}{2B_s} \approx \frac{c}{2NB} \qquad (2\text{-}14)$$

因此，在发射同等个数雷达脉冲的条件下，调频步进雷达所能合成的等效带宽更大，能够达到的距离分辨率更高。

近年来，在雷达领域还发展了随机步进频率雷达技术。随机步进频率雷达克服了现有步进频率雷达的一些缺点(如大尺寸目标成像时的混叠现象)，且具有更好的抗干扰性能。根据雷达中心频率的取值情况，随机步进频率雷达又可分为两种。一种随机频率步进雷达如图 2-9 所示，雷达中心频率为

$$\mathrm{RF}_n = f_0 + i_n \Delta f \qquad (2\text{-}15)$$

式中，i_n 为取值范围为 $\{0,1,\cdots, N\text{–}1\}$ 的随机整数变量。

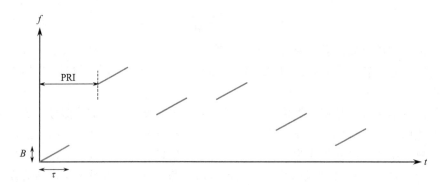

图 2-9　随机频率步进雷达示意图

另一种随机频率步进雷达的中心频率 RF_n 则为分布在 $[f_0, f_0+(N\text{–}1)\Delta f]$ 的均匀随机变量，但这种雷达涉及复杂的频率源综合和信号处理，工程实现难度大，目前仅见于部分实验型雷达。

综上所述，从电子侦察的角度来分析频率步进雷达是否能用于合成高分辨距离像，应该从以下几个方面综合判断。

(1)侦测到的雷达信号频率应该满足式(2-6)中的频率线性步进关系。如果该雷达是随机频率步进雷达，则将雷达信号频率按照取值从小到大排列，排列后的频率取值应该满足式(2-6)中的频率线性步进关系。

(2)分析所侦测的雷达信号脉冲宽度、脉内调制以及频率步进值。如果雷达信号脉内无调制，则频率步进雷达的频率步进值与脉冲宽度之间的关系应该满足式(2-7)。如果雷达信号脉内调制为线性调频，则频率步进雷达的频率步进值应该满足式(2-12)。

(3)如果电子侦察设备天线波束指向不动，则侦测到的频率步进雷达信号幅度应该近似保持不变。

(4)在合成目标距离像期间，雷达脉冲重复间隔保持不变。

2.2.5　频率正弦

频率正弦(Frequency Sinusoidal)，是指雷达的频率以近似正弦曲线周期性地变化，

如图 2-10 所示。此时，雷达信号的频率可以建模为

$$RF_n = f_0 + \sin(2\pi a^{-1}n + \phi_0)\qquad(2\text{-}16)$$

式中，f_0 为雷达信号频率的均值；a 为拟合后正弦曲线的周期；ϕ_0 为拟合后正弦曲线的初相。

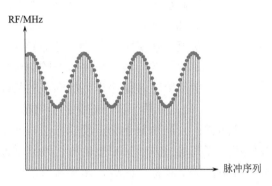

图 2-10　频率正弦示意图

判断该频率类型所依据的主要特征是：频率呈正弦变化，并具有明显的周期性。对频率正弦信号的分析，应给出频率最大值、最小值、均值、周期时间等信息。

2.3　雷达频率分析方法

在熟悉 ITU 对雷达使用频段的规定和不同频段雷达的典型用途前提下，受电磁环境、地理气象环境、电子侦察接收机状态等因素的影响，截获的雷达频率数据与雷达实际发射的数据存在一定的差异，通常采取异常值排除法、盒状图分析法、时频图分析法等辅助分析人员提取雷达频率的变化特征。

1. 异常值排除法

排除侦测频率数据中的异常值是雷达频率分析的第一步。雷达频率数据中的异常值指的是，受到侦测环境(如背景环境中的信号密度、多径传播效应等)、电子侦察设备侦测能力的影响，设备所侦测的雷达频率数据中可能会存在一些不属于目标雷达的记录，将影响分析结果。在分析雷达信号频率时，应该将这些明显不属于目标雷达的频率值(一般称为异常值或者野值)从全脉冲数据中剔除掉。剔除的方法包括以下几种。

(1)根据 ITU 对雷达使用频段的规定、经验值或者资料信息等剔除异常值，对于取值不在经验值或者合理范围内的频率值，可以视为异常值。例如，对于工作在 L 频段的雷达，分配给雷达的频率范围为 1215～1400MHz。如果侦测到的信号频率为 1090MHz，则表明该信号不是来自雷达，可以视其为异常值。根据公开的资料，频率为 1090MHz 的信号应当是来自飞机或者舰船的应答信号(包括敌我识别应答信号、航管应答信号和 ADS-B 信号等)。

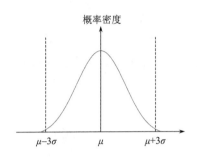

图 2-11　高斯分布的概率密度
函数及主要取值区间

（2）采用统计处理的方法剔除异常值。对数据进行统计分析，分析各频率取值出现的次数，将出现次数过少的频率值视为异常值。例如，对于频率固定的雷达，可以假定数据服从均值为 μ、标准差为 σ 的高斯分布。在该假设下，如图 2-11 所示，绝大部分的数据分布在区间 $[\mu-3\sigma, \mu+3\sigma]$，故可以认为不在这个区间内的数值都为异常值。在实际中，为了避免异常值对于均值和标准差估计的影响，可以采用数据的中位数作为均值的估计，以中位数绝对偏差作为标准差的估计。

（3）基于数据挖掘的异常值剔除方法。基于数据挖掘的异常值剔除方法主要包括两类：一类是基于邻近度的方法，通过计算各个频率数值两两之间的距离，将那些取值远离其他数据的频率数值标记为异常值；另一类是基于密度的方法，给定密度半径，典型值位于高密度区域，而异常值位于低密度区域。

2. 盒状图分析法

盒状图分析法，是指一种利用可视化手段显示一维数值属性值分布的方法。典型的盒状图如图 2-12 所示，盒的下端和上端分别指示第 25 个百分位数和第 75 个百分位数，而盒的中线表示的是第 50 个百分位数的值，底部和顶部的尾线分别指示第 10 个百分位数和第 90 个百分位数，异常值用 "+" 表示。此处百分位数的定义方法如下：设 $f_1, f_2, \cdots, f_m$ 为 m 个雷达信号脉冲对应的频率值，将它们按照取值从小到大进行排列，排列后的频率值分别为 $f_{(1)}, f_{(2)}, \cdots, f_{(m)}$，则第 k 个数对应的百分位数分别为

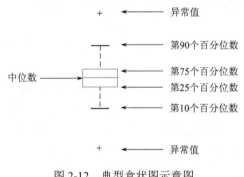

图 2-12　典型盒状图示意图

$$\frac{k-0.5}{m} \tag{2-17}$$

例如，$m=100$，则 $f_{(10)}$ 为第 9.5 个百分位数，$f_{(11)}$ 为第 10.5 个百分位数，第 10 个百分位数为 $f_{(10)}$ 和 $f_{(11)}$ 的平均值。

盒状图相对比较紧凑，可以将许多盒状图放在一个图中。因此，盒状图可以用于同一目标在不同时刻的频率分布情况，或者不同目标在同一时刻的频率分布情况等。盒状图分析法比较适用于频率固定或者频率变化范围不大的雷达，其缺点在于无法从盒状图得到目标雷达频率的典型值和变化类型。

3. 时频图分析法

时频图分析法，是指利用可视化的方法，分析雷达辐射源频率随着到达时间的变化

关系。如图 2-13 所示，时频图是一种常用的频率分析方法，它的作用主要包括两个方面：一方面直观地显示频率随着到达时间的变化关系，以便于从中判断目标雷达的频率变化类型；另一方面判读并分析目标雷达频率的典型值和变化范围。

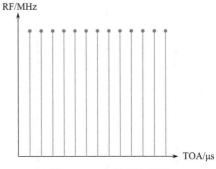

图 2-13　时频图示意图

4. 直方图分析法

直方图是一种统计报告图，其由一系列高度不等的纵向条纹或线段表示数据分布的情况。一般用横轴表示数据类型(本章中，直方图分析的横轴就是频率)，纵轴表示分布情况。为了构建频率参数的直方图，首先应该将频率参数分段，即将整个频率参数的取值范围分为一系列的间隔，然后计算落入每个间隔的数值数量，最后以频率间隔和每个间隔内的频率数量绘制直方图。

图 2-14 仿真了几种常见的频率变化类型对应的直方图分布。可以看出，脉间频率捷变雷达和频率步进雷达的直方图为平坦形，频率正弦雷达的直方图为凹形，其他几种为尖峰形。表 2-4 对不同频率变化类型对应的直方图形状进行了总结。

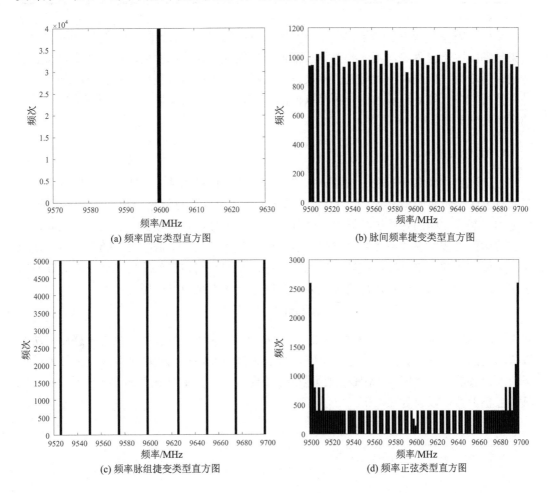

(a) 频率固定类型直方图

(b) 脉间频率捷变类型直方图

(c) 频率脉组捷变类型直方图

(d) 频率正弦类型直方图

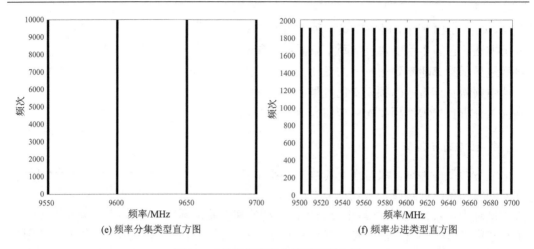

(e) 频率分集类型直方图　　　　　(f) 频率步进类型直方图

图 2-14　几种频率变化类型的直方图

表 2-4　不同频率变化类型对应的直方图形状

变化类型	频率固定	频率分集	频率脉组捷变	频率脉间捷变	频率正弦	频率步进
形状	尖峰形	尖峰形	尖峰形	平坦形	凹形	平坦形

采用直方图分析雷达信号频率时，最基本的问题是如何合理地设置频率间隔的大小。如果频率间隔设置太大，则一些典型频率值难以发现；如果频率间隔设置太小，又容易造成目标增批等问题。一种可能的解决方法是根据设备的测频精度来设置频率间隔。另外，从直方图只能看出雷达信号频率取值的分布情况，有时难以从中识别雷达信号脉冲的频率变化类型。

5. 频度表分析法

频度表也称频率分析表、次数分布表，是描述统计量的基本形式之一。它的基本原理和直方图分析有类似之处，但进行频度表分析时，可以不对侦测的频率取值进行分段，也无须对频率间隔的宽度进行设置。受到接收机噪声影响和测频算法的限制，设备所侦测的雷达信号频率参数不等同于频率真值，而是分布在频率真值附近的随机变量。这意味着即使对于同一个目标，测频结果也会随着设备的不同和时刻的变化而不同。在对雷达频率进行频度表分析时，需要进行频率重整。频率重整的过程如下：

$$\bar{f} = \text{round}(f / \Delta F) \times \Delta F \tag{2-18}$$

式中，f 为雷达频率；ΔF 为重整参数；round($\cdot$) 为就近取整函数。经过重整后，所有取值相近的频率都变成一个值，重整参数的选择与设备的测频精度有关。例如，若电子侦察设备的测频精度为 1MHz，则可以认为[f-1MHz,f+1MHz]都属于一个频率，因此频率重整参数可以设为 2MHz。

2.4　雷达频率分析应把握的几个关系

频率是雷达重要的技术参数，它在很大程度上决定雷达其他信号参数的选择，也与雷达的技术体制、战术用途、平台的类型等密切相关。因此，在分析雷达频率时，应注意把握以下几个方面的关系。

1. 与雷达作用距离的关系

雷达发射机能承受功率电平的能力，受到电压梯度(单位长度上的电压)和散热要求限制。在低频段，更容易制作大功率发射机和大口径天线。因此，不难理解工作在米波范围内的大而重的雷达可以发射兆瓦级的平均功率，而毫米波雷达只能发射几百瓦的平均功率。

随着雷达频率的增加和波长的减小，雨水、云雾等因素使得电磁波传播衰减增大，例如，根据 ITU 的电磁波衰减模型，如果目标距离雷达 50km，降雨量为 3mm/h，电磁波衰减与雷达频率之间的关系如图 2-15 所示。可以看出，当波长短于 3cm(10GHz)时，衰减对于电磁波的影响相当显著。因此，一些远程警戒雷达往往工作在较低的频段。

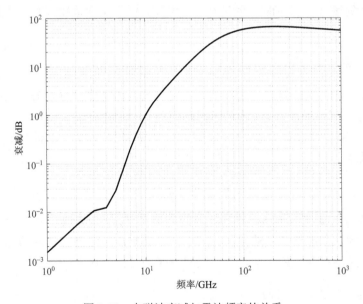

图 2-15　电磁波衰减与雷达频率的关系

2. 与雷达天线性能的关系

天线波束宽度 θ(单位为(°))与波长 λ、口面尺寸 D 有如下关系：

$$\theta = K\frac{\lambda}{D} \tag{2-19}$$

式中，比例系数 K 的取值依天线的类型而定，对于阵列天线和矩形口面的抛物面天线，

K 为 51，对于圆形口面的抛物面天线，K 为 60，对于椭圆形口面的抛物面天线，K 为 70；D 为口面尺寸，求水平波束宽度时，D 为口面水平方向的尺寸，求垂直波束宽度时，D 为口面垂直方向的尺寸。可见，雷达天线波束的宽度正比于波长与天线宽度之比。为了得到给定的波束宽度，波长越长，天线就必须越宽，反之亦然。波束越窄，任一时刻集中在某一特定方向上的功率就越大，角分辨率越好。因此，要精确测量角度信息的跟踪制导雷达，一般选用较高的频率(波长较短)，以获得较高的角度分辨力；用于发现目标的常规警戒引导雷达，可以选用较低的频率(较长的波长)。

此外，雷达天线的增益与其波束宽度之间有如下关系：

$$G \approx \frac{26000}{\theta_0 \phi_0} \tag{2-20}$$

式中，θ_0 和 ϕ_0 分别为雷达天线方位向和俯仰向的 3dB 波束宽度(°)。由式(2-20)可知，给定天线孔径的尺寸，雷达频率越高，波长越短，则天线波束宽度越窄，天线增益越高。

3. 与雷达平台的关系

如前所述，在天线体积与重量受限的雷达平台上，如飞机、装甲车上，为了能够获得较高的天线增益和较窄的天线波束，雷达系统总是采用较高的频率，而在天线体积与重量不太受限的场合，如地面、军舰上，使用较低频率实现远距离目标探测的雷达是很常见的。

4. 与距离分辨率的间接关系

在 VHF、UHF 和 L 等频段，雷达可用的带宽资源是比较有限的。例如，根据 ITU Ⅱ区规定，工作在 L 频段的雷达频率范围为 1215～1400MHz；工作在 X 频段的雷达频率范围为 8.5～10.68GHz。因此，L 频段的雷达带宽通常不超过 200MHz，而 X 频段的雷达频率可以达到 1GHz 以上。雷达距离分辨率计算公式为

$$\Delta R = \frac{c}{2B} \tag{2-21}$$

式中，ΔR 为雷达的距离分辨率；B 为雷达的工作带宽；c 为光速(3×10^8m/s)。因此，工作于较低频段的雷达能够达到的距离分辨率低于高频段雷达能够达到的距离分辨率，对于用于成像、测绘等场合的雷达，往往采用较高的工作频段。

5. 与目标散射特性之间的关系

目标的散射特性除与目标本身的特性(目标外形、是否包含吸波材料)有关外，还与雷达的视角、入射波的极化方式和波长有关。对于简单散射体，如对称轴沿视线方向的角反射体，它的近似散射截面积 RCS 可以表示为

$$\text{RCS} = \frac{4\pi A_{\text{eff}}^2}{\lambda^2} \tag{2-22}$$

式中，λ 为雷达信号波长；A_{eff} 为多重内部反射的有效面积。因此，雷达的频率越高，波

长越短，散射截面积越大。而对于轴向入射的角锥体顶，它的近似散射截面积 RCS 可以表示为

$$RCS = \lambda^2 \sin^4(\alpha / 2) \tag{2-23}$$

式中，α 为角锥体的半角。因此，此时波长越短，散射截面积越小。对于复杂物体(如飞机、军舰等)，经过雷达电磁波照射后，存在镜面反射、顶部绕射、爬行波反射等多种复杂电磁波传播现象，描述它的散射截面积更加困难，但目前也存在一些经验公式来描述它们的目标散射截面积。例如，对于海军舰船，其目标散射截面积 RCS 的经验公式为

$$RCS = 52 f^{1/2} E^{3/2} \tag{2-24}$$

式中，f 为雷达频率(MHz)；E 为舰船的满载排水量(kt)。从这个经验公式可以看出，雷达频率越高，舰船的散射截面积越大。

概括来说，在较低的频率上，容易制作生产大功率发射机和大口径天线，雷达系统易于达到远程作用距离。在更高的频率上，雷达可用的带宽大，容易完成距离和位置的精确测量。此外，在给定天线物理尺寸的情况下，更高的频率对应的波束宽度更窄、天线增益更高，容易获得很高的角度分辨率。上述这些因素就决定了雷达频率分析在雷达技术体制和用途分析、雷达辐射源识别，以及雷达辐射源综合分析中的重要性。

2.5　本　章　小　结

思维导图-2

雷达频率的变化特征与雷达发射机的性能、雷达的用途等密切相关，但准确掌握雷达的频率典型值、变化范围、变化类型等并不容易，与电子侦察接收机的状态密切相关。若瞬时带宽设置较窄，则难以完整截获采用频率分集、频率步进，尤其是频率捷变变化类型的雷达；若瞬时带宽设置较宽，则很多同一用途的雷达信号会进入电子侦察接收机，影响对远距离雷达的截获效果，进而影响后续的分析工作。与此同时，由于各个国家或地区的雷达更新换代周期很长，通常需要几十年，不同年代、同一技术体制的雷达并存，其在频率稳定度、变化特征等方面也会存在一定的差异，需要结合实际情况具体分析。另外，对雷达频率的分析通常要与脉冲重复间隔、脉冲宽度、天线扫描方式、脉内调制特征等进行关联分析，才能得出更准确的结论。

习　题

1. 查找资料，对工作在不同频段的雷达辐射源型号和基本用途进行梳理。

2. 已知侦测到的某频率步进雷达脉冲宽度为 1μs，1 个步进周期内的脉冲数为 15 个，试分析计算该雷达的等效带宽和距离分辨率。

3. 已知侦测到的某雷达信号频率为 9600MHz。另外，根据资料，该雷达的天线尺寸为 1m×0.6m，试分析该雷达天线的波束宽度及天线增益。

4. 如何区分频率分集雷达与多部雷达？如何区分频率分集雷达与相控阵雷达？

参 考 文 献

李海凤, 2012 船舶通信与导航[M]. 哈尔滨: 哈尔滨工业大学出版社.

毛二可, 龙腾, 韩月秋, 2001. 频率步进雷达数字信号处理 [J]. 航空学报, 22(增刊): S16-S25.

欧建平, 李骥, 张军, 等, 2020. 频率捷变雷达信号处理 [M]. 北京: 科学出版社.

彭岁阳, 张军, 沈振康, 2011. 随机频率步进雷达成像分析 [J]. 国防科技大学学报, 33(1): 59-64.

向敬成, 张明友, 2001. 雷达系统 [M]. 北京: 电子工业出版社.

AXELSSON S R J, 2007. Analysis of random step frequency radar and comparison with experiments [J]. IEEE transactions on geoscience and remote sensing, 45(4): 890-904.

RICHARDS M A, 2008. 雷达信号处理基础 [M]. 邢孟道, 王彤, 李真芳, 等译. 北京: 电子工业出版社.

RICHARDS M A, SCHEER J A, HOLM W A, 2010. Principles of modern radar-volume i: basic principles [M]. New York: SciTech Publishing.

SKOLNIK M I, 2010. 雷达手册[M]. 3 版. 南京电子技术研究所, 译. 北京: 电子工业出版社.

TAN P N, STEINBACH M, KUMAR V, 2011. 数据挖掘导论 [M]. 范明, 范宏建, 等译. 北京: 人民邮电出版社.

第3章　雷达脉冲重复间隔分析

脉冲描述字(PDW)生成，是电子侦察接收机的重要功能。通过信号检测、脉冲参数测量，可将各参数组成 PDW 用于后续的信号特征分析，如分选与识别等。PDW 一般包括脉冲到达时间(Time of Arrival，TOA)、到达方向(DOA)、发射频率(RF)、脉冲宽度(PW)，以及脉内调制参数特征等。对于一个脉冲序列，脉冲到达时间本身没有多大意义，但通过它可以完成脉冲串的去交错，计算两个脉冲到达时间之差获得脉冲重复间隔(PRI)。雷达的脉冲重复间隔是雷达信号设计中的关键参数，也是雷达辐射源变化最复杂的信号参数，对分析雷达的用途、技术体制，识别雷达的型号和个体，以及武器系统告警和电子干扰等具有重要意义。

3.1　雷达脉冲重复间隔分析概述

雷达脉冲重复间隔，又称脉冲重复周期或到达时间差，定义为雷达脉冲串序列中相邻两个雷达脉冲到达时间之差，如图 3-1 所示，表示为

$$\text{PRI}_n = \text{TOA}_{n+1} - \text{TOA}_n \tag{3-1}$$

式中，PRI_n 为第 n 个脉冲的脉冲重复间隔值；TOA_n 为第 n 个脉冲的到达时间。

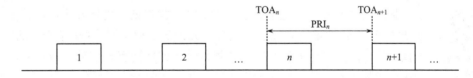

图 3-1　雷达脉冲串和脉冲重复间隔示意图

另外，脉冲重复间隔的倒数为脉冲重复频率(Pulse Repetition Frequency，PRF)，即 PRF=1/PRI。

脉冲重复间隔是雷达的关键信号参数之一，对于雷达系统参数和指标有很大的影响。例如，对于脉冲重复间隔固定的雷达系统，其最大不模糊距离(记为 R_u)与脉冲重复间隔之间的关系为

$$R_u = \frac{1}{2} c \times \text{PRI} \tag{3-2}$$

由式(3-2)可以看出，脉冲重复间隔越大，雷达系统的最大不模糊距离越大。因此，地面和机载远程预警雷达、合成孔径雷达等作用距离较远的雷达系统，通常使用较大的脉冲重复间隔，如陆基对空雷达、舰载对空警戒雷达的探测距离通常可达 450km，其脉冲重复间隔取值通常为 1000～3000μs；机载多功能武器控制雷达、炮瞄雷达和末制导雷

达等作用距离相对较近的雷达系统，通常使用较小的脉冲重复间隔，如 3～300μs。

对于脉冲重复间隔固定的雷达系统，其最大不模糊速度（记为 v_u）也取决于脉冲重复间隔，它们之间的关系为

$$v_u = \frac{\mathrm{PRF} \times \lambda}{4} \tag{3-3}$$

式中，λ 为雷达信号波长；PRF 为脉冲重复频率。因此，在雷达频率一定的情况下，脉冲重复频率越高，最大不模糊速度越大。例如，机载火控雷达在跟踪空中快速运动的目标时，通常会使用较高的脉冲重复频率。

雷达的脉冲重复间隔还与脉冲宽度存在密切关系。在雷达系统中，一般利用占空比 D_R 来描述脉冲重复间隔与脉冲宽度之间的关系：

$$D_R = \frac{\tau}{\mathrm{PRI}} \times 100\% \tag{3-4}$$

式中，PRI 为雷达的脉冲重复间隔；τ 为雷达的脉冲宽度。

在脉冲多普勒雷达中，为了避免发射机负载发生快速变化引起电源控制电路出现问题，一般要求在相参处理周期内保持恒定的占空比。因此，脉冲多普勒雷达的脉冲宽度一般与脉冲重复间隔变化一致。当脉冲多普勒雷达工作在高中频时，一般采用小脉冲宽度；当脉冲多普勒雷达工作在低中频时，一般采用大脉冲宽度，这种情况也适用于其他体制的雷达系统。

3.2　脉冲重复间隔的变化类型

雷达脉冲重复间隔变化类型分析

脉冲重复间隔变化是非常复杂的，对一些常见的变化方式，为了便于理解和描述，将脉冲重复间隔的变化特征分为若干种类型，并赋予一定的名称。一直以来，很多变化类型与雷达的技术体制或用途有一定的对应关系，随着雷达技术的不断发展，雷达的信号特征越来越复杂，反而使部分型号雷达的脉冲重复间隔参数具有更加鲜明的特征。

3.2.1　脉冲重复间隔固定

脉冲重复间隔固定（PRI Constant），是指雷达信号的脉冲重复间隔有一个或一个以上的数值可供选择，其数值在长时间或在一次开机过程中保持不变，如图 3-2 所示。脉冲重复间隔固定是一种最常见也是最基本的雷达信号形式，常见于 20 世纪 60～80 年代的远程预警雷达、防空反导雷达、对海搜索雷达等，采用脉冲重复间隔固定变化类型的雷达通常会导致参数测量模糊、多目标处理能力弱和抗干扰能力差等问题。

理想情况下，脉冲重复间隔固定变化类型可以建模为

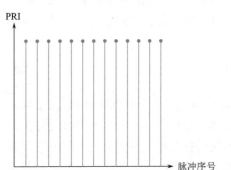

图 3-2　脉冲重复间隔固定示意图

$$\text{PRI}_n \equiv \text{PRI} \tag{3-5}$$

式中，PRI_n 为第 n 个脉冲的脉冲重复间隔值；PRI 为脉冲重复间隔的实际值。

实际中，受到雷达辐射源信号稳定程度、电磁波传播环境和电子侦察设备侦测能力的影响，即使是对于脉冲重复间隔固定的雷达系统，侦测得到的脉冲重复间隔数值也会存在一定的起伏，由此脉冲重复间隔固定的典型值可以建模为

$$\text{PRI}_n = \text{PRI} + \delta_n, \quad 1 \leqslant n \leqslant N \tag{3-6}$$

式中，δ_n 为 PRI 测量误差；N 为侦测得到的雷达脉冲数量。对于脉冲重复间隔固定的雷达，可以利用多次测量结果取平均值来减小测量误差。

对于 20 世纪 60～80 年代生产的一些远程预警雷达，由于发射机的稳定性差，脉冲重复间隔取值区间可能会出现较大的变化（在平均值的 1% 以内），此时应注意与一些采用脉冲重复间隔抖动变化类型的雷达相区别。

3.2.2　脉冲重复间隔参差

脉冲重复间隔参差（PRI Stagger），是指雷达发射信号采用若干个顺序排列的脉冲重复间隔，其相邻脉冲的重复间隔呈周期性变化，如图 3-3 所示。

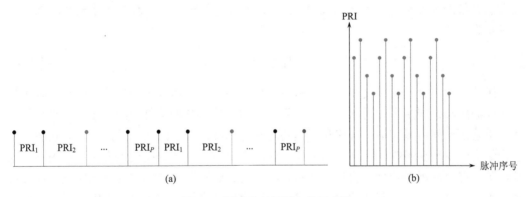

图 3-3　脉冲重复间隔参差示意图

为方便起见，用 M 表示总共侦测到的变化周期数，每个周期内不同的重复间隔数目为 P，脉冲数总计为 $MP+1$。将每个周期内脉冲重复间隔的数值分别记为 $\text{PRI}_1, \text{PRI}_2, \cdots, \text{PRI}_P$。另外，为方便起见，将起始脉冲的到达时间记为 0（如果起始脉冲到达时间非 0，则将所有脉冲的到达时间减去起始脉冲到达时间）。基于以上约定，侦测的第 k 个脉冲的到达时间 TOA_k 可以建模为

$$\text{TOA}_k = \begin{cases} k_1 \text{PRI}_{\text{tot}}, & k_2 = 0 \\ k_1 \text{PRI}_{\text{tot}} + \sum_{j=0}^{k_2-1} \text{PRI}_j, & k_2 > 0 \end{cases} \tag{3-7}$$

式中

$$\text{PRI}_{\text{tot}} = \sum_{p=1}^{P} \text{PRI}_p \tag{3-8}$$

其中，$\mathrm{PRI_{tot}}$ 为参差脉冲序列的框架长度（也称帧周期）。

$$k_1 = \left\lfloor \frac{k-1}{P} \right\rfloor, \quad k_2 = k-1-k_1 P = \mathrm{mod}(k-1,P) \tag{3-9}$$

式中，$\lfloor \cdot \rfloor$ 为向下取整符号；mod 表示取模运算；$0 \leqslant k_2 \leqslant P-1$。很明显，可以得出相邻两个脉冲的到达时间差为

$$\mathrm{TOA}_{k+1} - \mathrm{TOA}_k = \mathrm{PRI}_{k_2} \tag{3-10}$$

如果在侦测雷达信号的过程中没有丢失脉冲，则分别计算 $P+1$ 个连续脉冲的到达时间差便可以提取出参差脉冲序列的重复间隔值 $\mathrm{PRI}_1, \mathrm{PRI}_2, \cdots, \mathrm{PRI}_P$。

雷达采用脉冲重复间隔参差的变化方式有助于消除盲速，在动目标指示雷达中，如果采用固定脉冲重复间隔，则第一盲速点为

$$v_b = \frac{\mathrm{PRF} \times \lambda}{2} \tag{3-11}$$

当动目标的径向速度为第一盲速点的整数倍时，它的多普勒响应就会和静止杂波相同，经过雷达脉冲对消器后将被消除。因此，雷达系统要想可靠地发现目标，应保证第一盲速大于可能出现的目标最大速度。若要提高雷达系统的第一盲速值，一种方法是增加雷达系统的脉冲重复频率。从式(3-11)可以看出，第一盲速点和最大不模糊距离之间的关系为

$$R_u v_b = \frac{c\lambda}{4} \tag{3-12}$$

因此，增加第一盲速会使最大不模糊距离变小。为了提高第一盲速，同时不减小最大不模糊距离，产生了使用参差脉冲重复间隔的思想。脉冲重复间隔参差的优点是能够在一个驻留期间内提高第一盲速和无模糊的多普勒覆盖区。然而，脉冲重复间隔参差可以视作雷达系统在慢时间的非均匀采样，这使得应用相干多普勒处理变得更加困难。此外，脉冲重复间隔参差会使得脉冲间的杂波幅度随着脉冲重复频率的变化而变化，这是由于距离模糊杂波会随着脉冲重复频率的变化而折叠到不同的距离单元中。因此，脉冲重复间隔参差通常只用于无距离模糊的低 PRF 模式下。

将雷达系统在一个周期内的脉冲重复频率(PRF)记作

$$\{\mathrm{PRF}_1, \mathrm{PRF}_2, \cdots, \mathrm{PRF}_P\}$$

与对应的脉冲重复间隔的关系为

$$\mathrm{PRI}_p = \frac{1}{\mathrm{PRF}_p}, \quad p = 1,2,\cdots,P$$

每一个 PRF 都可以表达成一个整数与参差 PRF 组的最大公约数的乘积，即

$$\begin{aligned}\mathrm{PRF}_p &= k_p\, \mathrm{gcd}\left(\mathrm{PRF}_1, \mathrm{PRF}_2, \cdots, \mathrm{PRF}_P\right)\\ &= k_p F_g\end{aligned} \tag{3-13}$$

式中，gcd 为计算最大公约数函数；F_g 为参差 PRF 组的最大公约数，这组整数 $\{k_p\}$ 称为参差码，它们中的任意两个之间的比值称为参差比。对于采用脉冲重复间隔参差的雷达

系统，其第一盲速对应的多普勒频率为参差 PRF 组的最小公倍数：

$$F_b = \text{lcm}\left(\text{PRF}_1, \text{PRF}_2, \cdots, \text{PRF}_P\right)$$
$$= F_g \text{lcm}\left(k_1, k_2, \cdots, k_P\right) \tag{3-14}$$

基于式(3-14)，可以与在同样时间内采用固定脉冲重复间隔的雷达系统进行性能比较。可以计算得出，参差脉冲序列的框架长度满足

$$\text{PRI}_{\text{tot}} = \sum_{p=1}^{P} \text{PRI}_p = \sum_{p=1}^{P} \frac{1}{\text{PRF}_p} = \frac{1}{F_g} \sum_{p=1}^{P} \frac{1}{k_p} \tag{3-15}$$

对于采用固定脉冲重复间隔的雷达系统，若在相同的时间内也发射 P 个脉冲，则其脉冲重复间隔为

$$\text{PRI}_{\text{avg}} = \frac{1}{PF_g} \sum_{p=1}^{P} \frac{1}{k_p} \tag{3-16}$$

其第一盲速点对应的多普勒频率为

$$F_{\text{avg}} = \frac{PF_g}{\displaystyle\sum_{p=1}^{P} \frac{1}{k_p}} \tag{3-17}$$

因此，使用脉冲重复间隔参差后，第一盲速增加的倍数为

$$\frac{F_b}{F_{\text{avg}}} = \frac{\text{lcm}\left(k_1, k_2, \cdots, k_P\right) \displaystyle\sum_{p=1}^{P} \frac{1}{k_p}}{P} \tag{3-18}$$

以两参差 PRF($P=2$)为例，如果参差比为 3：4，则

$$\text{lcm}\left(k_1, k_2, \cdots, k_P\right) = 12, \quad \sum_{p=1}^{P} \frac{1}{k_p} = \frac{7}{12}$$

因此，第一盲速增加了 12×7/12/2=3.5 倍。

从理论上来讲，采用脉冲重复间隔参差的雷达系统也提高了最大不模糊距离，相比于脉冲重复间隔固定的雷达系统，最大不模糊距离增加的倍数为

$$\frac{\text{lcm}\left(\text{PRI}_1, \text{PRI}_2, \cdots, \text{PRI}_P\right)}{\dfrac{1}{PF_g} \displaystyle\sum_{p=1}^{P} \frac{1}{k_p}} = \frac{\text{lcm}\left(k_1^{-1}, k_2^{-1}, \cdots, k_P^{-1}\right)}{\dfrac{1}{P} \displaystyle\sum_{p=1}^{P} \frac{1}{k_p}} \tag{3-19}$$

同样以两参差 PRF($P=2$)为例，如果参差比为 3：4，则

$$\text{lcm}\left(k_1^{-1}, k_2^{-1}, \cdots, k_P^{-1}\right) = \text{lcm}\left(1/3, 1/4\right) = 1$$

$$\frac{1}{P} \sum_{p=1}^{P} \frac{1}{k_p} = \frac{1}{2}\left(\frac{1}{3} + \frac{1}{4}\right) = \frac{7}{24}$$

因此，最大不模糊距离增加的倍数为 24/7。

对脉冲重复间隔参差的分析，还可以从 MTI 滤波器的频率响应图来进行。对于两脉

冲对消器，参差脉冲重复间隔的频率响应为

$$\left|H_{2,P}(f)\right|^2 = \frac{4}{P}\sum_{p=0}^{P-1}\sin^2(\pi f T_p) \tag{3-20}$$

图 3-4 比较了利用两参差 PRF 的雷达系统和固定 PRF 雷达系统的频率响应。这里参差 PRF 分别为 750Hz 和 1000Hz（参差比为 3∶4）。可以看出，使用参差 PRF 后滤波器的第一盲速出现在 3000Hz 处，而使用固定 PRF 的第一盲速出现在 857.14Hz 处，该结论与以上理论分析完全一致。

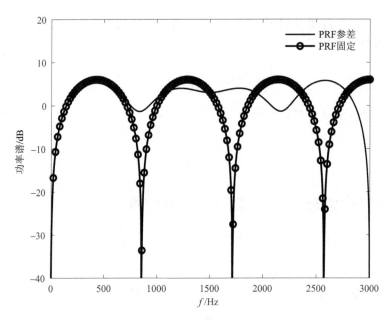

图 3-4　参差脉冲重复间隔的频率响应

判断脉冲重复间隔参差变化类型所依据的主要特征是：信号重复采用一组顺序固定的脉冲重复间隔，脉冲重复间隔数值大部分不相同，通常脉冲重复间隔的个数不大于 8 个。对该类信号分析时，需标明参差数量（如 3 参差），并依照先后顺序填写脉冲重复间隔数值 $PRI_1/PRI_2/PRI_3/\cdots/PRI_P$（脉冲重复间隔之间用"/"隔开，$P\geqslant 2$）。

3.2.3　脉冲重复间隔滑变

脉冲重复间隔滑变（PRI Sliding），是指雷达信号的脉冲重复间隔在两个极值之间周期性地连续变化，脉冲重复间隔最大值有时可达最小值的 3～6 倍。

采用滑变的脉冲重复间隔有以下优点：一是可以消除雷达目标遮蔽（避免出现盲距），常见于对海搜索雷达；二是对恒定高度覆盖，对恒定高度覆盖而言，为确保高度范围恒定的仰角扫描达到最佳性能，脉冲重复间隔最大值与脉冲重复间隔最小值之比大致等于仰角扫描系统的最大作用距离与最小作用距离之比，这常见于一些测高雷达中；三是在一些测绘雷达中，滑变的脉冲重复间隔可以使得雷达保持恒定的信噪比。

根据脉冲重复间隔数值的变化特点，脉冲重复间隔滑变分为单向滑变(单向递增、单向递减)和双向滑变(先递增后递减、先递减后递增)，如图 3-5 所示。

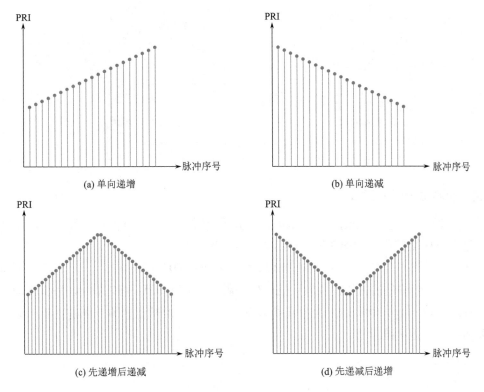

图 3-5　单向滑变与双向滑变示意图

对于单向滑变的雷达信号脉冲，它的 PRI 可以建模为

$$\mathrm{PRI}_n = \mathrm{PRI} + (n-1)\Delta \tag{3-21}$$

式中，当 $\Delta>0$ 时为单向递增，当 $\Delta<0$ 时为单向递减。

对于双向滑变的雷达信号脉冲，它的 PRI 可以建模为

$$\begin{cases} \mathrm{PRI}_n = \mathrm{PRI} + (n-1)\Delta_1, & 1 \leqslant n \leqslant N \\ \mathrm{PRI}_n = \mathrm{PRI}_N + (n-N-1)\Delta_2, & n > N \end{cases} \tag{3-22}$$

式中，若 $\Delta_1>0$ 且 $\Delta_2<0$，则表示 PRI 先递增后递减；若 $\Delta_1<0$ 且 $\Delta_2>0$，则表示 PRI 先递减后递增。

如果 PRI 滑变轨迹多于 1 个，则根据滑变轨迹的个数，单向滑变可分为单向单滑(图 3-5(a)和图 3-5(b))和单向双滑(图 3-6(a))，双向滑变可分为双向单滑(图 3-5(c)和图3-5(d))和双向双滑(图3-6(b))。同一部雷达的发射信号可以采用不同的脉冲重复间隔滑变方式。

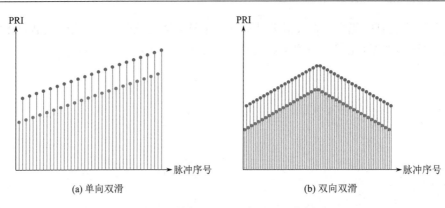

(a) 单向双滑 　　　　　　　　　　　　(b) 双向双滑

图 3-6　单向双滑和双向双滑示意图

3.2.4　脉冲重复间隔正弦

　　脉冲重复间隔正弦(PRI Sinusoidal)，是指雷达发射脉冲的脉冲重复间隔在两个极值之间呈正弦周期变化，如图 3-7 所示，它可以建模为

$$\text{PRI}_n = \text{PRI} + A\sin(\omega n + \phi) \tag{3-23}$$

式中，A 为正弦信号的振幅；ω 为正弦信号的周期；ϕ 为初相。可以看出，PRI 的最大值为 PRI+A，最小值为 PRI–A。脉冲重复间隔正弦信号可以避免遮盖、精确测距，通常用于导弹制导、炮火瞄准等。

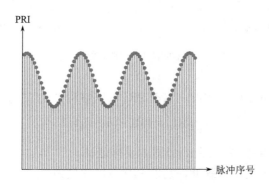

图 3-7　PRI 正弦示意图

3.2.5　脉冲重复间隔排定

　　脉冲重复间隔排定(PRI Scheduled)，是指雷达信号脉冲重复间隔的多个值周期性地变化，有时可以有几种不同的排定方式，每种脉冲重复间隔排定方式中，脉冲重复间隔的数值一般为十几至二十几个，常见于一些陆基武器控制雷达和预警探测雷达。

　　在对脉冲重复间隔排定信号的分析中，要注意与脉冲重复间隔参差信号之间的区别，脉冲重复间隔排定信号的脉冲重复间隔个数一般大于 8，而脉冲重复间隔参差信号的脉冲重复间隔个数一般不超过 8。

3.2.6　脉冲重复间隔抖动

脉冲重复间隔抖动(PRI Jittered)，是指脉冲重复间隔在一个较窄的范围内快速、随机地变化，其变化范围通常小于中心值的 5%。脉冲重复间隔抖动变化不具有周期性，可用于提升近距离多目标的探测能力，也可用于降低某些欺骗性干扰的干扰效果，常见于对海搜索雷达和船用导航雷达。

脉冲重复间隔抖动信号可以建模为

$$\mathrm{PRI}_n = \mathrm{PRI} + \varDelta_n \tag{3-24}$$

式中，$\varDelta_n$ 为随机变量。例如，如果 $\varDelta_n$ 服从均值为 0、方差为 σ 的正态分布，则 PRI_n 的取值绝大多数落在以下区间：

$$[\mathrm{PRI} - 3\sigma, \mathrm{PRI} + 3\sigma]$$

判别脉冲重复间隔抖动变化类型所依据的主要特征是：脉冲重复间隔在较窄范围内无规律随机变化，通常小于平均值的 5%。对于脉冲重复间隔抖动信号的分析，通常给出中心值和抖动范围即可。

3.2.7　脉冲重复间隔驻留

脉冲重复间隔驻留(PRI Dwell and Switch)，即脉冲重复间隔驻留并转换(一些文献也将这种变化类型称为组变参差或者脉组参差，Dwell-to-Dwell Stagger)，是指信号的脉冲重复间隔在某一数值上工作一段时间后又转到另一个数值。它是较常见的脉冲重复间隔变化类型之一，多见于脉冲多普勒雷达系统，如图 3-8 所示。

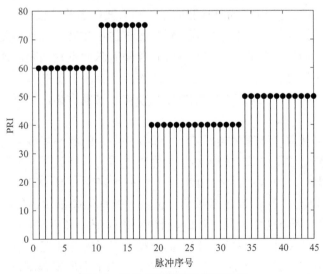

图 3-8　脉冲重复间隔驻留示意图

采用驻留的脉冲重复间隔可以改进雷达系统如下几个方面的性能。

(1)能够实现信号能量积累。如果目标回波在驻留期间是完全相参的，则一个驻留期间发射 N 个雷达脉冲最高可以获得 N 倍的信噪比增益。

(2)能够提高积累时间,有利于改善系统多普勒分辨能力,实现目标径向速度的测量。在脉冲雷达中,运动目标多普勒频移造成的相位变化不足以实现对目标径向速度的测量。例如,假设脉冲雷达频率为 10GHz,发射信号脉冲宽度为 1μs,如果运动目标的径向速度为 340m/s,则由多普勒频率造成的信号相位变化为

$$\phi = \frac{2v}{\lambda} \times \tau = \frac{680}{0.03} \times 10^{-6} = 0.0227(\text{rad}) \ll 2\pi(\text{rad})$$

因此使得雷达系统难以基于单个脉冲测量目标的径向速度。当使用驻留的脉冲重复间隔时,假设 PRI 为 100μs,积累脉冲数为 10,则积累时间内信号相位变化为

$$\phi = \frac{2v}{\lambda} \times T_{\text{cul}} = \frac{680}{0.03} \times 10^{-3} = 22.67(\text{rad}) > 2\pi(\text{rad})$$

此时雷达系统便能够测量目标的径向速度。一般来说,如果驻留期间的脉冲重复间隔为 T,驻留脉冲数为 N,则雷达系统的多普勒频率分辨率为

$$\Delta f_d = \frac{1}{NT} \tag{3-25}$$

对应的目标径向速度分辨率为

$$\Delta v = \frac{\lambda}{2NT} \tag{3-26}$$

(3)可以获得更好的杂波抑制性能。通过设计多普勒滤波器组,可以获得更高的信噪比改善因子。

尽管采用驻留的脉冲重复间隔能够增加信噪比、提高多普勒分辨率和获得更好的杂波抑制性能,但是如果雷达系统驻留期间采用固定不变的脉冲重复间隔,也会造成盲速,即多普勒频率等于整数倍 PRF 的目标回波难以和杂波在多普勒域区分开,从而使得雷达系统难以发现目标。为了解决这个问题,雷达系统往往在某一脉冲重复间隔数值上工作一段时间后又转换到另一个数值,即驻留往往伴随着脉冲重复间隔数值的转换。这也是有些学者把这种变化类型称为组变参差或脉组参差的原因。脉冲重复间隔驻留并转换能够有效地解决盲速问题,也能够用于求解距离模糊和速度模糊,可以有效地提高雷达系统的性能。

脉冲重复间隔驻留这种变化类型广泛用于各种平台的脉冲多普勒雷达中,如陆基防空雷达、机载预警雷达、机载火控雷达、导弹制导雷达、舰载多功能雷达等。根据脉冲重复频率取值的大小,通常包含高(HPRF,100~300kHz)、中(MPRF,20~100kHz)、低(LPRF,4~20kHz)三种脉冲重复频率。机载火控雷达高重频工作时,脉冲占空比为 15%~50%,机载火控雷达中重频工作时,脉冲占空比为 5%~10%。

雷达工作在低重频时,一般不存在距离模糊,但可能存在速度模糊。重频典型值在 1kHz 以下,低重频波形适用于远程警戒搜索模式。为了不出现距离模糊,重复间隔取值应该满足以下关系式:

$$\frac{c\text{PRI}}{2} > R_{\max} \tag{3-27}$$

式中,$R_{\max}$ 为雷达系统所关心的最大作用距离。在一些远程警戒/防空反导雷达中,低重

频波形往往具有大脉冲宽度以及脉内调制。低重频波形也适用于雷达成像模式，即机载/星载(逆)合成孔径雷达也一般采用低重频波形。合成孔径雷达的脉冲重频除了要满足式(3-27)以避免出现距离模糊，也不能取值太低以避免出现多普勒模糊。以正侧视合成孔径雷达为例，其脉冲重复频率应当满足

$$\text{PRF} > \frac{2v_a\theta_{1/2}}{\lambda} \tag{3-28}$$

式中，v_a 为平台运动速度；$\theta_{1/2}$ 为天线的半功率波束宽度。

高重频波形的特点是占空比高、发射能量足，在给定的波束驻留时间内，雷达将发射和接收大量的脉冲，可以获得很高的相参处理增益。然而，高占空比也容易造成较大的遮蔽损耗。雷达工作在高重频时，一般不存在速度模糊，但可能存在严重的距离模糊。高重频波形适用于速度搜索和跟踪模式，在强主瓣杂波环境下对快速接近目标具有远程探测能力，但性能也容易受到副瓣杂波的影响。有时机载火控雷达在边搜索边测距模式下也会采用高重频模式，此时雷达系统一般采用调频信号或者相位编码信号测距。

雷达工作在中重频时，可能既存在距离模糊，又存在速度模糊。中重频波形是低重频波形与高重频波形之间的折中，它同时具有低重频波形和高重频波形的一些优点与缺点，也避免了低重频波形和高重频波形所具有的严重问题。因此，中重频波形能够提供较好的整体性能。对于机载火控雷达，当需要目标的距离数据和速度数据，而目标的情况(速度、位置)未知且预计存在强杂波时，采用中重频波形是合适的全面解决方案。工作在中重频模式的雷达在一次相参处理过程中通常包含若干个相参处理周期(5~9，典型值为 6 或 8)，相参处理周期的脉冲重复间隔两两不同。工作在中重频的雷达采用双重检测的工作机制，在每个相参处理周期内，每个经处理后的距离-多普勒单元内的数据都要采用恒虚警处理进行检测。当完成 N 个相参处理周期时，所有的门限检测需经过 M/N 二进制积累器(M 的典型值为 3，因此 3/8 检测准则是较常用的检测准则)。当目标在至少 M 个相参处理周期内于一致的距离和速度上均被检测到时，系统才报告目标的存在。在机载火控雷达中，中重频波形相参处理过程中脉冲重复间隔值的设计和选取是一个相当复杂的问题，一般要根据其他雷达系统的参数、感兴趣目标的特性以及杂波分布等情况综合设计。

在判断脉冲重复间隔驻留时，所依据的主要特征是：脉冲重复间隔成组出现，组内脉冲重复间隔相同，组间脉冲重复间隔不同，且每组脉冲个数不同。对脉冲重复间隔驻留信号的分析和上报一般应给出脉冲重复间隔的取值和每组脉冲个数(例如，$\text{PRI}_1(*M_1) \# \text{PRI}_2(*M_2) \# \cdots \# \text{PRI}_N(*M_N)$)。对脉冲重复间隔驻留进行分析时，还应该注意把握以下两个方面的问题。

(1)脉冲重复间隔驻留和转换期间，虽然脉冲重复间隔数值和每组脉冲个数都会发生变化，但是以下公式经常近似成立(特别是对于使用中重频波形的机载雷达)：

$$\text{PRI}_k \times M_k \approx \text{PRI}_n \times M_n, \quad n \neq k \tag{3-29}$$

这是为了尽量使每个相参处理周期内的积累时间相同，更加便于脉冲多普勒处理和目标检测。

(2)在脉冲重复间隔转换时刻，脉冲重复间隔可能会变大。如图 3-9 所示，脉冲重复间隔从 PRI_1 转换至 PRI_2 时，最后一个脉冲的重复间隔增加至 PRI_1+t_1。这是为了在新相参处理周期下被处理的回波不是被前一个相参处理周期内信号波形所照射的远距离目

标。有学者将这段时间长度称为空间填充时间（Space Charging Period）。因此，在分析脉冲重复间隔驻留这种变化类型时，应注意仔细甄别每个相参处理周期的起始脉冲和结束脉冲，这样才能正确地计算每个相参处理周期内的脉冲数。

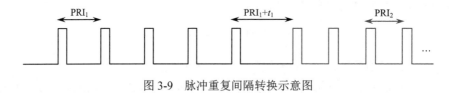

图 3-9　脉冲重复间隔转换示意图

3.3　脉冲重复间隔分析方法

对脉冲重复间隔的分析通常需要结合雷达的频率、脉冲宽度、天线扫描周期等参数共同分析，仅就脉冲重复间隔分析而言，常用的方法有声音分析法和直方图分析法等。

3.3.1　声音分析法

使用扬声器或耳机监听脉冲串的声音是一种古老的脉冲重复间隔分析技术，如今它仍然有效。对于早期的窄带电子侦察系统，通常一次只能对准一个音频振荡器和雷达脉冲串，分析人员按类似调整乐器的方式，使发生器的音调与正在监听的脉冲串的音调相吻合。一个缺乏经验的分析人员可能将音频振荡器调到脉冲重复间隔的谐波或子谐波上，但是经过一段时间实践后，这种错误就会很少发生。分析人员调大音量，直至听到拍频音调的频率为音频振荡器的频率与脉冲重复频率之差；分析人员调谐音频振荡器，直至拍频音调的频率为零（拍频消失）。在最佳情况下，误差约为 20Hz，因为这是人耳能听到的最低频率。由于扫描的影响，拍频音调听起来更加困难，因此可能带来附加的误差。

当前，脉冲重复频率已经超过人耳的听力范围，但现代电子侦察系统通过将真实的脉冲重复频率非线性地变换为合成的脉冲重复频率，从而产生可听到的声音。例如，脉冲重复频率为 1kHz 以下时可以原样赋值，而 1～200kHz 的脉冲重复频率可以变换为 1～20kHz。

脉冲重复间隔的变化、脉冲群的宽度等特征，使不同类型雷达的脉冲重复间隔声音呈现出独特的音质和周期性特征，分析人员可以通过音质和声音的周期性特征直接区分不同型号的雷达。

3.3.2　直方图分析法

直方图分析法作为一种可视化的统计分析方法，常用于对脉冲重复间隔的分析。影响直方图分析法性能的因素包括数据的多少、开窗的大小（直方图统计的范围）和直方图单元的大小。与平均值和标准偏差等统计指标类似，直方图的统计特性也不受数据顺序的影响。这就意味着直方图分析法难以刻画脉冲重复间隔随着时间的变化规律，因此制约了直方图分析法在雷达辐射源分析领域的应用范围。

直方图有助于确定整个脉冲重复间隔序列的统计特性，使用直方图分析法进行脉冲重复间隔分析的一般过程是：首先，将预期的参数范围划分为若干个间隔（称为区间）；

然后，对每个区间中参数值出现的次数进行计数；最后，分析人员需要根据可用脉冲重复间隔数据的数量和质量情况，决定最适合当前脉冲重复间隔数据的区间尺寸，完成对脉冲重复间隔数据的统计分析。对于一个随机过程，当区间的大小接近零，且样本数目接近无穷大时，直方图就接近该随机过程的概率分布。如果样本数很大，但区间尺寸是固定的，那么在某个特定区间内直方图的高度就与概率密度函数在该区间的积分值成正比。在可利用的数据量与区间的尺寸之间存在一个折中问题，如果区间尺寸太小，那么每个区间内平均出现的数量就会很小，因此直方图将由大量的空区间组成，同时散布着一些只有一两个计数的区间，这对分析人员来说是没有用的。同样，如果区间的尺寸太大，会导致所有脉冲重复间隔数据样本落在一两个区间内，分析人员同样看不到概率分布的形状。因此，直方图分析法的关键是确定合理的统计区间大小，通常情况下要求产生几个具有不同区间尺寸的直方图，通过比较确定哪个区间是最合适的。

图 3-10 给出了脉冲重复间隔固定、脉冲重复间隔参差（三参差）、脉冲重复间隔抖动（高斯抖动）和脉冲重复间隔正弦对应的统计直方图。可以看出，这四种变化类型的统计直方图的形状明显不同。对于其他变化类型，它们的直方图形状见表 3-1。

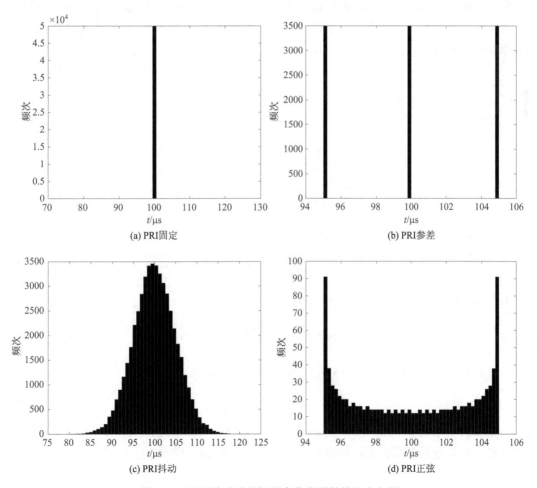

图 3-10　不同脉冲重复间隔变化类型的统计直方图

表 3-1 不同脉冲重复间隔变化类型对应的直方图形状

变化类型	固定	参差	排定	驻留	高斯抖动	均匀抖动	非均匀抖动	正弦	滑变
形状	尖峰形	尖峰形	尖峰形	尖峰形	钟形	平坦形	梯形	凹形	斜坡形

在一般直方图分析法中，通常仅考虑相邻脉冲之间的到达时间差，而在差值直方图分析法中在考虑了所有脉冲对之间的间隔后，根据脉冲重复间隔的上限值和下限值剔除其中的野值，再进行直方图分析。换句话说，从脉冲 1 到脉冲 2~4 之间的间隔都要考虑，然后考虑从脉冲 2 到脉冲 3~5 之间的间隔。在一组 N 个脉冲中，总间隔数由脉冲对的数目给出，即

$$C_N^2 = \frac{(N-1)N}{2} \tag{3-30}$$

通过检查所有脉冲对之间的时间差，即可找出真实的脉冲重复间隔（及其倍数），并且这些间隔值在直方图上累加成峰值，而其他脉冲对将分布在直方图各区间内的间隔中。从数学上讲，差值直方图可以看成自相关函数在每个直方图区间上的积分，这个自相关函数由位于脉冲到达时间上的若干脉冲组成。如果用 t_n 表示第 n 个脉冲的到达时间，那么脉冲串序列可以建模为如下的点过程：

$$f(t) = \sum \delta(t - t_n) \tag{3-31}$$

式中，$\delta(t)$ 为单位冲激函数。

$f(t)$ 的自相关函数为

$$\begin{aligned} h(\tau) &= \int_{-\infty}^{\infty} f(t) f(t - \tau) \mathrm{d}t \\ &= \int_{-\infty}^{\infty} \left[\sum_n \delta(t - t_n) \right] \left[\sum_k \delta(t - t_k - \tau) \right] \mathrm{d}t \end{aligned} \tag{3-32}$$

利用冲激函数的性质，式(3-32)又可以写成

$$h(\tau) = \sum_n \sum_k \delta(t_n - t_k - \tau) \tag{3-33}$$

式中，冲激函数 $h(\tau)$ 从 τ_1 到 τ_2 的积分为

$$\int_{\tau_1}^{\tau_2} h(\tau) \mathrm{d}\tau = \int_{\tau_1}^{\tau_2} \sum_n \sum_k \delta(t_n - t_k - \tau) \,\mathrm{d}\tau \tag{3-34}$$

很明显，式(3-34)只有在满足以下条件时取值才非零：

$$\tau_1 \leqslant t_n - t_k \leqslant \tau_2 \tag{3-35}$$

图 3-11 给出了脉冲重复间隔三参差(95μs、100μs、105μs)的差值直方图。可以看出，差值直方图峰值所在位置正好是参差脉冲串周期(300μs)的整数倍。

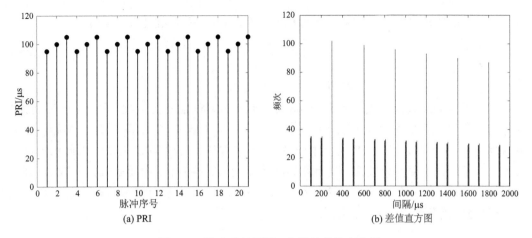

图 3-11　脉冲重复间隔三参差的差值直方图

3.3.3　比值特征分析法

比值特征分析法是通过计算脉冲串序列脉冲重复间隔数值的均值和标准差的比值，来识别脉冲重复间隔的类型特征的。假设待分析的雷达脉冲串序列共有 $N+1$ 个脉冲，其中，第 i 个脉冲的脉冲重复间隔为 PRI_i，则脉冲串序列的均值和标准差分别为

$$\mu = \frac{1}{N-1}\sum_{i=1}^{N}\mathrm{PRI}_i \tag{3-36}$$

$$\sigma = \left[\frac{1}{N-1}\sum_{i=1}^{N}\left(\mathrm{PRI}_i - \mu\right)^2\right]^{1/2} \tag{3-37}$$

雷达脉冲串的比值特征定义为

$$C_{\mathrm{ratio}} = \frac{\sigma}{\mu} \tag{3-38}$$

理想情况下，脉冲重复间隔固定的雷达脉冲串序列的比值特征为 0，当存在测量误差时，比值特征应该趋近于 0，而对于其他脉冲重复间隔变化类型，它们的比值特征较大。因此，可以通过比值特征有效地识别出固定的脉冲重复间隔。

3.3.4　比重特征分析法

比重特征分析法是通过计算脉冲串序列脉冲重复间隔数值的差分值，来获取脉冲重复间隔的比重特征的。该方法适用于脉冲重复间隔按规律变化的类型。为计算脉冲串序列的比重特征，定义差分脉冲重复间隔为

$$\mathrm{DPRI}_i = \mathrm{PRI}_{i+1} - \mathrm{PRI}_i, \quad 1 \leqslant i \leqslant N-1 \tag{3-39}$$

再定义序列 $\{S_i\}$，其第 i 个元素如下：

$$S_i = \begin{cases} 1, & |\mathrm{DPRI}_i| > \varepsilon \\ 0, & |\mathrm{DPRI}_i| \leqslant \varepsilon \end{cases} \tag{3-40}$$

式中，ε 为取值较小的门限。基于序列 $\{S_i\}$ 定义脉冲串序列的比重特征如下：

$$\omega = \frac{\#\{S_i = 1\}}{N-1} \tag{3-41}$$

式中，$\#\{S_i=1\}$ 表示序列 $\{S_i\}$ 中取值为 1 的元素个数。

对于脉冲重复间隔参差，由于相邻脉冲的脉冲重复间隔变化较大，它产生的序列 $\{S_i\}$ 中取值为 1 的元素比例很高，因此比重特征较大；对于脉冲重复间隔固定，相邻脉冲的脉冲重复间隔变化很小，它产生的序列 $\{S_i\}$ 中元素取值为 1 的比例很低，因此比重特征较小；对于脉冲重复间隔驻留，只有在脉冲重复间隔转换时 $\{S_i\}$ 中元素取值才为 1，因此比重特征也较小。所以，通过比重特征比较容易识别出相邻脉冲重复间隔取值变化较大（如脉冲重复间隔参差）的变化类型。

3.3.5 频率特征分析法

频率特征分析法是通过计算脉冲串序列脉冲重复间隔数值出现的频次，来获取脉冲重复间隔的变化规律的。为定义脉冲串序列脉冲重复间隔数值的频率特征，引入序列 $\{T_i\}$，它的第 i 个元素定义如下：

$$T_i = \begin{cases} -1, & \mathrm{DPRI}_i < -\varepsilon \\ 0, & |\mathrm{DPRI}_i| \leqslant \varepsilon \\ 1, & \mathrm{DPRI}_i > \varepsilon \end{cases} \tag{3-42}$$

基于序列 $\{T_i\}$ 定义特征向量 $S_{p,i}$ 如下：

$$S_{p,i} = \frac{1}{N-1}\sum_{j=1}^{i} T_j \tag{3-43}$$

图 3-12 给出了四种典型的脉冲重复间隔变化类型。图 3-13 分析了图 3-12 中四种典

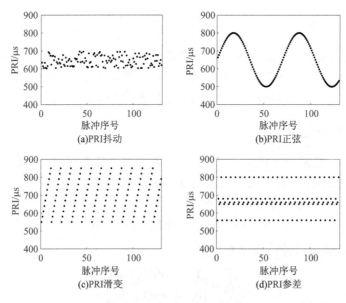

图 3-12　四种典型的脉冲重复间隔变化类型

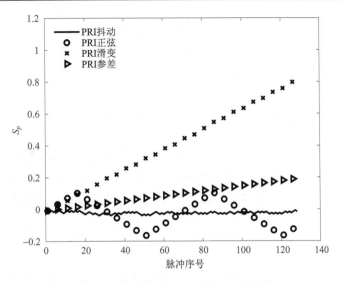

图 3-13　四种变化类型的特征向量曲线

型的脉冲重复间隔变化类型的特征向量，可以看出，不同变化类型对应的特征向量曲线存在比较明显的差异。另外，图 3-14 分析了变化脉冲重复间隔参数后的特征向量曲线，可以看出特征向量曲线的形状没有发生显著变化。

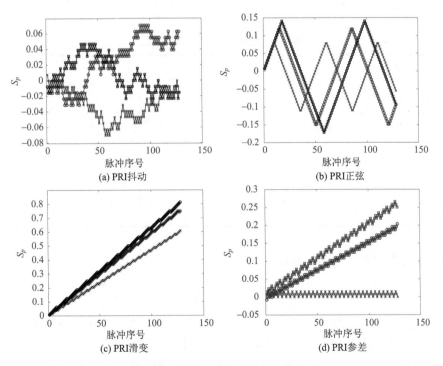

图 3-14　不同参数下的特征向量曲线

雷达脉冲串序列脉冲重复间隔数值的频率特征定义为

$$P_f = \frac{1}{N-1} \sum_{k=1}^{N-1} f(k) \tag{3-44}$$

式中，$f(k)$ 为特征向量的傅里叶变换：

$$f(k) = \sum_{i=1}^{N-1} S_{p,i} \exp\left[-j2\pi(i-1)(k-1)/(N-1)\right] \tag{3-45}$$

试验表明，脉冲重复间隔滑变的频率特征参数取值较大，如果频率特征参数 $P_f \in [1, 2]$，则雷达脉冲串序列的脉冲重复间隔变化类型为滑变。如果 $P_f \in [0, 0.1]$，则雷达脉冲串序列的脉冲重复间隔变化类型很可能为驻留。对于其他取值，变化类型可能为正弦或者抖动。

3.3.6　形状特征分析法

形状特征分析法是通过计算脉冲串序列脉冲重复间隔数值变化的形状特征，来获取脉冲重复间隔的变化规律。首先，定义

$$\varDelta_k = S_{p,k+1} - S_{p,k}, \quad 1 \leqslant k \leqslant N-2 \tag{3-46}$$

然后，根据 $\varDelta_k$ 正负符号的变化情况，统计特征向量曲线的转折点。其具体步骤如表 3-2 所示。

表 3-2　特征向量曲线转折点统计

输入：$\varDelta_k, 1 \leqslant k \leqslant N-2$。
输出：a。
初始化：$k=1, a=0$。
FOR $k=2$ TO $N-4$
　　IF $\varDelta_k \varDelta_{k+1} < 0$ 或 $\varDelta_{k+1}=0$ 且 $\varDelta_k \varDelta_{k+2} < 0$
　　　　$a = a+1$
　　END IF
END FOR
IF $\varDelta_k \varDelta_{k+1} < 0$
　　$a = a+1$
END IF

雷达脉冲串序列的形状特征定义为

$$P_s = \frac{a}{N-2} \tag{3-47}$$

试验表明，脉冲重复间隔抖动和正弦这两种变化类型的形状特征差异比较大。大量统计表明，若形状特征 $P_s \in [0.03, 0.3]$，则雷达脉冲串的脉冲重复间隔应为正弦变化；若形状特征 $P_s \in [0.5, 0.8]$，则雷达脉冲串的脉冲重复间隔的变化类型为抖动。

3.3.7　参数驻留比特征分析法

参数驻留比是指对于某一顺序排列的参数序列，在一定的容差范围内计算各参数连续出现的个数（即其参数驻留长度），取驻留长度的最大值与序列长度之比作为参数驻留比。不同脉冲重复间隔变化类型的参数驻留比特征如图 3-15 所示。

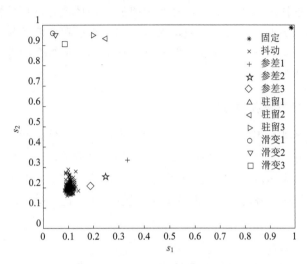

图 3-15　不同脉冲重复间隔变化类型的参数驻留比特征

在基于脉冲串到达时间时，可以分别根据 $\{PRI_i\}$ 和 $\{DPRI_i\}$ 计算参数驻留比，以 $\{PRI_i\}$ 为例的参数驻留比计算方法如表 3-3 所示。

表 3-3　参数驻留比计算方法

输入：PRI_i，$1 \leqslant i \leqslant N$。

输出：s_1。

初始化：对 $\{PRI_i\}$ 按照从小到大的顺序进行重排，将重排后的序列记为 $\{SPRI_i\}$。

$k = 1$

$i = 2$

$s_1 = 0$

WHILE $i \leqslant N-1$

　　$t = 0$

　　IF　$\left| SPRI_i - SPRI_k \right| < \varepsilon$

　　　　$t = t + 1$

　　ELSE

　　　　$k = i$

　　　　IF $(t > s_1)$

　　　　　$s_1 = t$

　　　　END IF

　　END IF

　　$i = i + 1$

END WHILE

图 3-15 给出了几种比较典型的脉冲重复间隔变化类型对应的参数驻留比特征。从图中结果可以看出，不同脉冲重复间隔变化类型的参数驻留比特征具有比较明显的差异。

3.4 环境对于脉冲重复间隔分析的影响

在电子侦察设备侦测雷达信号时，受到电磁波传播环境、地形环境、侦测条件、接收机灵敏度等因素的影响，常常会导致接收机输出的雷达辐射源信号出现脉冲缺失、脉冲分裂、脉冲丢失、信号交错等现象，使分选过程中的"增批"问题更加严重，给准确分析雷达辐射源增加难度。

3.4.1 脉冲缺失及分裂情况的分析

随着实际侦测条件的不同，雷达信号脉冲分裂和脉冲缺失可能为下面几种情形中的一种，如图 3-16 所示，即缺失脉冲前一部分、缺失脉冲后一部分、同时缺失脉冲前一部分和后一部分以及缺失脉冲中间部分(也称脉冲分裂)等。这些情形不仅会造成脉冲宽度小于正常值，也会使得计算脉冲重复间隔时出现较大误差甚至错误值。

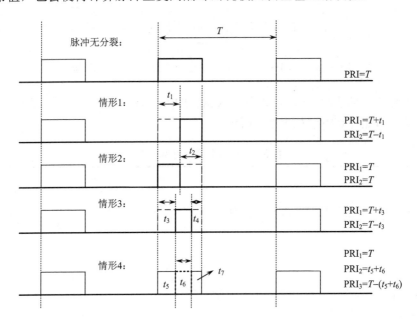

图 3-16 脉冲缺失和脉冲分裂示意图

为便于分析，假设缺失或分裂脉冲的前一个脉冲和后一个脉冲均为完整脉冲，且雷达脉冲等时间间隔发射，脉冲宽度为 τ，脉冲重复间隔为 T。

对于情形 1，将缺失的脉冲宽度记为 t_1，则

$$PRI_1 = T + t_1$$
$$PRI_2 = T - t_1$$

(3-48)

即第一个脉冲的脉冲重复间隔变大，第二个脉冲的脉冲重复间隔变小。

此外，第二个脉冲宽度为

$$\tau_1 = \tau - t_1 < \tau \tag{3-49}$$

即第二个脉冲的宽度小于正常脉冲宽度，而且有以下关系成立：

$$\mathrm{PRI}_1 - T = T - \mathrm{PRI}_2 = t_1 \tag{3-50}$$

因此，脉冲重复间隔的变化量就是第二个脉冲缺失的长度。

对于情形 2，两个脉冲的脉冲重复间隔均不受影响，但第二个脉冲的脉冲宽度变小：

$$\tau_2 = \tau - t_2 < \tau \tag{3-51}$$

对于情形 3，将缺失的前一部分脉冲宽度记为 t_3，后一部分脉冲宽度记为 t_4，则

$$\mathrm{PRI}_1 = T + t_3 \\ \mathrm{PRI}_2 = T - t_3 \tag{3-52}$$

即第一个脉冲的脉冲重复间隔变大，第二个脉冲的脉冲重复间隔变小。

第二个脉冲的脉冲宽度为

$$\tau_3 = \tau - t_3 - t_4 < \tau \tag{3-53}$$

即第二个脉冲的脉冲宽度也小于典型值。然而，有

$$\mathrm{PRI}_1 - T = T - \mathrm{PRI}_2 = t_3 < \tau - \tau_3 = t_3 + t_4 \tag{3-54}$$

与式 (3-50) 明显不同，脉冲重复间隔的变化量小于第二个脉冲缺失的长度。这是区分情形 1 和情形 3 的主要方法。

从以上三种情形还可以看出，第一个脉冲的脉冲重复间隔 (记为 PRI_1) 和第二个脉冲的脉冲重复间隔 (记为 PRI_2) 总是满足以下条件：

$$\mathrm{PRI}_1 + \mathrm{PRI}_2 = 2T \tag{3-55}$$

结合式 (3-55) 以及观察脉冲宽度、脉冲重复间隔的变化，可判断是否存在脉冲缺失，以及估计和判断雷达脉冲序列的实际脉冲重复间隔。

对于情形 4，如图 3-16 所示，第一个脉冲的脉冲重复间隔不发生变化，第二个脉冲分裂为两个脉冲，比正常情况下额外多出一个脉冲重复间隔。

$$\mathrm{PRI}_2 = t_5 + t_6 < \tau \tag{3-56}$$

$$\mathrm{PRI}_3 = T - (t_5 + t_6) < T \tag{3-57}$$

$$\mathrm{PRI}_2 + \mathrm{PRI}_3 = T \tag{3-58}$$

分裂后的脉冲宽度均小于 τ。因此，在脉冲分裂的情况下，往往会存在一个小于脉冲宽度的 PRI 值，该值通常比 PRI 典型值小得多。另外，注意到：

$$t_7 = \tau - (t_5 + t_6) \tag{3-59}$$

因此，可以得出：

$$\mathrm{PRI}_2 + t_7 = \tau \tag{3-60}$$

综合利用式 (3-58) 和式 (3-60)，便可以重构雷达脉冲序列的脉冲重复间隔值和脉冲宽度。

表 3-4 对以上四种典型的脉冲缺失和分裂情形进行了总结，情形 1 和情形 3 会导致

脉冲重复间隔的测量值出现较大的误差；情形 2 不影响脉冲重复间隔的测量值；情形 4 不仅会导致脉冲重复间隔的测量值出现较大的误差，而且会出现其他数值，给分析其准确值带来很大的难度。

表 3-4　脉冲缺失和分裂的典型情形

典型情形	PRI$_1$	PRI$_2$	PRI$_3$	备注
情形 1	$T+t_1$	$T-t_1$	—	$\text{PRI}_1 - T = T - \text{PRI}_2 = \tau - \tau_1$
情形 2	T	T	—	$\tau_2 = \tau - t_2 < \tau$
情形 3	$T+t_3$	$T-t_3$	—	$\text{PRI}_1 - T = T - \text{PRI}_2 = t_3 < \tau - \tau_3 = t_3 + t_4$
情形 4	T	t_5+t_6	$T-(t_5+t_6)$	$t_5 + t_6 < \tau$

3.4.2　脉冲丢失情况的分析

受到实际环境和侦测条件的约束，在侦察对方雷达信号的过程中也常常会出现脉冲丢失的现象。如图 3-17 所示，在正常情况下，假设脉冲重复间隔恒定为 T，当中间丢失了 N 个脉冲时，相邻两个脉冲的脉冲重复间隔变为

$$\text{PRI} = (N+1)T \tag{3-61}$$

即脉冲重复间隔真值的整数倍。

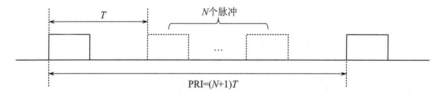

图 3-17　脉冲丢失示意图

当存在脉冲丢失时，在一定时间内侦测到的多个脉冲重复间隔值可能互相不同，但是这些脉冲重复间隔值之间存在最大公约数，这个最大公约数就是脉冲序列的真实脉冲重复间隔。另外，在推算得到脉冲重复间隔真值时，利用式(3-61)可以估算丢失的脉冲数。

3.4.3　信号交错情况的分析

在电子侦察中，接收机收到的信号可能是来自多个频率相近的雷达辐射源的信号，这些信号很可能在时间上交错，与多径造成的信号交错不同，不同雷达辐射源的频率、脉冲宽度、脉冲重复间隔都不一样，造成了信号分析困难。

除此之外，如果目标辐射源为相控阵雷达，由于相控阵雷达可以迅速切换波束，因此目标辐射源可以根据雷达系统的需要在不同波位辐射不同样式的信号。对于电子侦察系统，目标辐射源在不同波位辐射的信号也会造成在时间上的交错，如图 3-18 所示。当电子侦察接收机收到的是多个辐射源或多个样式的信号相互交错的信号脉冲时，必须对

信号进行分选才能进行后续的分析。

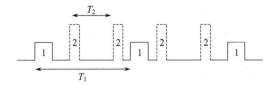

图 3-18　相控阵雷达多波束发出的信号造成的交错

3.4.4　多径效应的分析

多径效应是指在雷达对抗目标与电子侦察设备之间的信号传播路径中除直达路径以外，还存在经由其他因各种障碍物反射而形成的雷达信号传播路径，如图 3-19 所示。

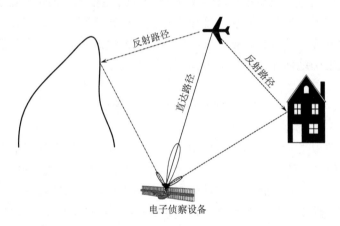

图 3-19　多径效应示意图

产生多径的原因一方面是雷达系统的天线波束存在一定宽度，而且还有许多旁瓣；另一方面是空间存在的各种障碍物反射，如地面或水面、建筑物、山川等。多径信号的存在可能造成雷达信号脉冲的丢失、分裂，也可能造成直达路径信号与反射路径信号相互交错。根据直达路径与反射路径传播时间的差异，可以将多径效应分为很多情况。本节重点分析反射路径与直达路径时延差大于信号脉冲宽度的情况。

当存在多条传播路径时，进入电子侦察接收机的信号可以建模为

$$y(t) = \sum_{k=1}^{N_m} a_k s(t - \tau_k) + n(t) \tag{3-62}$$

式中，N_m 为传播的路径数；$s(t)$ 为目标雷达信号；a_k 为不同路径信号对应的幅度；τ_k 为延时；$n(t)$ 为接收机噪声。可以看出，这些经过多条路径传播的信号频率相同，而信号幅度和信号时延上存在差异，如图 3-20 所示。在实际测量过程中，设备很难判断一个信号是否是多径信号，通常会将相邻脉冲的到达时间直接相减，因此所得到的参数并非真实的脉冲重复间隔，从而导致测量错误。

图 3-20　多径条件下侦收的雷达脉冲串示意图

　　判断电子侦察接收机侦收到的脉冲串是否由多径效应造成，通常从以下三个方面分析：一是观察电子侦察全脉冲数据中频率和脉冲宽度两个参数值，这两个参数一般不受多径传播的影响，因此取值比较稳定；二是从全脉冲数据的脉冲重复间隔判断，一般来说，多条路径之间的相对时延差往往远远小于脉冲重复间隔真值，因此直接将相邻脉冲到达时间相减，会存在很多较小的脉冲重复间隔值；三是从全脉冲数据的脉冲幅度判断，通常来说，不同传播路径的信号幅度有一定差异。

　　当判断得到侦收的雷达脉冲串受到多径效应影响时，应当对全脉冲数据做进一步处理才能提取真实的信号参数特征。以图 3-20 所示的雷达脉冲串为例，此处存在两条传播路径，每一条传播路径的频率和脉冲宽度都相同，但幅度存在明显差异。为了获得信号真实的脉冲重复间隔，可以根据信号脉冲幅度对脉冲串进行分选，将分选后的信号再进行处理，便能较准确地估计信号的脉冲重复间隔。

思维导图-3

3.5　本　章　小　结

　　脉冲重复间隔参数与雷达波形、发射单元等密切相关。对雷达辐射源脉冲重复间隔参数的分析，是研判雷达辐射源的战术用途、技术体制、型号，甚至是个体的重要一环。另外，同一用途、同一技术体制的雷达研制于不同年代，其脉冲重复间隔参数的设计有时也会有所差异，需要结合频率参数、脉冲宽度、天线扫描特征、搭载平台的运动特征，以及开源资料等综合分析，才能全面掌握脉冲重复间隔参数的准确特征，为告警数据加载、干扰引导、电磁威胁分析等提供可靠依据。

习　　题

　　1. 某脉冲重复间隔参差变化的雷达系统采用的脉冲重复间隔依次为 900μs、1000μs、1100μs。假设在侦测过程中不存在脉冲丢失，若侦测到的第 100 个脉冲的脉冲重复间隔为 1000μs，那么第 1001 个脉冲对应的脉冲重复间隔是多少？

　　2. 已知侦测到某雷达的脉冲序列到达时间依次为 4191μs、5191μs、6291μs、7291μs、8391μs、9391μs、10491μs、11491μs、…，试分析该雷达的脉冲重复间隔变化类型。该雷达为什么要采用这种变化类型？在哪些方面提升了雷达的性能？提升了多少？

　　3. 已知侦测到某三参差雷达 100 个脉冲，其参差 PRI 分别为 95μs、100μs、105μs，将这些侦测到的脉冲到达时间进行两两差值处理，所得的差值中最多的是哪两个值？数量分别为多少？

　　4. 已知某雷达的脉冲重复间隔变化类型为抖动，抖动的中心值为 1000μs、方差为 29μs^2。假设侦察设备的到达时间测量误差服从均值为 0、方差为 1μs^2 的高斯分布。试分析该雷达的比值特征。与脉冲重复间隔固定为 1000μs 的雷达相比，比值特征有何不同？

参 考 文 献

何明浩, 韩俊, 等, 2016. 现代雷达辐射源信号分选与识别[M]. 北京: 科学出版社.

荣海娜, 张葛祥, 金炜东, 2007. 基于频率和形状特征的脉冲重复间隔调制识别[J]. 西南交通大学学报, 42(2): 194-199.

盛九朝, 束坤, 2003. 一种雷达脉冲序列重频类型识别方法[J]. 舰船电子对抗, (4): 4-6, 9.

王春雷, 张磊, 2009. 一种新的雷达 PRI 调制特征提取方法[J]. 现代雷达, 31(5): 48-50.

邹鹏, 莫翠琼, 张智, 等, 2011. 一种新的雷达重频模式识别方法[J]. 雷达与对抗, 31(2): 24-28.

ALABASTER C, 2016. 脉冲多普勒雷达——原理、技术与应用[M]. 张伟, 刘洪亮, 刘朋, 等译. 北京: 电子工业出版社.

RICHARDS M A, 2008. 雷达信号处理基础[M]. 邢孟道, 王彤, 李真芳, 等译. 北京: 电子工业出版社.

SKOLNIK M I, 2010. 雷达手册[M]. 3 版. 南京电子技术研究所, 译. 北京: 电子工业出版社.

WILEY R G, 2007. 电子情报（ELINT）——雷达信号截获与分析(ELINT: the interception and analysis of radar signals)[M]. 吕跃广, 等译. 北京: 机械工业出版社.

KAUPPI J P, MARTIKAINEN K, RUOTSALAINEN U, 2010. Hierarchical classification of dynamically varying radar pulse repetition interval modulation patterns [J]. Neural networks, 23: 1226-1237.

RICHARDS M A, SCHEER J A, HOLM W A, 2010. Principles of modern radar-volume i: basic principles [M]. New York: SciTech Publishing.

第 4 章 雷达天线扫描特征分析

雷达的主瓣波束一般比较窄(至少在某个方向维度上是这样的),很难同时覆盖全部搜索空域,必须通过移动波束,才能在不同时刻对不同方向上的目标进行观测。波束随时间在空间的运动,称为扫描,扫描的目的就是让波束覆盖整个任务空域。雷达天线扫描方式并非随意设定,它与雷达天线的波束形状、空间目标的分布特性、雷达脉冲重复间隔以及雷达接收机的灵敏度等因素密切相关,因此有一定的规律可循。在实际工作中,一般会先让雷达天线在一个较大的空域内对目标进行搜索,随后在一个较小的范围内进行精确定位,直至最终跟踪上目标。因此,雷达用途不同,对搜索任务空域的要求通常也不同,天线扫描特征也会不同。通过截获的侦察数据,可分析雷达天线波束特征和天线扫描特征,研判雷达覆盖空域、扫描周期以及测角精度等信息,从而为构建完善的雷达辐射源数据库、制定相应的干扰策略,以及雷达辐射源识别等奠定基础。

4.1 雷达天线扫描的类型

雷达天线必须拥有适当的天线波束形状,才能更好地发挥雷达威力,不同的雷达运用不同的搜索跟踪策略对特定区域的目标进行探测,这些策略对应不同的扫描方式。按照扫描方式产生的机理不同,雷达天线扫描可以分为机械扫描和电子扫描。机械扫描是靠天线伺服系统驱动天线在空间的转动来实现扫描或者靠馈源的移动来实现扫描;电子扫描主要靠改变阵列天线每个阵元的附加相位来实现扫描,附加相位的改变可以通过移相器直接实现,也可以通过改变每路信号的频率或者延迟时间来间接实现,具体对应的扫描方式称为相位扫描、频率扫描和时间延迟扫描。

4.1.1 机械扫描

对于机械扫描,常见的雷达天线扫描方式有圆周扫描、扇形扫描、栅形扫描、螺旋扫描等类型。

(1)圆周扫描。圆周扫描是指天线在水平面上做 360° 周期性扫描,以探测监视四周的情况。这种类型的天线在俯仰上的波束很宽,以便覆盖整个俯仰范围内所有可能出现的目标;在方位上的波束较窄,以实现对目标方位信息的精确测量。因此,圆周扫描雷达一般只能提供目标的距离和方位信息,不能提供目标的俯仰信息。圆周扫描的周期比较长,一般为几秒至几十秒,常用于警戒雷达。侦察接收机截获的回波信号幅度呈周期性变化,具体周期与天线扫描周期相同,并且以脉冲重复间隔进行"离散化"。圆周扫描的方向(顺时针或者逆时针)不会对雷达的性能产生太大影响。如果雷达辐射源分析人员希望确定雷达天线的扫描方向,可以利用两个侦察天线和接收机进行判别,但前提条件是要预先知道它们与雷达的相对方向。圆周扫描的示意图如图 4-1 所示,侦察接收机侦收到的雷达信号幅度示意图如图 4-2 所示。

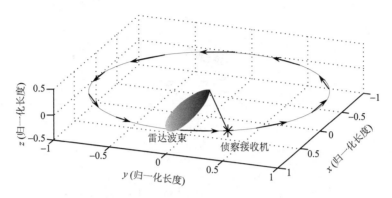

图 4-1　雷达天线圆周扫描示意图

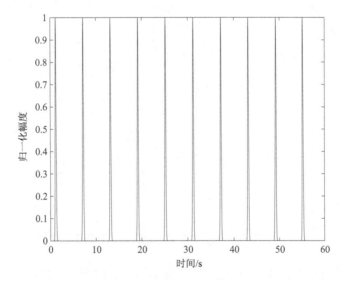

图 4-2　侦察接收机侦收到的圆周扫描雷达信号幅度示意图

(2)扇形扫描。扇形扫描适用于对指定空域的探测监视,可以分为单向扇扫和双向扇扫。单向扇扫是指雷达天线始终从扫描区域的一端开始,在另一端结束,然后从起始端开始进行重复性扫描,其规律与圆周扫描的规律类似,只不过扫描周期相对来说更小。双向扇扫是指雷达天线在一个固定的空域内周期性往返扫描,一般扫描速率恒定不变。与单向扇扫和圆周扫描不同的是,通常情况下在一个完整的周期内,双向扇扫存在两个对称且主峰值相等的回波主波束,其扫描周期一般为秒级。双向扇扫可以在俯仰向进行,也可以在方位向进行。在方位向上做扇形扫描常用于警戒雷达;在俯仰向上做扇形扫描主要用于测高雷达。双向扇扫的示意图如图 4-3 所示。

立足侦察接收机的角度,其接收的雷达信号幅度特性与侦察接收机位置、雷达天线扫描范围有着具体关系。当侦察接收机处在图 4-4(a)中的位置 1 时,侦收到信号的脉冲群间隔呈一大一小依次出现,各大间隔的数值相等,各小间隔的数值也相等,扇扫周期

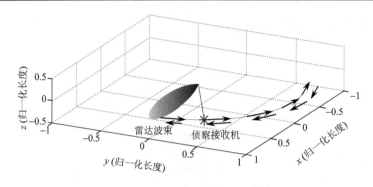

图 4-3　雷达天线双向扇扫示意图

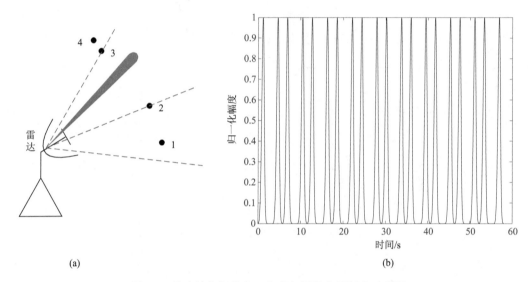

(a)　　　　　　　　　　　　　　　　(b)

图 4-4　侦察接收机侦收双向扇扫雷达信号幅度示意图

为两个脉冲群间隔时间(一大一小)之和，具体如图 4-4(b)所示；位置 2 是侦察接收机刚好处于扇面中心的情况，侦收到信号的脉冲群间隔是等距离的，扫描周期是脉冲群间隔的 2 倍，这与圆周扫描比较类似，但是扫描周期一般要比圆周扫描小；当侦察接收机接近或位于扇面边缘时(位置3)，侦收到信号的脉冲群包络可以存在凹点，也可能不出现凹点，呈现出一个周期内仅有一个主瓣的状态；当侦察接收机处于扇面之外(位置 4)时，侦收到信号的脉冲群包络不反映主瓣性质，而是由旁瓣作用引起的，但是从位置 4 仍然可以估算出雷达天线的扫描周期。实际中，侦察接收机要尽量避免处于 3、4 的位置。

(3)栅形扫描。栅形扫描是在方位向上和俯仰向上进行的二维扫描，而圆周扫描、扇形扫描仅在方位向上(扇形扫描也可以在俯仰向上，但总体是在一个维度上)进行扫描。栅形扫描也称分行扫描或者光栅扫描，是指雷达天线在某个固定的俯仰角上对指定空域进行方位扫描，扫描完成后，将俯仰角度改变一次，然后按照上述规律进行扫描，待整个观测空域扫描完成后，俯仰角复位初始值，并周期性重复上述工作。它是一种在方位向上和俯仰向上进行二维扫描的天线扫描方式。由于俯仰角的变化，在一个扫描周期内侦察接收机侦收到信号幅度包络的主峰高度会有变化。图 4-5 给出了雷达天线栅形扫描

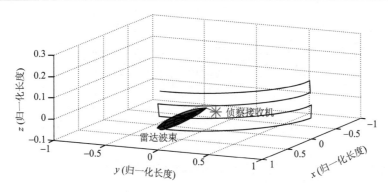

图 4-5　雷达天线栅形扫描示意图

示意图，图 4-6 给出了侦察接收机侦收栅形扫描雷达信号的幅度示意图。需要说明的是，只有侦察接收机位于雷达天线方位扫描空域的中心时，接收机的幅度-时间特性图才是均匀分布的，然而这种情况在实际中很少发生。另外，与圆周扫描和扇形扫描不同的是，栅形扫描在每一个仰角上进行方位扫描时，侦察接收机均会收到一个主瓣，因此在一个完整的栅形扫描周期内，侦察接收机侦收信号的幅度-时间特性图会出现多个主峰，而且主峰的个数正是栅形扫描过程中所需的行数。

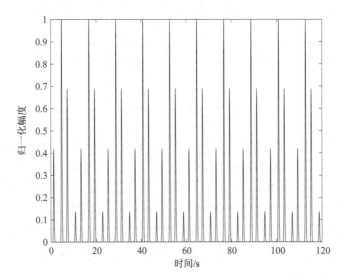

图 4-6　侦察接收机侦收栅形扫描雷达信号幅度示意图

　　(4)螺旋扫描。螺旋扫描主要用于搜索某个限定的空间区域，雷达天线在方位向上进行 360° 扫描，扫描过程中，天线波束中心与某一指定方向的夹角持续变化(可由大到小，也可由小到大)，以便完成对指定俯仰范围内目标的搜索。待整个空域扫描完成后，天线波束中心与指定方向的夹角复位并重复上述工作。图 4-7 给出了雷达天线螺旋扫描示意图，侦察接收机侦收到的雷达信号幅度示意图如图 4-8 所示。

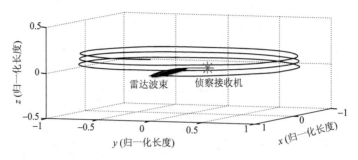

图 4-7　雷达天线螺旋扫描示意图

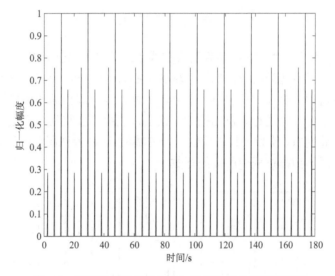

图 4-8　侦察接收机侦收螺旋扫描雷达信号幅度示意图

(5) 圆锥扫描。圆锥扫描属于自动测角方法，也有文献将其称为跟踪扫描，因为它能确定目标位置并跟踪其在俯仰向和方位向的运动。圆锥扫描主要适用于雷达天线波束为笔形的扫描，其扫描示意图如图 4-9 所示。它的最大辐射方向通常偏离等信号轴(雷达天线旋转轴)一定角度，当天线以一定的角速度围绕等信号轴旋转时，波束的最大辐射方向就在空间画出一个圆锥，故称为圆锥扫描。波束在做圆锥扫描的过程中，因为天线旋转轴方向是等信号轴方向，所以扫描过程中这个方向上天线波束的增益始终不变。当天线

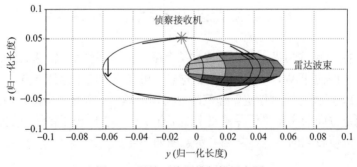

图 4-9　雷达天线圆锥扫描示意图

旋转轴对准目标时，接收机输出的信号为一串等幅脉冲。如果目标偏离等信号轴方向，则在扫描过程中天线波束的最大值旋转在不同位置时，目标有时靠近有时远离天线最大辐射方向，这使得接收回波信号幅度也产生相应的强弱变化。

对于侦察接收机，如果其位置位于雷达天线主波束内而不在等信号轴方向，并且雷达天线圆锥扫描的偏离角不变，那么侦察接收机侦获的雷达信号幅度-时间特性图将呈现正弦变化，变化周期即圆锥扫描周期，如图 4-10 所示。

当侦察接收机为雷达要探测的目标方向（等信号轴方向），并且圆锥扫描工作在目标锁定阶段时，那么侦察接收机侦收到的信号幅度-时间特性图将是一个幅度逐渐衰减的正弦变化，然后逐步趋向于某一恒定值，这也表明雷达准确地跟踪上了目标，具体如图 4-11 所示。

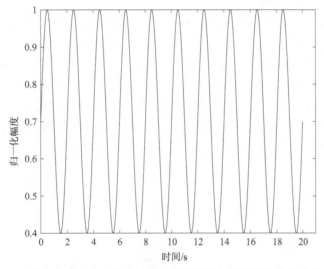

图 4-10　偏离角度不变时侦察接收机侦收圆锥扫描雷达信号幅度示意图

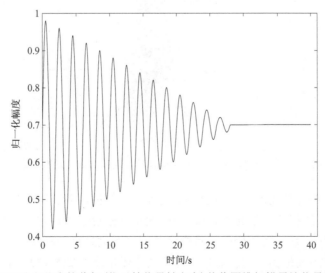

图 4-11　锁定阶段侦察接收机（位于等信号轴方向）侦收圆锥扫描雷达信号幅度示意图

4.1.2　电子扫描

　　与机械扫描不同的是，电子扫描系统常常由计算机控制，可以采用复杂的动态波束管理技术实现雷达天线波束扫描。对其扫描模式的分析实际上就是确定这些扫描软件的具体功能、波束操控技术及其限制等。一般来讲，电子扫描的波束控制相对机械扫描更加灵活，因此能够实现很多机械扫描无法完成的扫描模式。值得庆幸的是，通常情况下，电子扫描常见的扫描方式与机械扫描相同，只有在个别情况下，才会运用一些特殊的扫描方式。例如，边扫描边跟踪模式是指天线波束在周期扫描过程中，同时完成对多个目标的跟踪；随机波束指向模式是指天线波束方向可随机地指向空间任何一个方向，通常只有相控阵可以实现这种扫描方式。目前常见的电子扫描方式有一维相位扫描、一维频率扫描和二维相位扫描三种。

　　(1)一维相位扫描是指波束在方位向上进行机械扫描、在俯仰向上进行相位扫描，既测量目标的方位和距离信息，又测量目标的高度信息。波束在俯仰向上和方位向上的驱动方式不同，波束的俯仰角变化速度远快于方位角变化速度，因此，俯仰扫描的周期通常为数十毫秒，而方位扫描的周期通常为数秒或十几秒，侦察接收机侦获到的雷达信号幅度示意图如图 4-12 所示，其幅度-时间特性图(假设侦察天线驻留)具备以下特征：信号幅度形成多个连续包络，包络曲线不一定圆滑但变化趋势具有周期性，连接周期峰值形成的包络曲线光滑，该包络持续时间通常为秒级，间隔数秒或十几秒后重复出现。

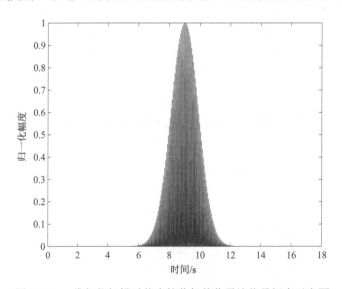

图 4-12　一维相位扫描时侦察接收机侦收雷达信号幅度示意图

　　(2)一维频率扫描是指波束在方位向上进行机械扫描、在俯仰向上进行频率扫描，其扫描特性基本与一维相位扫描相同，幅度-时间特性图也基本一致，主要区别在于频率-时间特性图中信号频率做周期变化，且幅度与频率变化具有关联性。

　　(3)二维相位扫描是指波束在方位和俯仰两个维度上均做相位扫描，其波束控制极为灵活，可同时完成对指定空域内目标的顺序搜索和个别重点目标的持续跟踪，其波束一般具有超低的副瓣特性。在实际侦察活动中很少能够侦获到二维相位扫描雷达的连续信号，通常仅侦获其在部分波位上的信号。由于雷达波束正对侦察设备时，其相对增益最大（侦察天线驻留），因此基于接收数据中较大幅度脉冲出现的时间间隔可以估算雷达多次照射侦察设备所在方位的时间间隔。通常，如果这些较大幅度脉冲前后具有一些较小幅度的脉冲，且幅度变化具有相似的趋势，那么较大幅度脉冲间的时间间隔近似为雷达波束完成一次空间搜索的时间间隔。如果前后的脉冲幅度变化没有相似的变化趋势，且时间间隔较小，那么就可判断这个时间间隔是雷达波束对该方位实施跟踪的时间间隔。

4.2　影响雷达天线扫描特征的因素

雷达天线扫描是为了获取空间不同方向目标的参数信息，其对雷达威力的发挥起着重要的作用。在实际工作中，雷达天线扫描特征的选择有着非常严格的限制，并非随意设定。

1. 基本用途

雷达的基本用途确定后，要求覆盖的空域和数据率也就确定了，这时雷达天线必须采用适当的扫描方式和扫描周期才能满足要求。例如，担任远程预警探测任务的雷达，其天线一般要做圆周扫描，以便搜索整个空域内可能出现的目标。另外，扫描周期直接影响雷达获取整个空域目标的数据率和单个目标一次扫描过程所能积累的脉冲数，这些都是影响雷达威力发挥的关键因素，因此扫描周期的选择也受到多种因素的影响。

2. 工作模式

雷达处于不同工作模式时，其天线扫描方式会做出相应改变。例如，机载多功能雷达处于搜索状态时通常采用栅形扫描，当转入跟踪状态时，天线扫描就转入单脉冲跟踪。

3. 波束形状

雷达天线扫描方式要与波束形状相匹配，才能充分发挥雷达的作战效能。例如，对于采用余割平方波束的警戒雷达，一般是做圆周扫描或扇形扫描，而采用扇形波束的测高雷达，其天线在俯仰方向上往往采用扇形扫描。

4. 天线体积与重量

对于机械扫描的雷达，体积与重量较小的天线一般才能以较高的速度转动，而体积与重量很大的天线只能以较低的速度旋转，否则容易造成天线损坏。采用电子扫描的雷达，其波束移动的速度不受天线体积和重量的限制。

4.3　雷达天线扫描特征参数间的关系

雷达天线扫描特征可以用以下几个参数进行表征（以机械扫描方式为例）。

(1)扫描空域，是指雷达天线的移动范围，这个范围主要依据雷达具体的任务空域而定。

(2)扫描速率，是指雷达天线运动的旋转速率，也指天线单位时间内的角度变化量。

(3)波位驻留时间，是指雷达天线在一个波束位置上的驻留时间，其与扫描速率和波束宽度密切相关。

(4)扫描周期，是指完成一次扫描(如果是周期性的)所需的时间，其与扫描速率和扫描空域有关。

在设计雷达时，设计人员必须仔细选择相应的波形参数和雷达天线扫描特征。这里从雷达天线对某个空域的扫描周期(完成一次扫描所需的总时间)进行考虑，假设雷达要对距离 R 处的目标进行探测，为了满足不模糊测距的要求，雷达的脉冲重复间隔 T_r 应为

$$T_r = \frac{2R}{c} \tag{4-1}$$

雷达照射一个目标所需要的时间很重要，因为时间的长短直接影响雷达接收目标回波的脉冲数目，从而决定目标回波积累能量的大小。显然，雷达天线的扫描速率越快，特定目标的回波数就越少。假定雷达检测目标所需的脉冲个数是一个固定值 N，那么雷达天线在某个特定目标方位上的停留时间 T_z 为

$$T_z = \frac{2NR}{c} \tag{4-2}$$

将雷达天线波束宽度记为 θ，通过式(4-2)可以求得扫描速率为

$$S_{\text{scan}} = \frac{\theta c}{2NR} \tag{4-3}$$

雷达天线扫描整个空域的时间与扫描空域以及扫描速率相关，假设整个扫描空域为 V，根据式(4-3)可求得扫描总时间为

$$T_{\text{total}} = \frac{2NRV}{\theta c} \tag{4-4}$$

由式(4-4)可知，雷达天线的扫描周期与目标距离、波束宽度等因素相关，在实际工作中需要结合扫描空域合理确定扫描周期，否则会出现雷达探测性能恶化的问题。例如，假设雷达天线的扫描空域为二维空域(方位和俯仰)$100° \times 50°$，天线波束宽度为 $1° \times 1°$，目标相对雷达系统的最大距离为 300km，有效检测目标需要积累 16 个脉冲，则根据式(4-4)可以求得扫描总时间为 $T_{\text{total}} = 160s$。这对于探测飞机和导弹类的目标并不合适，因为在这段时间内目标可能早已飞出所设定的距离单元。虽然雷达接收到了 16 个脉冲，但是对这 16 个脉冲无法进行有效的相干积累，所以目标的检测性能低于期望值。这个例子一方面说明了确定雷达天线扫描特征需要考虑多方面的因素，另一方面也说明在实际中搜索策略选取的重要性。显然，按照二维波位进行逐一搜索会极大地增加搜索时间，故此处主要介绍以下两种搜索策略。

1)单维逐个波位扫描

二维搜索消耗时间太长，如果采用两个不同的波束分别对指定空域进行扫描，那么上述搜索时间分别为 3.2s 和 1.6s，这是能够接受的，在实际中一般也是这么做的。例如，

某些二维搜索雷达通常与一个测高雷达配合使用,搜索雷达在方位向上是窄波束,通过天线扫描可以获得目标的距离和方位信息。测高雷达在俯仰向上是窄波束,通过扫描可以获得目标的高度信息,两者的融合便可在距离、方位、俯仰三维空间内确定目标的位置,而且每个雷达天线仅进行一维搜索,因此所需时间也比较少。

2)基于先验信息进行扫描

有些雷达天线扫描是对空域每个波位进行逐一扫描,而且每个波位驻留的时间相同,但是在某些特殊情况下,没有必要这么做。例如,某些对空搜索雷达在搜索飞机等目标时,既要对很远距离(低仰角)的目标进行探测,又要对很近距离(高仰角)的目标进行探测,由于飞机仅限于某些特定的高度飞行,因此在不同的仰角范围内可以不严格限定所需的脉冲积累数,由此可以降低对天线扫描总时间的要求。另外,如果已经知道目标的发射时间和速度矢量信息,那么通过预测分析可以在某些特定的区域内对目标进行搜索而不必在一个较大的空域内进行逐个波位搜索,这也是减小总体扫描时间的一种有效措施。显然,上面所讲的问题可以归结为最佳搜索策略问题,一般只有相控阵才有这样的优化搜索潜力,在实际的机械扫描天线中很少采用。

4.4　雷达天线扫描周期估算

雷达天线扫描周期(Antenna Scan Period, ASP)是雷达的重要特征参数之一。侦察接收机对截获到的脉冲序列分选后,可以利用到达时间(TOA)和脉冲幅度(PA)信息对天线扫描周期进行估计。

在实际工作中,多径效应会带来一些问题,它会促使大幅度信号增加,因此被错误地认为是主瓣照射。对于固定的地面侦察接收机,由本地物体的反射(如水库或者高山)都可以造成多径效应,但是这些固定物体回波造成的多径效应可以提前分析出来。对于机载侦察接收机,来自飞机螺旋桨的反射可能会引起混淆,因为螺旋桨所引起的幅度调制在外观上类似于速率为 40~60Hz 的圆锥扫描。为了简化问题分析,本节并不考虑这些因素的影响。

4.4.1　音响特征分析法

历史上,雷达天线扫描周期分析是用耳机和秒表来完成的。对于早期的雷达,其脉冲重复频率在音频范围内(特别是对于老雷达,而不是脉冲多普勒雷达系统),当主波束指向侦察接收机时,很容易辨认出一个较强的爆发音,秒表就可以开始计时,到下一个爆发音时(或一定数量的爆发音之后),停止计时,这样就可以确定扫描周期。这种方法一般只对圆周扫描或者单向扇扫有效,对于一个周期内出现多个主波束的扫描类型,很容易出错。另外,由于部分雷达信号的占空比很低,约为 10^{-3} 量级,这些窄脉冲的幅度很容易被音频系统的低通滤波器显著降低,因此有必要引入脉冲展宽电路,例如,在音频系统前使用一个采样保持电路,在经过一段时间(100μs)以后才放电。

为了便于估算更复杂扫描类型的周期,利用侦察接收机侦收数据的幅度-时间变化特性估算扫描周期是一个更好的选择。因为接收数据的幅度-时间变化特性不但能够揭示侦察接收机是否在雷达天线的扫描范围之内,而且能够精确分析脉冲序列幅度的变化规律,所以适用于复杂扫描类型的周期估计。直接估计法和自相关估计法是两种常用的雷达天线扫描周期估算方法。

4.4.2 直接估计法

本节以雷达天线圆周扫描方式为例估计其扫描周期。图 4-13 为雷达天线照射时间 T_s 与扫描周期 T_a 的示意图。首先根据脉冲序列的幅度包络可以预判雷达天线的扫描周期,对于圆周扫描,可以根据两组相邻脉冲序列到达时间差计算天线扫描周期 T_a。

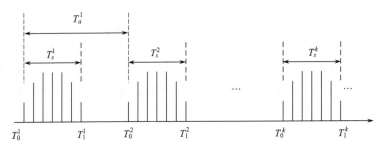

图 4-13　雷达天线照射时间 T_s 与扫描周期 T_a 的示意图

从图 4-13 中可以看出,照射时间 T_s 就是天线主瓣波束宽度扫过侦察接收机的时间,它是雷达天线波束主瓣持续照射时间的平均值。根据侦察接收机门限设置的不同,可能会有副瓣出现或者主瓣波束宽度显示不全等情况。

$$T_s = \lim_{K\to\infty} \frac{1}{K} \sum_{k=1}^{K} \left(T_1^k - T_0^k \right) \tag{4-5}$$

雷达天线扫描周期 T_a 为

$$T_a = \lim_{K\to\infty} \frac{1}{K} \sum_{k=1}^{K} \left(T_0^{k+1} - T_0^k \right) = \lim_{K\to\infty} \frac{1}{K} \sum_{k=1}^{K} \left(T_1^{k+1} - T_1^k \right) \tag{4-6}$$

在实际中,侦察接收机截获到的脉冲序列个数是有限的,设共有 $K'+1$ 个脉冲组,那么雷达天线扫描周期 T_a 为

$$T_a = \frac{1}{K'} \sum_{k=1}^{K'} \left(T_0^{k+1} - T_0^k \right) = \frac{1}{K'} \left(T_0^{k'+1} - T_0^1 \right) \tag{4-7}$$

相应的计算流程如图 4-14 所示。

图 4-14　直接估计法计算雷达天线扫描周期的流程

直接估计法的优点是简单直观,易于理解,其缺点是估算精度不高。事实上,一组脉冲内初始脉冲的到达时间,即雷达信号照射的开始时间并不容易确定,因为噪声和方向图性能等因素的影响,即使雷达天线背对侦察接收机时,接收机也可能会截获到雷达

脉冲信号，从而不能准确判断雷达天线照射的开始时间，但是相对音响特征分析法，该方法的精度还是有较大的改善。

4.4.3　自相关估计法

对于周期信号的周期估计问题，可以从频域的角度解决，也可以从时域的角度解决。本小节主要介绍时域法。时域法主要是利用信号波形与自身不同时延波形的相似性特点估计信号周期，例如，常说的自相关估计法，寻找自相关函数最大峰值对应的时间延迟便是信号的周期。对于附加高斯白噪声的信号，利用时域法估计信号周期具有更优的性能。

对于扫描周期估计，需要根据信号的具体性质选择合适的方法，这里以自相关估计法为例进行介绍。假设侦察接收机截获的脉冲幅度序列为 $x'(n)$，到达时间序列为 $t(n)$，其中 $n = 0,1,\cdots,N-1$，N 为总的脉冲数目。侦察接收机截获到的脉冲序列幅度单位一般为 dB，为便于后续操作，将其转化为电压值：

$$\tilde{x}(n) = 10^{\frac{x'(n)}{20}}, \quad n = 0,1,\cdots,N-1 \tag{4-8}$$

然后，利用信号幅度的最大值将所有幅度在 0～1 进行归一化：

$$\hat{x}(n) = \frac{\tilde{x}(n)}{\max\{\tilde{x}\}}, \quad n = 0,1,\cdots,N-1 \tag{4-9}$$

在实际工作中，不同的雷达会采用不同的脉冲重复间隔变化类型来实现特定的功能，如固定、抖动、参差、滑变、驻留等。而脉冲重复间隔的变化反映在接收数据上就是脉冲幅度序列的时间间隔不同，也可以理解为采样率不同。因此，在估计扫描周期之前，需要对截获的脉冲幅度序列进行重采样，目的是使脉冲幅度序列具有统一的采样率。

对脉冲幅度序列进行重采样的一个简便方法是：以脉冲重复间隔中的最小值作为采样间隔对原始序列进行离散化。但是这种做法会导致后续参与运算的数据量急剧增加，因此如何选择重采样率，需要根据具体情况具体分析。例如，对于脉冲重复间隔恒定和抖动的脉冲幅度序列，一般采用脉冲重复间隔的平均值作为重采样间隔；对于参差、驻留、脉组、滑变的脉冲重复间隔变化类型，可以采用最小脉冲重复间隔(最小典型值)作为重采样间隔。

在进行重采样时，如果某个时刻没有具体的信号值，可以利用插值来估计该时刻的信号值。常见的插值方法有最近邻点插值、线性插值、多项式插值、高斯插值等。另外，当雷达天线主波束背离侦察站时，多数脉冲序列都无法被接收机检测，此时可以将这些点进行补零操作以便后续计算。

经过重采样和补零操作之后，可以获得新的脉冲幅度序列 $x(m), m = 0,1,\cdots,M-1$，M 为重采样之后序列的长度。计算重采样之后脉冲幅度序列的归一化自相关系数为

$$r_{xx}(l) = \frac{\sum\limits_{m=0}^{W-1} x(m)x(m+l)}{\sqrt{\sum\limits_{m=0}^{W-1} x^2(m)} \sqrt{\sum\limits_{m=0}^{W-1} x^2(m+l)}}, \quad l = 0,1,\cdots,M-W \tag{4-10}$$

式中，l 为时延变量；W 为窗口长度，用来折中计算量和求解精度，通常可将其取为序列长度的 $1/3\sim1/2$。通过将式(4-10)与预设门限进行比较，便可得到最大相关系数和相应的时延间隔数目，将时延间隔数目与重采样间隔相乘便可获得对应的扫描周期。最后总结自相关估计法计算雷达天线扫描周期的流程，如图 4-15 所示。这里需要提醒的是，如果有多个相关系数都超过了预设门限，那么可以将这些相关系数对应时延间隔的最大公约数作为真实的时延间隔，用来求解雷达天线扫描周期。

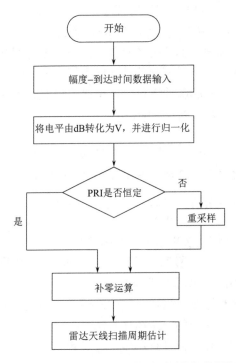

图 4-15　自相关估计法计算雷达天线扫描周期

雷达天线扫描类型分析

4.5　雷达天线扫描类型分析

雷达天线扫描类型分析对于辐射源分析具有重要意义。在辐射源分析中，正确判别雷达天线扫描类型是识别雷达型号和工作状态的重要依据，同时也是判别雷达威胁程度的重要参数。雷达天线扫描类型的判别可以归结为：根据侦察接收机与雷达天线主波束相对角度随时间的变化关系，判定雷达天线扫描的具体类型，核心是依据接收信号相对功率变化特性推测雷达天线的具体扫描类型。本节以机械扫描雷达为例，说明雷达天线扫描类型的分析方法，其中主要包括数据预处理、特征参量提取和扫描类型研判等步骤。

4.5.1　数据预处理

在判别雷达天线扫描类型之前，需要对数据进行预处理，主要包括数据转换、归一化、重采样和取平均等操作，关于数据转换、归一化和重采样在 4.4 节已经讲述，这里不再赘述，仅对取平均进行简要描述。分析雷达天线扫描特征时要求接收脉冲序列至少要包含两个扫描周期，假设重采样后有 K 个完整的周期可以用来识别雷达天线的扫描类型，那么取平均操作可以表示为

$$\overline{x}(m) = \frac{1}{K}\sum_{k=0}^{K-1} x(m+KM'), \quad m = 0,1,\cdots,M'-1 \tag{4-11}$$

式中，M' 为单个周期内数据的采样长度。无特殊情况，后文脉冲序列均指这种平均序列，取平均的目的可以进一步减少噪声等因素的影响。

4.5.2　特征参量提取

在信号处理理论中，对于信号分布特性的描述通常选用的特征参量包括最大值、最小值、平均值、标准差、斜度、峭度以及高阶累积量等。除此之外，变换域的处理也会经常用到快速傅里叶变换（FFT）、离散小波变换（DWT）和离散余弦变换（DCT）等。对于信号分类来讲，特征参量的选取主要依赖于影响信号分类的物理现象，通常情况下可以选取不同的参数作为特征参量，如平均值、标准差、斜度等，但是对于天线扫描类型，一种比较好的特征参量是由峭度、主瓣数目、主瓣幅度变化动态和主瓣时间差比四个参数构成的。

（1）峭度。峭度是指随机变量 Z 的四阶矩 $E\{Z-\mu\}^4/\sigma^4$，其中，$E\{\cdot\}$ 表示期望值，μ 和 σ 分别表示随机变量 Z 的均值和标准差。峭度是描述一个随机变量分布尖锐或者平坦特性的统计量。峭度可以用来度量一个随机变量分布特性与高斯分布拖尾之间的差异。一般来讲，高斯分布的峭度值恒定为 3，对于集中分布如均匀分布，其峭度一般要小于 3，而对于拥有严重拖尾现象的离群分布，其峭度大于3。在跟踪模式下，雷达将尽可能多的脉冲照射威胁目标，因为这样能够及时获取目标距离、方位以及速度的变化信息。为了完成这样的任务，雷达天线一般会对目标进行凝视。从侦察接收机的角度来讲，如果其位于雷达天线的主波束内，那么截获脉冲序列的幅度将近似为恒定状态（在一个很小的范围内变动），也就是说近似处于均匀分布。例如，圆锥扫描时，侦察接收机截获到的信号是一个"固定值"或者具有类似正弦变化的波动值，其峭度一般小于 1.5。通过观察信号的峭度，能很容易将圆锥扫描与其他扫描类型区别开。因此，将峭度作为区分天线扫描类型的第一个特征参量。除了峭度，主瓣数目、主瓣幅度变化动态和主瓣时间差比也是区分典型雷达天线扫描类型的关键特征。

（2）主瓣数目。主瓣数目检测的第一步是寻找信号的最大值，然后在最大值左右两侧寻找脉冲序列中幅度约为最大值 0.01 的坐标点，由此可以获得主瓣波束序列 $y(m)$，并假定其长度为 V。在得到主波束序列后，依据计算平均序列 $\overline{x}(m)$ 和主瓣波束序列 $y(m)$ 的归一化互相关特征参量，获得其他主波束，具体为

$$r_{\overline{x}y}(l) = \frac{\sum_{m=0}^{V-1}\overline{x}(m+l)y(m)}{\sqrt{\sum_{m=0}^{V-1}\overline{x}^2(m+l)}\sqrt{\sum_{m=0}^{V-1}y^2(m)}}, \quad l = 0,1,\cdots,M'-V \tag{4-12}$$

式中，l 为时延变量，通过设定合适的门限便可从归一化互相关值中找到所有可能的主瓣。

主瓣数目是区别不同扫描类型的一个重要特征参数，例如，对于圆周扫描一个周期仅有一个主瓣，双向扇形扫描一个周期有两个主瓣。对于圆锥扫描，无法找到其主波束，这是因为圆锥扫描类型的脉冲幅度序列变动很小，所以，利用主瓣数目可以有效地区别圆周扫描和其他扫描，故可以将主瓣数目作为第二个特征参量。

(3) 主瓣幅度变化动态。主瓣幅度变化动态可以作为另一个有用的特征参量区分雷达天线扫描类型。这个特征在区别一维扫描(方位向)和二维扫描(方位向和俯仰向)时特别有用。主瓣幅度变化动态主要是计算主波束中的最大值与最小值的区别，具体计算方法为

$$\Delta = \max_d \{C_d\} - \min_d \{C_d\}, \quad d = 1, 2, \cdots, D \tag{4-13}$$

式中，$\{C_d\}$ 为主波束峰值集；D 为主瓣个数。但是，对于圆周扫描，它不存在主瓣幅度差，因为圆周扫描一个周期内只有一个主瓣。对于圆锥扫描，由于不存在主波束，因此更无法计算其主瓣幅度差。对于螺旋扫描和栅形扫描，其主瓣幅度存在一定起伏。因此，利用主瓣幅度变化动态可以有效地将双向扇形扫描与其他扫描类型区别开。

(4) 主瓣时间差比。主瓣时间差比可以作为最后一个特征参量来区分不同的扫描类型。圆周扫描和螺旋扫描在方位向上进行 360° 扫描，并不需要前后交叠扫描，故主瓣时间差基本恒定。对于栅形扫描，各主瓣波束的时间差是不断变化的(唯一不变的情形是：侦察接收机位于雷达天线栅形扫描方位向区域的正中心，但这在实际工作中并不常见)。根据这一特点，可以利用主瓣时间差来区别不同的扫描类型。因此，将主波束最大时间差与最小时间差的比值作为最后一个特征参量，计算方法如下：

$$\gamma = \frac{\max_f \{E_f\}}{\min_f \{E_f\}}, \quad f = 1, 2, \cdots, F \tag{4-14}$$

式中，$\{E_f\}$ 为主波束时间差集；F 为主瓣波束时间差个数。最后需要说明的是，只有对螺旋扫描和栅形扫描才能利用这个特征参量。因为计算主瓣时间差比特征参量至少需要三个主波束。对于有些扫描类型无法计算的某些特征参量，相应的值设为 10000，以便后续分类器的操作。

4.5.3　扫描类型研判

对于每一个雷达天线扫描类型，可用一个分类参数 $c_i, i = 1, 2, \cdots, N_c$ 来表示。如果一个未知扫描类型的特征向量 $z = [z_1, z_2, \cdots, z_{N_F}]^T$ 落在区域 $\Omega_i, i = 1, 2, \cdots, N_c$，那么这个天线扫描类型就被标记为 c_i。用于区分这些区域的规则称为决策准则，每一个区域都对应一个特定的扫描类型。包含 N_p 个特征向量的训练集可用来制定决策准则和训练分类器，训练集的另一个作用是用来评估分类器性能的优劣。基于上述所提的四个特征参量，可以利用朴素贝叶斯、决策树、人工神经网络和支持向量机等分类器实现对雷达天线扫描类型的判别，下面主要对朴素贝叶斯分类器和决策树分类器进行详细介绍。

朴素贝叶斯分类器基于监督学习环境利用少量的观测值进行有效训练，尽管这个分

类器设计简单，并且看起来有很多不合实际的过度假设，但其性能在实际工作中却非常好，优于很多其他复杂的分类器模型。对于某一类雷达天线扫描类型，分别属于 N_c 个类别 $c_1, c_2, \cdots, c_{N_c}$ 的先验概率为 $p(c_i)$，基于特征向量 z 的后验概率为 $p(c_i|z)$。如果有 $p(c_j|z) > p(c_i|z)$，那么雷达天线扫描类型为 c_j，这就是所谓的贝叶斯最小误差准则；然而，在实际工作中后验概率是未知的。因此，需要通过贝叶斯定理给出一个更为方便的准则：$p(c_i|z) = p(z|c_i)p(c_i)/p(z)$，其中，$p(z) = \sum_{i=1}^{N_c} p(z|c_i)p(c_i)$ 为总的概率，据此判决准则可以修改为 $p(z|c_j)p(c_j) > p(z|c_i)p(c_i)$，对于任意的 $i \neq j$。但是上式中 $p(z|c_i)$ 是类别条件概率密度函数，也需要通过训练集估计。

朴素贝叶斯分类器的一个主要优势是：在分类时它只需要很少的训练数据去估计特征参量，如平均值和标准差等。因为数据已经假设相互独立，所以没有必要估计整个协方差矩阵，只需要给出每一个分类的方差即可。朴素贝叶斯分类器通过不同的方式进行建模，包括正态分布概率密度函数、对数正态分布概率密度函数、伽马分布概率密度函数以及泊松分布概率密度函数。这里主要以正态分布概率密度函数进行建模，相应的参数(包括平均值和标准差)通过最大似然估计求得。每一类的后验概率通过概率模型按照贝叶斯定理进行计算。最后通过贝叶斯最小误差准则计算不同类别对应的后验概率，其中最大值对应的扫描类型就是雷达天线扫描类型。相应的决策准则归结为：$q_j(z) > q_i(z)$，对于任意的 $i \neq j$。其中，$q_i(z)$ 称为判别函数。

决策树分类器是最直观和自然的分类器，它具有快速、简单、易于理解等优点。决策树分类器可看作对输入扫描类型的流程性研判操作，它是根据预先设定的规则或测试条件在决策树的每个节点进行一次二项决策。例如，对于某一个特征参量相应的判决条件为 $z_i \leq \delta_i$ 是否成立，其中，$\delta_i, i = 1, 2, \cdots, N_F$ 为相应的决策门限，N_F 为特征参量的总数目，特征参量的检测门限需要提前选取(一般通过大量的数据进行训练)。决策树算法从树的顶端开始，在每一个节点根据判决条件分为两支，直至最后的叶节点，相应的算法流程如图 4-16 所示。

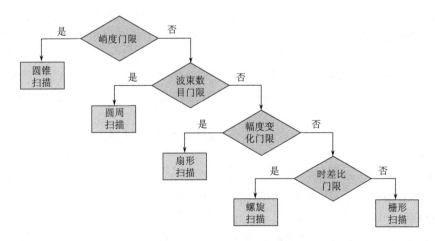

图 4-16　决策树分类器的算法流程

思维导图-4

4.6　本　章　小　结

对雷达天线扫描特征进行分析，可研判雷达天线的扫描周期和扫描类型，推测雷达覆盖空域以及测角精度等信息，为构建完善的目标数据库、制定相应的干扰策略以及实现目标型号研判和个体识别等奠定基础。目前，制约雷达天线扫描特征分析的主要因素是侦察数据的质量。对于某些机械扫描类型如栅形扫描或者螺旋扫描，由于侦察环境、侦察接收机与雷达辐射源的相对配置关系以及人员操作等因素的影响，某些主瓣波位数据大面积丢失，从而严重影响了雷达天线扫描特征的分析。因此，在缺失大量数据的前提下，如何有效地分析雷达辐射源的扫描特征是一个重要的研究方向。另外，相对于机械扫描特征分析，相控阵体制雷达辐射源的扫描特征分析仍然比较复杂，原因是相控阵体制雷达具有非常灵活的波束控制技术，利用传统方法对其进行侦测和分析非常困难。

习　　题

1. 影响雷达天线扫描方式选择的因素有哪些？并对其影响进行简析。
2. 常用的雷达天线扫描周期估算方法有哪些？
3. 请阐述基于决策树分类器的雷达天线扫描类型识别方法。

参 考 文 献

陈卓, 史小伟, 甘荣兵, 等, 2015. 一种基于短时间窗幅度变化的雷达扫描方式识别[J]. 电子信息对抗技术, 30(1): 48-52.

丁鹭飞, 耿富录, 陈建春, 2013. 雷达原理[M]. 5 版. 北京: 电子工业出版社.

董学励, 2007. 雷达侦察机信号识别系统设计与实现[D]. 哈尔滨: 哈尔滨工业大学.

高刚, 孙盼杰, 刘正彬, 2016. 基于脉冲幅度及频率分析的雷达扫描方式识别[J]. 电子信息对抗技术, 31(6): 12-17.

高训兵, 2017. 具有天线扫描特性的雷达信号算法设计与实现[J]. 国外电子测量技术, 36(7): 68-70, 102.

宫新保, 沈文辉, 金兆彰, 等, 2004. RBF 网络雷达天线扫描方式识别系统[J]. 红外与激光工程, 33(4): 437-440.

贾颖焘, 2015. 雷达信号分选和天线扫描周期估计算法的研究与实现[D]. 长沙: 国防科学技术大学.

李程, 王伟, 施龙飞, 等, 2014. 雷达天线扫描方式的自动识别方法[J]. 国防科技大学学报, 36(3): 156-163.

马骁, 张海林, 郝本建, 等, 2018. 侦察雷达天线扫描周期对抗估计方法[J]. 西安电子科技大学学报, 45(4): 161-165.

唐斌, 胡光锐, 2003. 基于免疫神经网络的雷达天线扫描方式的识别[J]. 应用科学学报, (1): 36-38.

谢雪康, 杨晓蓉, 2009. 一种雷达模拟信号的产生方法[J]. 电子信息对抗技术, 24(3): 56-61.

张明友, 汪学刚, 2018. 雷达系统[M]. 5 版. 北京: 电子工业出版社.

张宁, 黄建冲, 邹鹏, 等, 2011. 辐射源指纹识别及其关键技术的发展[J]. 飞航导弹, (5): 42-45, 69.

郑君里, 应启珩, 杨为理, 2011. 信号与系统[M]. 3 版. 北京: 高等教育出版社.

BARSHAN B, ERAVCI B, 2012. Automatic radar antenna scan type recognition in electronic warfare[J].
　　IEEE transactions on aerospace and electronic systems, 48（4）: 2908-2931.

HUANG Y , BOYLE K , 2008. Antennas: from theory to practice[M]. Chichester: John Wiley & Sons.

SCHLEHER D C, 1999. Electronic warfare in the information age [M]. Boston: Artech House.

WILEY R G, 2016. ELINT: the interception and analysis of radar signals[M]. New York: Artech House
　　Publishers.

第5章   雷达脉内特征分析

早期的雷达系统大多采用脉内未调制的单点频矩形脉冲作为发射信号，因此采用频率、脉冲宽度、脉冲重复间隔、幅度和到达方向等基本参数，便能够描述一部雷达辐射源的电磁特征参数变化情况。然而，雷达使用未调制的单点频矩形脉冲信号存在无法兼顾系统作用距离和距离分辨率的内在矛盾。为了提高雷达系统的作用距离，同时提高距离分辨率，很多现代雷达系统的发射信号都采用了复杂的脉内调制技术。这些脉内调制技术以脉内调频或者脉内调相为主，简称脉内调制技术。不同于单点频脉冲信号，复杂脉内调制的雷达信号同时具备大脉宽和大带宽。采用大脉宽的信号有利于提高雷达系统的作用距离，与此同时，宽带雷达信号使得对雷达回波进行匹配滤波可以实现大脉宽信号的脉冲压缩，从而实现距离高分辨率。对于采用复杂脉内调制的雷达信号，除了传统的基本参数，还应结合脉内特征分析才能完整地描述其全部特征。

一般来说，不同的雷达系统会采用不同的脉内调制类型。因此，准确的脉内特征分析，有助于提高电子战支援系统在复杂环境下的分选能力和识别能力；通过分析雷达信号的脉内特征，有助于提高雷达系统的性能、技术体制和用途分析的准确性。例如，通过分析雷达信号的带宽，可以推算目标雷达的距离分辨能力。同时，通过分析雷达信号的特征，有助于区分同一雷达型号的不同个体。本章介绍几种比较常见的雷达辐射源脉内调制特征分析方法，包括线性调频信号分析、非线性调频信号分析、相位编码信号分析和频率编码信号分析。通常主要从以下几个方面分析雷达辐射源脉内调制特征。

1) 时域特征分析

雷达信号的时域特征是指信号波形时域特征。对信号的时域特征进行分析，可以估计信号的脉冲宽度以及比较直观地观测到各类调制信号的时域变化特点。

2) 频域特征分析

雷达信号的频域特征是指信号的频谱特征，其中信号的频谱可以通过对截获的雷达信号进行傅里叶变换得到。在电子侦察系统中，利用频谱分析设备获取信号的频谱结构，然后根据信号频谱结构，分析雷达信号的频域能量分布，并在此基础上测量雷达信号的带宽。根据实际中带宽定义的不同，雷达信号带宽测量的结果也会有所区别，一般采用3dB带宽或者能量带宽来测量雷达信号的带宽。

3) 时频特征分析

雷达信号的时频特征是指信号的瞬时频率随着时间的变化规律。从信号的时频特征曲线中，既可以观察到信号瞬时频率的变化规律，也能估计信号的带宽和脉冲宽度。此外，采用不同脉内调制技术的雷达信号的时频特征差异很大，故对雷达信号的时频特征分析结果还可用于雷达信号的调制识别。

4) 时相特征分析

信号的时相特征是指相邻两个采样时刻的信号相位差随着时间的变化规律。一般来说，雷达信号的时相特征和时频特征是紧耦合的两个特征，从其中一个特征很容易得到另外一个特征。信号的时相特征是分析相位编码信号码元宽度和编码规律的有力工具。

5）模糊函数分析

模糊函数这一概念是在 20 世纪 50 年代由英国著名的雷达专家 P. M. Woodward 推广应用至雷达分辨理论中的。雷达信号的模糊函数可以用来研究雷达系统的分辨能力、模糊度和杂波抑制能力。因此，模糊函数可以用来研究和分析雷达信号。

5.1　线性调频信号分析

线性调频(Linear FM，LFM)信号是研究最早、应用最广的一种雷达信号。它早在第二次世界大战时就被构想出来，并陆续由美国、德国和英国的科学家独立发明。由于线性调频信号的频率随着时间线性变化，它变成音频信号后所发出来的声音听起来像鸟叫的啁啾声，因此也称为 Chirp 信号或啁啾信号。

5.1.1　线性调频信号模型

对于脉冲宽度为 T_p、带宽为 B 的线性调频信号，其基带复信号模型可以写为

$$s_1(t) = \text{rect}\left(\frac{t}{T_p}\right)\exp\left(j\pi\gamma t^2\right) \tag{5-1}$$

式中，rect($\cdot$)为矩形窗函数，其定义为

$$\text{rect}(t) = \begin{cases} 1, & |t| \leqslant \dfrac{1}{2} \\ 0, & |t| > \dfrac{1}{2} \end{cases}$$

γ 为线性调频信号的调频斜率($\gamma > 0$)，$\gamma = B/T_p$。根据式(5-1)，也可以取线性调频信号的实部，对应的实信号模型为

$$s(t) = \text{rect}\left(\frac{t}{T_p}\right)\cos\left(\pi\gamma t^2\right) \tag{5-2}$$

对于式(5-1)中的信号，其调频斜率为正，因此也称为正线性调频信号(Up Chirp)，其信号波形如图 5-1 所示。

在实际雷达系统中，有时也发射调频斜率为负的线性调频信号(即负线性调频信号，Down Chirp)，其对应的基带信号模型为

$$s_2(t) = \text{rect}\left(\frac{t}{T_p}\right)\exp\left(-j\pi\gamma t^2\right) \tag{5-3}$$

从式(5-3)可以看出，$s_2(t)$ 满足

$$\text{Re}\left(s_2(t)\right) = \text{Re}\left(s_1(t)\right), \quad \text{Im}\left(s_2(t)\right) = -\text{Im}\left(s_1(t)\right) \tag{5-4}$$

即对于两个带宽和脉冲宽度均相同的正、负线性调频信号，二者实部相同，虚部互为相反数。图 5-2 给出了负线性调频信号波形的示意图。

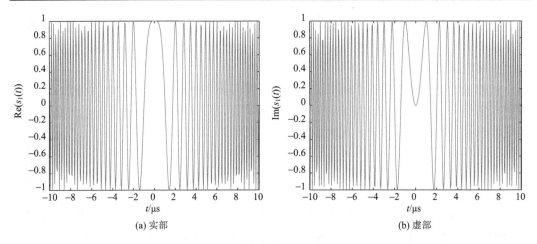

图 5-1　正线性调频信号的实部和虚部波形示意图（T_p=20μs，B=20MHz）

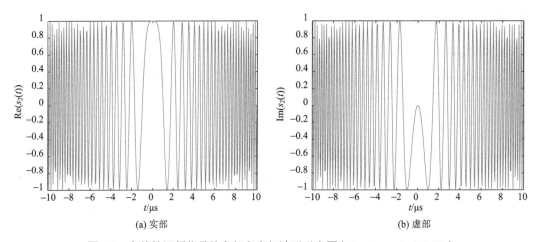

图 5-2　负线性调频信号的实部和虚部波形示意图（T_p=20μs，B=20MHz）

除了正线性调频信号和负线性调频信号，一些雷达系统还会发射由正线性调频信号和负线性调频信号组合而成的信号。当负线性调频信号出现在正线性调频信号之前时，这种信号称为 V 形调频信号。V 形调频信号波形的示意图如图 5-3 所示，其基带信号可以建模为

$$s_3(t) = \text{rect}\left(\frac{t}{T_p}+\frac{1}{2}\right)\exp\left(-\mathrm{j}\pi\gamma t^2\right) + \text{rect}\left(\frac{t}{T_p}-\frac{1}{2}\right)\exp\left(\mathrm{j}\pi\gamma t^2\right) \tag{5-5}$$

式（5-5）中的 V 形调频信号由两个带宽为 B、脉冲宽度为 T_p 的正、负线性调频信号组成，其中负线性调频信号的持续时间区间为 $[-T_p,0]$，正线性调频信号的持续时间为 $[0,T_p]$，故信号总的脉冲宽度增加至 2 倍，但带宽不变。

当负线性调频信号出现在正线性调频信号之后时，这种调频信号也称为三角调频信号。三角调频信号波形的示意图如图 5-4 所示，其基带信号模型为

$$s_4(t) = \text{rect}\left(\frac{t}{T_p}+\frac{1}{2}\right)\exp\left(\mathrm{j}\pi\gamma t^2\right) + \text{rect}\left(\frac{t}{T_p}-\frac{1}{2}\right)\exp\left(-\mathrm{j}\pi\gamma t^2\right) \tag{5-6}$$

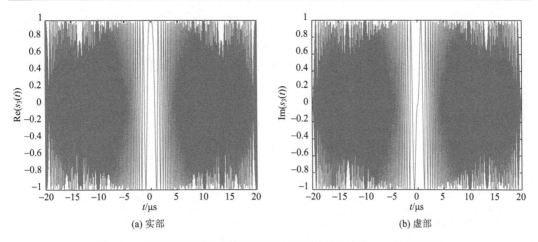

图 5-3　V 形调频信号的实部和虚部波形示意图(T_p=40μs，B=20MHz)

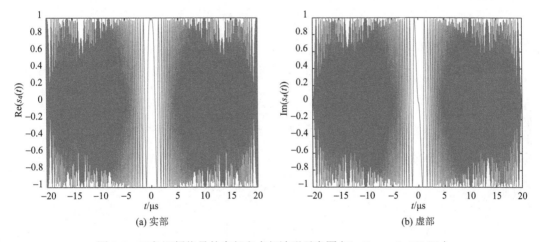

图 5-4　三角调频信号的实部和虚部波形示意图(T_p=40μs，B=20MHz)

很明显，式(5-6)中的三角调频信号与式(5-5)中的 V 形调频信号满足以下关系：

$$\text{Re}(s_4(t)) = \text{Re}(s_3(t)), \quad \text{Im}(s_4(t)) = -\text{Im}(s_3(t)) \tag{5-7}$$

5.1.2　线性调频信号特征

1. 时域特征

线性调频信号的时域特征主要表现在以下两个方面。

(1)从信号幅度特征看，信号包络恒定。从线性调频信号模型可以看出，其幅度在信号持续时间内恒为 1。这是因为在雷达系统中，为了能够使雷达发射机始终工作在饱和状态以便发挥其最大效能，通常要求雷达发射波形具有恒定包络。因此，常见的雷达信号大多都是恒包络信号。

(2)从基带信号波形图看，线性调频信号的过零点之间的分布不均匀。在部分时间区间内过零点之间的间隔很小，显得信号比较稠密；在部分时间区间内过零点之间的间隔相对较大，显得信号比较稀疏。由于过零点的间隔值对应于信号的频率，因此这表明信号的频率在持续时间内不断发生变化。接下来要开展的频域特征以及时频特征分析将进一步印证这一观点。

2. 频域特征

以正线性调频信号为例，其频谱定义为

$$S_1(f) = \int_{-T_p/2}^{T_p/2} \exp\left(j\pi\gamma t^2\right) \exp(-j2\pi ft) dt \tag{5-8}$$

对式(5-8)中被积项进行整理，可得

$$S_1(f) = \exp\left(-j\pi\gamma^{-1}f^2\right) \int_{-T_p/2}^{T_p/2} \exp\left(j\pi\gamma(t-\gamma^{-1}f)^2\right) dt \tag{5-9}$$

定义替换变量：

$$x = \sqrt{2\gamma}(t - \gamma^{-1}f)$$

则式(5-9)中的积分可以写为

$$S_1(f) = \left(2\gamma\right)^{-1/2} \exp\left(-j\pi\gamma^{-1}f^2\right) \int_{-x_2}^{x_1} \exp\left(jx^2/2\right) dx \tag{5-10}$$

其中

$$x_1 = \sqrt{2\gamma}(T_p/2 - \gamma^{-1}f), \quad x_2 = \sqrt{2\gamma}(T_p/2 + \gamma^{-1}f)$$

引入菲涅耳积分：

$$c(u) = \int_0^u \cos\left(\frac{\pi}{2}x^2\right) dx$$

$$s(u) = \int_0^u \sin\left(\frac{\pi}{2}x^2\right) dx$$

则线性调频信号的频谱可以进一步写为

$$S_1(f) = \left(2\gamma\right)^{-1/2} \exp\left(-j\pi\gamma^{-1}f^2\right)\{[c(x_1)+c(x_2)] + j[s(x_1)+s(x_2)]\} \tag{5-11}$$

其振幅为

$$\left|S_1(f)\right| = \left(2\gamma\right)^{-1/2} \left\{[c(x_1)+c(x_2)]^2 + [s(x_1)+s(x_2)]^2\right\}^{\frac{1}{2}} \tag{5-12}$$

频谱的相位为

$$\phi(f) = \arg(S_1(f)) = -\frac{\pi f^2}{\gamma} + \arctan\left[\frac{s(x_1)+s(x_2)}{c(x_1)+c(x_2)}\right] \tag{5-13}$$

当信号时间带宽积(BT_p)较大时，在信号中心频率周围为B的频率范围内，菲涅耳积分的取值满足

$$c(x_1) = c(x_2) \approx 0.5, \quad s(x_1) = s(x_2) \approx 0.5$$

在此区域以外，菲涅尔积分取值近似为 0。因此线性调频信号的频谱 $S(f)$ 又可以近似为

$$S_1(f) \approx \gamma^{-1/2} \text{rect}\left(\frac{f}{B}\right) \exp\left[-\mathrm{j}\pi\left(\gamma^{-1}f^2 - \frac{1}{4}\right)\right] \tag{5-14}$$

即线性调频信号的频谱能量均匀分布在信号中心频率周围为 B 的频率范围内，且频谱的相位为频率的二次函数。

图 5-5 给出了带宽为 10MHz 的正线性调频信号的幅度谱，可以看出信号能量主要集中在中心频率±5MHz 的范围内。

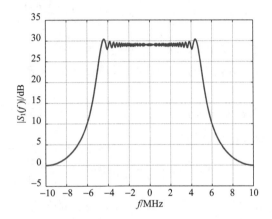

图 5-5　正线性调频信号的幅度谱示意图（B=10MHz）

对于负线性调频信号，类似地，可以得到其频谱的近似表达式为

$$S_2(f) \approx \gamma^{-1/2} \text{rect}\left(\frac{f}{B}\right) \exp\left[\mathrm{j}\pi\left(\gamma^{-1}f^2 - \frac{1}{4}\right)\right] \tag{5-15}$$

因此，对于带宽和脉冲宽度均相同的正、负线性调频信号，二者的幅度谱相同，频谱相位互为相反数。

V 形调频信号的频谱可以视作由正线性调频信号频谱和负线性调频信号频谱组成的，即

$$S_3(f) = \int_{-T_p}^{0} \exp\left(-\mathrm{j}\pi\gamma t^2\right) \exp\left(-\mathrm{j}2\pi ft\right) \mathrm{d}t + \int_{0}^{T_p} \exp\left(\mathrm{j}\pi\gamma t^2\right) \exp\left(-\mathrm{j}2\pi ft\right) \mathrm{d}t$$
$$= S_{3,1}(f) + S_{3,2}(f) \tag{5-16}$$

下面分别计算 $S_{3,1}(f)$ 和 $S_{3,2}(f)$。

$$S_{3,1}(f) = \int_{-T_p}^{0} \exp\left(-\mathrm{j}\pi\gamma t^2\right) \exp\left(-\mathrm{j}2\pi ft\right) \mathrm{d}t$$
$$= \exp\left(\mathrm{j}\pi\gamma^{-1}f^2\right) \int_{-T_p}^{0} \exp[-\mathrm{j}\pi\gamma(t + \gamma^{-1}f)^2] \mathrm{d}t \tag{5-17}$$

定义替换变量：

$$x = \sqrt{2\gamma}(t + \gamma^{-1}f), \quad u_1 = \sqrt{2\gamma^{-1}}f, \quad u_2 = \sqrt{2\gamma}(T_p - \gamma^{-1}f)$$

以及利用菲涅耳积分的定义，可得

$$\left|S_{3,1}(f)\right| = (2\gamma)^{-1/2}\left\{[c(u_1)+c(u_2)]^2+[s(u_1)+s(u_2)]^2\right\}^{\frac{1}{2}} \qquad (5\text{-}18)$$

$$\arg(S_{3,1}(f)) = \frac{\pi f^2}{\gamma}+\arctan\left[\frac{s(u_1)+s(u_2)}{c(u_1)+c(u_2)}\right] \qquad (5\text{-}19)$$

同理，可以计算得出

$$\left|S_{3,2}(f)\right| = (2\gamma)^{-1/2}\left\{[c(u_1)+c(u_2)]^2+[s(u_1)+s(u_2)]^2\right\}^{\frac{1}{2}} \qquad (5\text{-}20)$$

$$\arg(S_{3,2}(f)) = -\frac{\pi f^2}{\gamma}-\arctan\left[\frac{s(u_1)+s(u_2)}{c(u_1)+c(u_2)}\right] \qquad (5\text{-}21)$$

因此，$S_{3,1}(f)$ 和 $S_{3,2}(f)$ 的幅度相同，相位互为相反数。

当信号时间带宽积 (BT_p) 较大时，在信号中心频率周围为 B 的频率范围内，菲涅耳积分的取值满足

$$c(u_1)=c(u_2)\approx0.5, \quad s(u_1)=s(u_2)\approx0.5$$

因此，V 形调频信号的频谱可以近似写成

$$S_3(f) \approx \gamma^{-1/2}\mathrm{rect}\left(\frac{f}{B}-\frac{1}{2}\right)\cos\left(\pi\gamma^{-1}f^2+\frac{\pi}{4}\right) \qquad (5\text{-}22)$$

从式 (5-22) 可以看出，V 形调频信号的频谱幅度在带宽内会受到余弦信号的调制，故频谱幅度起伏更大，如图 5-6 所示。此外，V 形调频信号的频谱为实数，因此频谱相位为 0 或者 π。

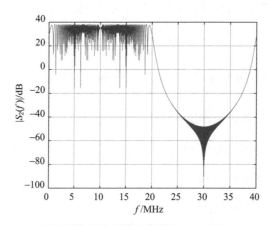

图 5-6　V 形调频信号的频谱示意图（T_p=40μs，B=20MHz）

三角调频信号的频谱分析过程与 V 形调频信号的频谱分析过程类似，故此处仅给出分析结果：

$$S_4(f) \approx \gamma^{-1/2}\mathrm{rect}\left(\frac{f}{B}+\frac{1}{2}\right)\cos\left(\pi\gamma^{-1}f^2+\frac{\pi}{4}\right) \qquad (5\text{-}23)$$

可以看出，三角调频信号的频谱形状和 V 形调频信号的频谱形状相同，但是基带信号的频率分布的范围为 $[-B,0]$，如图 5-7 所示。

3. 时频特征

对于式(5-1)中的正线性调频信号，其相位为

$$\phi_1(t) = \pi\gamma t^2 \tag{5-24}$$

它是时间 t 的二次函数，即信号的相位随着时间呈非线性变化，如图 5-8 所示。

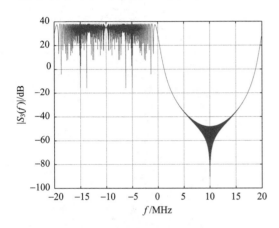

图 5-7　三角调频信号的频谱示意图
（T_p=40μs，B=20MHz）

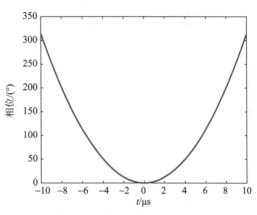

图 5-8　正线性调频信号的相位示意图
（T_p=20μs，B=20MHz）

正线性调频信号的瞬时频率定义为

$$f_1(t) = \frac{1}{2\pi}\frac{\mathrm{d}\phi_1(t)}{\mathrm{d}t} = \gamma t \tag{5-25}$$

即瞬时频率 f 是时间 t 的线性函数，且斜率为正。

类似地，可以分析负线性调频信号、V 形调频信号和三角调频信号的瞬时频率，分别为

$$f_2(t) = -\gamma t \tag{5-26}$$

$$f_3(t) = \begin{cases} -\gamma t, & -T_p \leqslant t < 0 \\ \gamma t, & 0 \leqslant t \leqslant T_p \end{cases} \tag{5-27}$$

$$f_4(t) = \begin{cases} \gamma t, & -T_p \leqslant t < 0 \\ -\gamma t, & 0 \leqslant t \leqslant T_p \end{cases} \tag{5-28}$$

图 5-9 对这四种典型线性调频信号的时频特征进行了总结。

在电子侦察系统中，当侦收到线性调频信号时，可以采用以下方法分析得出线性调频信号的时频特征曲线。

首先，记相邻两个采样时刻 t_1 和 t_2，对信号进行鉴相处理得到的信号相位为 $\varphi_1(t_1)$ 和 $\varphi_2(t_2)$，则信号的瞬时频率可以估计为

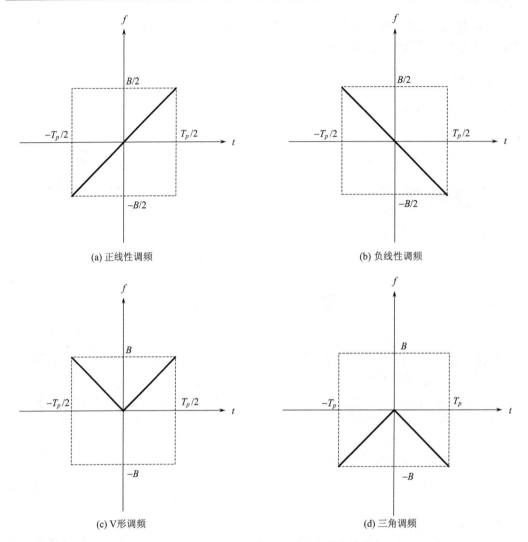

(a) 正线性调频 (b) 负线性调频

(c) V形调频 (d) 三角调频

图 5-9　四种线性调频信号的时频特征曲线

$$\hat{f}\,|\,t_1 = \frac{\varphi_2(t_2) - \varphi_1(t_1)}{2\pi(t_2 - t_1)} \tag{5-29}$$

分子中的 $\varphi_2(t_2) - \varphi_1(t_1)$ 可以视作相位的离散差分，分母中的 $t_2 - t_1$ 可以视作时间的离散差分，即式(5-29)可以视作式(5-25)在离散时间域的近似处理。

在实际中，为了减少鉴相模糊对瞬时频率估计的影响，还可以采用以下公式来估计线性调频信号的瞬时频率，即

$$\hat{f}\,|\,t_1 = \frac{\arg\left(e^{j(\varphi_2 - \varphi_1)}\right)}{2\pi(t_2 - t_1)} \tag{5-30}$$

将采用式(5-29)或式(5-30)估计信号时频特征的方法称为一阶差分估计法。图 5-10 给出了理想情况下(即不含噪声)采用一阶差分估计法得出的线性调频信号的时频特征曲

线。可以看出，与理论预测完全一致。

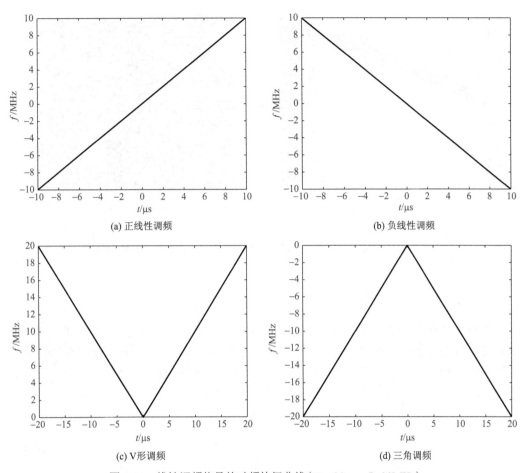

(a) 正线性调频

(b) 负线性调频

(c) V形调频

(d) 三角调频

图 5-10　线性调频信号的时频特征曲线（T_p =20μs，B=20MHz）

　　一阶差分估计法的优点是计算复杂度低。然而，采用一阶差分估计法估计信号时频特征曲线时，由于仅利用了两个采样时刻的信号估计信号瞬时频率，没有对信号进行能量积累，因此容易受到接收机噪声的影响，在信噪比较低时估计误差较大。为了能够在较低信噪比下估计线性调频信号的时频特征，可以使用时频分析方法。一种比较常用的信号时频分析方法是短时傅里叶变换（Short-Time Fourier Transform, STFT）。给定信号 $x(t)$，它的短时傅里叶变换定义为

$$F_x(t,f;h) = \int_{-\infty}^{\infty} x(u)h^*(u-t)\exp(-\mathrm{j}2\pi uf)\mathrm{d}u \qquad (5\text{-}31)$$

式中，$h(t)$ 为短时傅里叶变换的窗函数。常用的窗函数包括矩形窗、汉明窗和 Kaiser 窗等。

　　图 5-11 给出了当信噪比为 10dB 时，采用一阶差分估计法和短时傅里叶变换得出的正线性调频信号的时频特征曲线。可以看出，一阶差分估计法受噪声影响较大。相比之下，短时傅里叶变换方法对接收机噪声不敏感，能够较好地刻画线性调频信号的时

频特征。

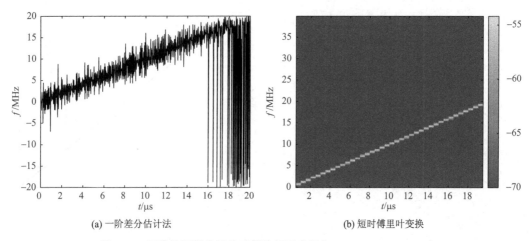

(a) 一阶差分估计法　　　　　　　　　　　　　(b) 短时傅里叶变换

图 5-11　正线性调频信号的时频特征示意图（T_p=20μs，B=20MHz）

4. 时相特征

在电子侦察系统中，有时用户也对雷达信号的时相特征感兴趣。准确来讲，电子侦察系统的时相特征曲线描述的是两个相邻采样时刻信号相位差随时间的变化曲线。这一特征对于识别存在相位突变的信号（如 5.4 节所述的相位编码信号）是非常有用的。对于正线性调频信号，其相邻两个采样时刻的信号相位差为

$$
\begin{aligned}
\varphi_1(t_2) - \varphi_1(t_1) &= \pi\gamma\left(t_2^2 - t_1^2\right) \\
&= \pi\gamma\left(t_2 + t_1\right)\left(t_2 - t_1\right) \\
&= \pi\gamma T_s\left(t_2 + t_1\right) \\
&\approx 2\pi\gamma T_s t_2
\end{aligned}
\tag{5-32}
$$

式中，T_s=1/f_s 为信号的采样间隔；f_s 为信号的采样频率。因此，相位差可以近似为当前时刻的线性函数。假设采用 n 倍带宽对信号进行采样（$n \geqslant 1$），则

$$
\gamma T_s = \frac{B}{T_p} \times \frac{1}{nB} = \frac{1}{nT_p}
$$

相邻两个采样时刻的信号相位差为

$$
\varphi_1(t_2) - \varphi_1(t_1) \approx \frac{2\pi t_2}{nT_p}
\tag{5-33}
$$

因此，当信号带宽一定时，采样频率越高，相位差曲线的斜率越小，信号相位变化得越缓慢；当接收机采样频率一定时，信号带宽越小，则相位差曲线的斜率越小，信号相位变化得越缓慢。

此外，由于 $-T_p/2 \leqslant t_2 \leqslant T_p/2$，可以得出相邻时刻相位差的近似上下界为

$$-\frac{\pi}{n} \leqslant \varphi_1(t_2) - \varphi_1(t_1) \leqslant \frac{\pi}{n} \tag{5-34}$$

图 5-12(a)给出了正线性调频信号的时相特征曲线,其中采样频率为信号带宽的 2 倍。正如理论分析所指出的一样,信号的相位差是时间的线性函数,且最大值不超过 π/2。当采样频率提升至信号带宽的 100 倍时,如图 5-12(b)所示,此时相邻两个采样时刻的相位变化较为缓慢。

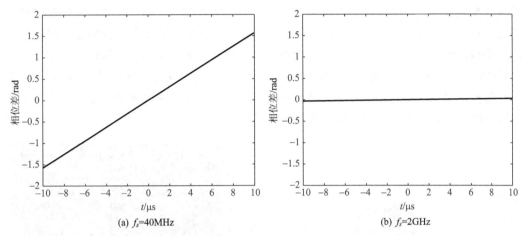

(a) f_s=40MHz　　　　　　　　　　(b) f_s=2GHz

图 5-12　正线性调频信号的时相特征曲线(T_p=20μs,B=20MHz)

5. 模糊函数

以正线性调频信号为例,其模糊函数定义为

$$\left|\chi(\tau,v)\right| = \left|\int_{-\infty}^{\infty} s_1(t)s_1^*(t+\tau)\exp(\mathrm{j}2\pi vt)\mathrm{d}t\right| \tag{5-35}$$

不难看出,正线性调频信号的模糊函数只有在 $-T_p \leqslant \tau \leqslant T_p$ 取值非零。当 $\tau \geqslant 0$ 时,根据式(5-1)中的定义,正线性调频信号的模糊函数可以写为

$$\begin{aligned}
\left|\chi(\tau,f)\right| &= \left|\int_{-T_p/2}^{T_p/2-\tau} \exp(\mathrm{j}\pi\gamma t^2)\exp(-\mathrm{j}\pi\gamma(t+\tau)^2)\exp(\mathrm{j}2\pi ft)\mathrm{d}t\right| \\
&= \left|\int_{-T_p/2}^{T_p/2-\tau} \exp(\mathrm{j}2\pi(f-\gamma\tau)t)\mathrm{d}t\right| \\
&= \left|(T_p-\tau)\mathrm{sinc}\big((f-\gamma\tau)(T_p-\tau)\big)\right|
\end{aligned} \tag{5-36}$$

式中,$\mathrm{sinc}(x)=\sin(\pi x)/(\pi x)$ 为辛格函数。当 $\tau \leqslant 0$ 时,类似地可以得到

$$\left|\chi(\tau,f)\right| = \left|(T_p+\tau)\mathrm{sinc}\big((f-\gamma\tau)(T_p+\tau)\big)\right| \tag{5-37}$$

综上所述,可以得出正线性调频信号的模糊函数为

$$\left|\chi(\tau,f)\right| = \left|(T_p-|\tau|)\mathrm{sinc}\big((f-\gamma\tau)(T_p-|\tau|)\big)\right|, \quad |\tau| \leqslant T_p \tag{5-38}$$

　　线性调频信号的模糊函数示意图如图 5-13 所示。可以看出，模糊函数的峰值沿着斜线在逐渐下降，这是因为当给定 f 时，模糊函数沿着 f 的切面在

$$f - \gamma\tau = 0 \tag{5-39}$$

时达到峰值，峰值幅度为 $T_p - |\tau|$，且该直线的斜率取决于调频斜率 γ。在雷达信号理论中，通常把这种形状的模糊函数称为斜刀刃形模糊函数。斜刀刃形模糊函数的雷达信号具有较好的多普勒容忍性，这就意味着即使目标具有很高的径向速度，也不会造成雷达系统匹配滤波输出严重下降，有利于雷达系统检测各类高速目标。因此，在以发现目标为首要任务的雷达系统中，像线性调频信号这类具有较好多普勒容忍性的波形得到了广泛的运用。然而，线性调频信号的多普勒容忍性也会带来一个问题，那就是存在所谓的距离–速度耦合现象，从而使得测量高速运动目标的距离和速度时存在误差。此时，对于一些需要精确测量高速运动目标距离和速度的雷达系统，又需要选择其他信号作为系统的发射波形，如后面将要介绍的相位编码信号。

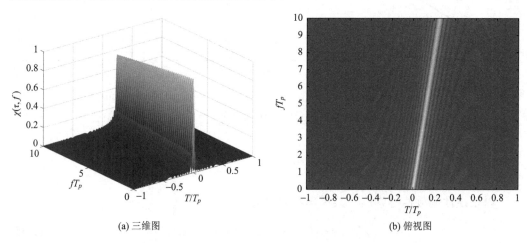

(a) 三维图　　　　　　　　　　　　　(b) 俯视图

图 5-13　线性调频信号的模糊函数示意图（T_p =20μs，B=2MHz）

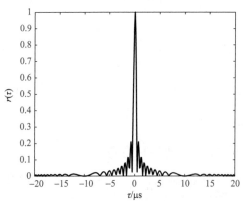

图 5-14　线性调频信号的自相关函数示意图
（T_p =20μs，B=2MHz）

　　正线性调频信号的模糊函数在零多普勒切面的表达式为

$$\begin{aligned} r(\tau) &= |\chi(\tau, 0)| \\ &= \left|(T_p - |\tau|)\operatorname{sinc}(\gamma\tau(T_p - |\tau|))\right|, \quad |\tau| \leqslant T_p \end{aligned} \tag{5-40}$$

它也被称为线性调频信号的自相关函数，如图 5-14 所示。

　　利用式(5-40)可以推算出线性调频信号第一零点的位置：

$$\gamma\tau(T_p - \tau) = 1 \Rightarrow \tau \approx \frac{1}{\gamma T_p} = \frac{1}{B} \qquad (5\text{-}41)$$

当信号的时间带宽积远远大于 1 时，线性调频信号自相关函数的主瓣宽度也可以采用式(5-41)近似，约为 1/B，它所对应的距离大小即雷达系统的距离分辨率：

$$\Delta R = \frac{c}{2B} \qquad (5\text{-}42)$$

它表示的是雷达系统对于同一方向上幅度相同的两个目标在距离向上的区分能力。由于未进行脉内调制的信号对应的距离分辨率为 $cT_p/2$，因此基于此可以定义线性调频信号的压缩比：

$$D = BT_p \qquad (5\text{-}43)$$

正线性调频信号的模糊函数在零延时切面的表达式为

$$\left| \chi(0,f) \right| = \left| T_p \, \mathrm{sinc}\left(fT_p\right) \right| \qquad (5\text{-}44)$$

如图 5-15 所示，它是关于多普勒频率 f 的辛格函数，主瓣宽度约为 1/T_p，它对应的是采用单个发射信号测速时的多普勒分辨率。不难得出，式(5-44)中模糊函数在零延时切面的表达式适用于任意恒包络信号，因此后续章节不再分析模糊函数在零延时切面的表达式。

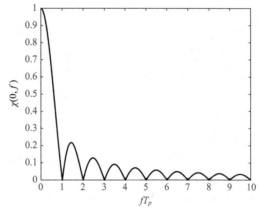

图 5-15　线性调频信号模糊函数在零延时的切面图
（T_p =20μs，B=2MHz）

5.1.3　线性调频信号分析方法

在研判分析线性调频信号的调制类型时，应注意把握以下四个方面的信号特征。

(1)观察时域波形特征，看波形是否恒包络，如果能获得线性调频信号的基带波形，应当注意观察基带波形是否有疏有密。

(2)观察信号频谱，看波形频谱通带是不是比较平坦，在通带部分是不是可用矩形窗近似。

(3)认真分析信号的时频特征，观察信号的频率是否随着时间呈线性变化，这也是研判线性调频信号调制类型最重要的依据。

(4)分析信号的模糊函数，看其是否为斜刀刃形模糊函数。

当确定信号为线性调频信号后，可以进一步分析信号的调制参数等。从线性调频信号的时频特征曲线中，可以得到信号的起始频率和终止频率，将其分别记为 f_l 和 f_u，则从中可以分析得到信号带宽 B 为

$$B = \left| f_u - f_l \right|$$

除了根据时频特征曲线来分析信号带宽，也可以根据信号频谱分析信号的带宽。在带宽分析的基础之上，便可以通过式(5-42)计算线性调频信号的距离分辨率，通过式(5-43)计算线性调频信号的压缩比。

线性调频信号的调频斜率 γ 为

$$\gamma = \frac{f_u - f_1}{T_p}$$

其中，脉冲宽度 T_p 既可以通过全脉冲数据分析得到，也可以通过分析信号的时域波形或者时频特征曲线得到。

5.2　非线性调频信号分析

在 5.1 节中已经表明，线性调频信号的频率是随着时间线性增长的。这也可以视为线性调频信号在每个频点上的"驻留"时间是相同的。线性调频信号的这种特性使得其频谱分布比较均匀，因此自相关函数旁瓣高度高（约为–13.5dB），容易造成雷达系统在观测多个目标时弱目标被强目标的旁瓣所掩盖。为了降低线性调频信号的自相关函数旁瓣高度，可以在雷达系统接收端采用加窗处理，但这会造成信噪比失配损失。另一种降低旁瓣高度的方法是对线性调频信号进行幅度加权，但这会导致信号包络起伏，降低发射机的效率。

非线性调频信号通过改变信号的频率扫描速率，在脉冲边沿处提高频率扫描速率，以达到降低信号自相关函数旁瓣高度的目的。与其他降低线性调频信号自相关函数旁瓣高度的方法相比，采用非线性调频技术不会引起信噪比损失，也不会因信号包络变化起伏而造成雷达发射机的功放效率变低，因此其广泛应用在很多雷达系统中。

5.2.1　非线性调频信号模型

非线性调频信号可以建模为

$$s(t) = a(t)\exp[\mathrm{j}\phi(t)] \tag{5-45}$$

式中，$a(t)$ 为信号的包络；$\phi(t)$ 为信号的相位。当信号包络恒定时，式 (5-45) 又可写为

$$s(t) = \mathrm{rect}\left(\frac{t}{T_p}\right)\exp[\mathrm{j}\phi(t)] \tag{5-46}$$

非线性调频信号的相位函数与非线性调频信号的频谱形状有关。将非线性调频信号的频谱函数记作 $S(f)$，即 $S(f)$ 满足

$$S(f) = \int_{-T_p/2}^{T_p/2} \exp[\mathrm{j}\phi(t)]\exp(-\mathrm{j}2\pi ft)\mathrm{d}t \tag{5-47}$$

在设计产生非线性调频信号时，通常会使其频谱形状满足一定的要求，即

$$|S(f)|^2 = W(f) \tag{5-48}$$

为了降低自相关函数的旁瓣，$W(f)$ 可以是汉明、泰勒、余弦和高斯等缓变的窗函数。当 $s(t)$ 的频谱形状满足式 (5-48) 时，它的相位函数可以近似地表示为

$$\phi(t) = 2\pi\int f(t)\mathrm{d}t \tag{5-49}$$

式中，$f(t)$ 为信号的瞬时频率，它是群延迟函数 $T(f)$ 的逆函数，且 $T(f)$ 满足

$$T(f) = K \int W(f) \mathrm{d}f \tag{5-50}$$

其中

$$K = \frac{T_p}{\displaystyle\int_{-B/2}^{B/2} W(x)\mathrm{d}x} \tag{5-51}$$

为进一步说明非线性调频信号的特性，以汉明窗为例，$W(f)$ 的数学表达式为

$$W(f) = 0.54 + 0.46\cos(2\pi f / B) \tag{5-52}$$

其群延迟函数为

$$\begin{aligned}
T(f) &= K \int \big(0.54 + 0.46\cos(2\pi f / B)\big)\mathrm{d}f \\
&= K\left[0.54f + \frac{0.23B\sin(2\pi f / B)}{\pi} \right] + C_0
\end{aligned} \tag{5-53}$$

式中，C_0 为常数。令群延迟函数 $T(f)$ 在 $f=B/2$ 处取值为 $T_p/2$，在 $f=-B/2$ 处取值为 $-T_p/2$，则可以解出

$$K = T_p / (0.54B), \quad C_0 = 0 \tag{5-54}$$

因此 $T(f)$ 可以写为

$$T(f) = T_p \left[B^{-1}f + 0.1356\sin(2\pi f / B) \right] \tag{5-55}$$

该群延时函数如图 5-16(a) 所示，它是 f 的线性函数和正弦函数的组合，其对应的逆函数就是非线性调频函数的瞬时频率，如图 5-16(b) 所示。由于瞬时频率曲线呈现斜 S 形，所以人们又把这种非线性调频信号称为 S 形非线性调频信号。

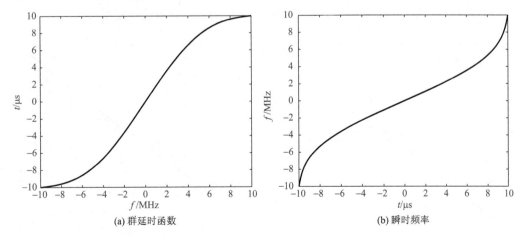

(a) 群延时函数　　　　　　　　　　　　(b) 瞬时频率

图 5-16　具有汉明窗频谱形状的非线性调频函数群延时函数和瞬时频率（T_p =20μs，B=20MHz）

从上面这个例子可以看出，求取非线性调频信号群延时函数的逆函数即信号的瞬时频率是很困难的，这也增加了后续分析的难度。有时即使能给出非线性调频信号的瞬时

频率或者相位函数的解析表达式，但这些函数的高度非线性特性也使得对非线性调频信号特征的分析十分困难。为简单起见，接下来对非线性调频信号的特征分析以数值分析为主。

　　除了图 5-16 中所示的非线性调频信号，英国伯明翰大学 T. Collins 博士还提出采用双曲正弦(sinh)函数和正切(tangent)函数来构造非线性调频信号。当采用双曲正弦函数来构造非线性调频信号时，非线性调频信号的相位函数可以写为

$$\phi(t) = \frac{\pi B T_p}{2k} \frac{\cosh(2kt/T_p)}{\sinh(k)} \tag{5-56}$$

式中，$\cosh(\cdot)$ 为双曲余弦函数；k 为超参数，当 k 值越小时，式中的相位函数越趋近于线性调频信号的相位，当 k 值越大时，它对应的瞬时频率 S 特征也就越明显。式(5-56)对应的瞬时频率函数为

$$f(t) = \frac{B}{2} \frac{\sinh(2kt/T_p)}{\sinh(k)} \tag{5-57}$$

　　当采用正切函数构造非线性调频信号时，非线性调频信号的相位函数可以写为

$$\phi(t) = \frac{\pi B T_p}{4k} \frac{\ln\left[1 + \tan^2(2kt/T_p)\right]}{\tan k} \tag{5-58}$$

它对应的瞬时频率函数为

$$f(t) = \frac{B}{2} \frac{\tan(2kt/T_p)}{\tan k} \tag{5-59}$$

　　采用双曲正弦函数和正切函数构造的非线性调频信号瞬时频率如图 5-17 所示。虽然这两种非线性调频信号具有解析的相位函数表达式，但是它们的自相关函数旁瓣还是偏高。要降低旁瓣高度还是需要引入幅度加窗，但这会导致一定的失配损失。

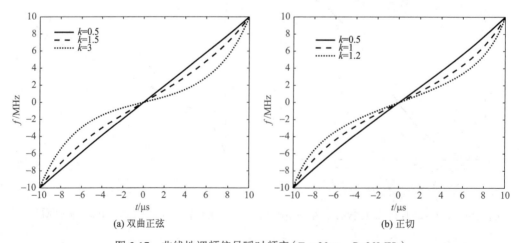

(a) 双曲正弦　　　　　　　　　　　(b) 正切

图 5-17　非线性调频信号瞬时频率(T_p =20μs，B=20MHz)

5.2.2　非线性调频信号特征

1. 时域特征

如图 5-18 所示，非线性调频信号往往也是恒定包络信号。对于一些采用幅度加窗的非线性调频信号，其包络可能存在一些起伏，但起伏一般也不大。此外，由于非线性调频信号频率的连续变化，从信号波形也可以看出信号过零点从密到疏、从疏再到密的变化过程，这对应于非线性调频信号频率绝对值从大到小、从小再到大的变化。

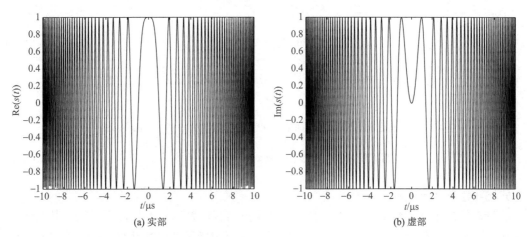

(a) 实部　　　　　　　　　　　　　　　(b) 虚部

图 5-18　非线性调频信号的实部和虚部（T_p =20μs，B=20MHz）

2. 频域特征

对于式(5-45)中的非线性调频信号，它的频谱定义为

$$S(f) = \int_{-\infty}^{\infty} a(t)\exp[j\phi(t)]\exp(-j2\pi ft)dt$$
$$= \int_{-\infty}^{\infty} a(t)\exp[j\theta(t)]dt \qquad (5\text{-}60)$$

式中，$\theta(t) = \phi(t) - 2\pi ft$。

驻定相位原理（Principle of Stationary Phase，也称为逗留相位原理）是评估式(5-60)中复杂积分的有力工具。这里简要解释驻定相位原理，所谓的驻定相位点是指相位变化速率，即频率为 0 的时刻。例如，图 5-16 和图 5-17 中 t=0 都是驻定相位点。驻定相位原理假定相位 $\theta(t)$ 在驻定点附近是缓变的，而在其他点则是快速变化的。驻定相位原理还假设 $a(t)$ 与 $\theta(t)$ 相比是缓变的。基于上述假设，可以得出结论：在信号相位变化快的地方，对积分的贡献几乎为 0。对积分起主要贡献的部分集中在驻定相位点附近，由此可以得到式(5-60)的近似解析解为

$$S(f) \approx \sqrt{\frac{2\pi}{\phi''(t_s)}} a(t_s)\exp\left[j\left(-2\pi ft_s + \phi(t_s) + \frac{\pi}{4} \right) \right] \qquad (5\text{-}61)$$

式中，t_s 为驻定点，它是 f 的函数。

以正线性调频信号为例，有

$$\theta(t) = \pi\gamma t^2 - 2\pi ft \tag{5-62}$$

对应的驻定相位点为

$$\theta'(t) = 2\pi\gamma t - 2\pi f = 0 \Rightarrow t_s = \gamma^{-1}f \tag{5-63}$$

因此，有

$$\sqrt{\frac{2\pi}{\phi''(t_s)}} = \gamma^{-1/2} \tag{5-64}$$

$$a(t_s) = a(\gamma^{-1}f) = \text{rect}\left(\frac{f}{B}\right) \tag{5-65}$$

$$-2\pi ft_s + \phi(t_s) = -2\pi\gamma^{-1}f^2 + \pi\gamma(\gamma^{-1}f)^2 \\ = -\pi\gamma^{-1}f^2 \tag{5-66}$$

综上所述，利用驻定相位原理得到的正线性调频信号的频谱函数为

$$S_1(f) \approx \gamma^{-1/2}\text{rect}\left(\frac{f}{B}\right)\exp\left[-\text{j}\pi\left(\gamma^{-1}f^2 - \frac{1}{4}\right)\right] \tag{5-67}$$

和式(5-14)完全一致。

然而，对于非线性调频函数，求取其驻定点的解析表达式不易，所以对于其频谱分析还需要求助于数值方法。图 5-19 给出了基于汉明窗所设计的非线性调频信号频谱。可以看出，信号频谱能量主要集中在信号中心频率 $\pm B/2$ 以内。另外，虽然该信号频谱形状的变化趋势和汉明窗函数基本一致，但是信号频谱和理想汉明窗函数之间还是存在一定误差的。图 5-20 给出了基于双曲正弦函数和正切函数构造的非线性调频信号频谱。可以看出，这两种非线性调频信号的频谱形状都像经过某种窗函数调制。相比于基于双曲正弦函数构造的非线性调频信号频谱，基于正切函数构造的非线性调频信号频谱滚降速度要略快一些。后面的模糊函数分析结果表明，基于正切函数构造的非线性调频信号自相关函数峰值旁瓣高度要低于基于双曲正弦函数构造的非线性调频信号自相关函数峰值旁瓣高度。

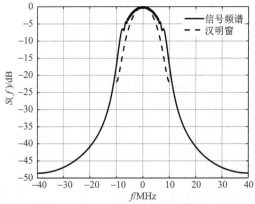

图 5-19　基于汉明窗的非线性调频信号频谱图（T_p=20μs，B=20MHz）

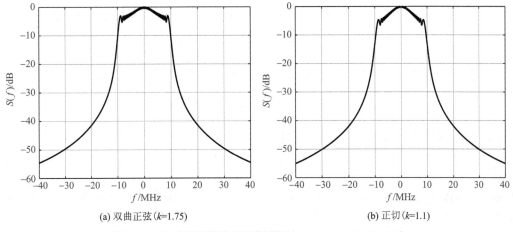

(a) 双曲正弦(*k*=1.75)　　　　　　　(b) 正切(*k*=1.1)

图 5-20　非线性调频信号的频谱图(T_p =20μs，B=20MHz)

3. 时频特征

非线性调频信号的时频特征在 5.2.1 节中论述非线性调频信号模型时已经有所述及。当电子侦察系统侦测到非线性调频信号时,也可以基于 5.1.2 节所述的一阶差分估计法和短时傅里叶变换对非线性调频信号进行时频特征分析。在分析时应该根据侦测信号的质量和现有侦测能力进行综合考虑,从中选择合适的时频特征分析方法。

图 5-21 给出了当侦测到基于汉明窗所设计的非线性调频信号的时频特征曲线,其中假设侦测信号的信噪比很高,分别采用一阶差分估计法和短时傅里叶变换对信号的时频特征进行分析。可以看出,图 5-21 和图 5-16(b)中的理论值非常接近。

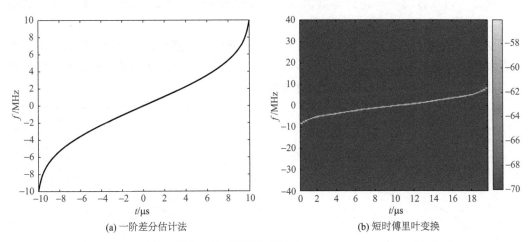

(a) 一阶差分估计法　　　　　　　　(b) 短时傅里叶变换

图 5-21　非线性调频信号的时频特征曲线(T_p =20μs，B=20MHz，汉明窗)

4. 时相特征

对于非线性调频信号,其在 t_k 时刻的相位差为

$$\Delta\phi(t_k) = \phi(t_k) - \phi(t_{k-1})$$

$$= \frac{\phi(t_k) - \phi(t_{k-1})}{t_k - t_{k-1}}(t_k - t_{k-1}) \tag{5-68}$$

假设非线性调频信号的相位函数是光滑可导的，则

$$\frac{\phi(t_k) - \phi(t_{k-1})}{t_k - t_{k-1}} \approx \phi'(t_k) = 2\pi f(t_k) \tag{5-69}$$

因此，非线性调频信号的相位差函数可以写为

$$\Delta\phi(t_k) \approx \frac{2\pi f(t_k)}{f_s} \tag{5-70}$$

它和信号的瞬时频率成正比，和采样频率成反比。对于基于双曲正弦函数构造的非线性调频信号，它的相位差函数可以写为

$$\Delta\phi(t) = \pi B \frac{\sinh(2kt / T_p)}{\sinh(k) f_s} \tag{5-71}$$

如果采样频率为信号带宽的 n 倍，则

$$\Delta\phi(t) = \frac{\pi \sinh(2kt / T_p)}{n \sinh(k)} \tag{5-72}$$

另外，根据双曲正弦函数的单调递增特性，很容易分析出 $\Delta\phi(t)$ 的取值区间为

$$-\frac{\pi}{n} \leqslant \Delta\phi(t) \leqslant \frac{\pi}{n} \tag{5-73}$$

基于正切函数构造的非线性调频信号的相位差函数可以写为

$$\Delta\phi(t) = \frac{\pi \tan(2kt / T_p)}{n \tan k} \tag{5-74}$$

同样，可以得出基于正切函数构造的非线性调频信号相位差函数的取值区间满足式(5-73)。

图 5-22 给出了采用式(5-68)精确计算的基于双曲正弦函数和基于正切函数构造的非线性调频信号时相特征曲线。对比图 5-17 可以看出，其与非线性调频信号瞬时频率具有相同的变化趋势和形状，与理论预测值基本一致。

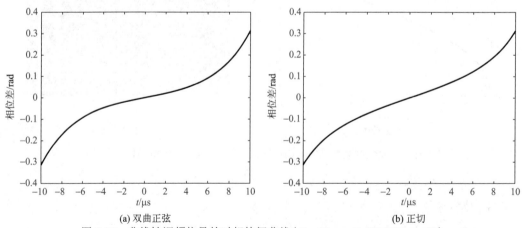

(a) 双曲正弦　　　　　　　　　　　　(b) 正切

图 5-22　非线性调频信号的时相特征曲线（$T_p = 20\mu s$，$B = 20\text{MHz}$，$n = 10$）

5. 模糊函数

由于非线性调频信号的相位项为高度非线性函数，因此对于非线性调频信号的模糊函数分析很难像 5.2.2 节那样给出解析表达式。因此，本小节对于非线性调频信号的模糊函数分析以数值分析为主。

图 5-23 给出了基于汉明窗设计的非线性调频信号模糊函数。可以看出，该非线性调频信号也具有斜刀刃形的模糊函数，因此也具有较好的多普勒容忍性。取图 5-23 中模糊函数在零多普勒的切面，得到该非线性调频信号的自相关函数，如图 5-24 所示。从图 5-24 可以看出，该非线性调频信号的自相关函数峰值旁瓣约为–40dB，远低于线性调频信号的自相关函数峰值旁瓣(约为–13.5dB)。同时，也可以看出，非线性调频信号的第一零点出现在 0.1μs 处，而线性调频信号的第一零点出现在 0.05μs。因此，相比于线性调频信号，非线性调频信号的主瓣有所展宽，即脉冲压缩比小于线性调频信号，或者说同等带宽的条件下，非线性调频信号的距离分辨能力没有线性调频信号好。这些都是为了降低信号自相关函数峰值旁瓣所需要付出的代价。

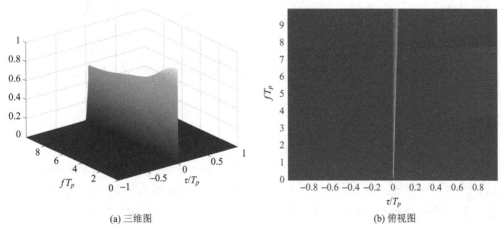

(a) 三维图　　　　　　　　　　　(b) 俯视图

图 5-23　基于汉明窗设计的非线性调频信号模糊函数 (T_p =20μs，B=20MHz)

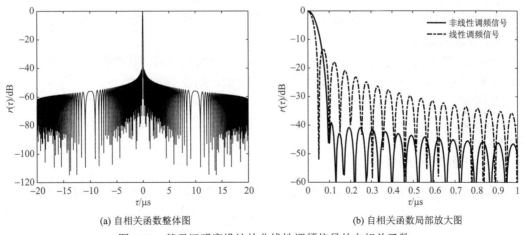

(a) 自相关函数整体图　　　　　　　　(b) 自相关函数局部放大图

图 5-24　基于汉明窗设计的非线性调频信号的自相关函数

图 5-25 绘制了基于双曲正弦函数和正切函数设计的非线性调频信号的自相关函数。从中可以看出，基于双曲正弦函数设计的非线性调频信号的自相关函数峰值旁瓣为–20.8dB，第一零点位于 0.07μs 处；基于正切函数设计的非线性调频信号的自相关函数峰值旁瓣为–23.16dB，第一零点位于 0.085μs 处。因此，相比于基于双曲正弦函数设计的非线性调频信号，基于正切函数设计的非线性调频信号的自相关函数峰值旁瓣更低，距离分辨率也更差。

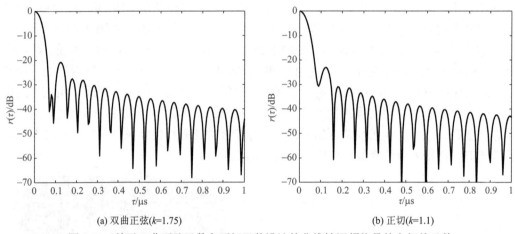

(a) 双曲正弦(k=1.75)　　(b) 正切(k=1.1)

图 5-25　基于双曲正弦函数和正切函数设计的非线性调频信号的自相关函数

5.2.3　非线性调频信号分析方法

在分析研判非线性调频信号的调制类型时，应从信号波形、频谱、时频特征以及模糊函数四个方面对信号进行综合分析。需要指出的是，非线性调频信号的波形特征、模糊函数特征与线性调频信号类似，二者不易区分。区分线性调频信号与非线性调频信号，应着重从信号的时频特征曲线入手。简单来说，线性调频信号的频率随着时间呈线性变化，而非线性调频信号的频率随着时间呈非线性变化，并主要呈现出"中间慢、两端快"的 S 形变化特点。此外，还可以结合频谱特征区分线性调频信号与非线性调频信号，这是因为线性调频信号的频谱响应在通带比较平坦，而非线性调频信号的频谱在通带就像受到某种窗函数的调制。

当确定信号为非线性调频信号后，可以进一步分析信号的调制参数等，其带宽、距离分辨率和压缩比的分析方法和线性调频信号类似，此处不再赘述。

相位编码信号分析

5.3　相位编码信号分析

5.3.1　相位编码信号模型

相位编码信号指的是由 L 个等宽度的子脉冲合成的雷达信号，它通常可以建模为

$$s(t) = \sum_{m=1}^{L} s_m \text{rect}\left[\frac{t-(m-1)t_b}{t_b}\right] \tag{5-75}$$

式中，$s_m = \exp(\mathrm{j}\phi_m)$ 为子码 m 的编码；t_b 为每个子码的脉冲宽度（t_b 的倒数称为相位编码信号的码速率），故 $T_p = L t_b$ 为相位编码信号的脉冲宽度。因此，分析相位编码信号时，关心的主要参数包括编码序列 $\{s_m\}_{m=1}^{L}$、码元宽度 t_b 和脉冲宽度 T_p。

比较常见的相位编码信号包括二相编码信号和四相编码信号。

1. 二相编码信号

对于二相编码信号，子码相位 ϕ_m 属于如下集合：

$$\phi_m \in \{0, \pi\} \tag{5-76}$$

对应于子码编码，为

$$s_m \in \{1, -1\} \tag{5-77}$$

1）巴克码

巴克码（Barker Code）是一种在雷达系统中应用非常广泛的二相编码信号。巴克码的非周期自相关函数满足以下性质：

$$|r(n)| = |r(-n)| = \left| \sum_{m=1}^{L-n} s_m s_{m+n} \right| \leqslant 1, \quad n > 0 \tag{5-78}$$

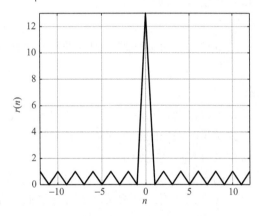

一般来说，巴克码的非周期自相关函数在零点以外的取值只有两种：1 或者 –1。以 13 位巴克码为例，它的非周期自相关函数如图 5-26 所示，可以看出 13 位巴克码的峰值旁瓣高度为 1。

表 5-1 列出了所有已知的巴克码序列。需要注意的是，将表中巴克码序列的符号互换或者编码次序完全颠倒，得到的仍然是巴克码序列，例如，7 位巴克码序列 1,1,1,–1,–1,1,–1，将符号互换所得的序列 –1,–1,–1,1,1,–1,1 或者次序颠倒后得到的序列

图 5-26　13 位巴克码的自相关函数

–1,1,–1,–1,1,1,1 均为巴克码序列。另外，截至目前，尚未找到编码长度超过 13 位的巴克码，即 $L>13$ 的二相编码序列均不满足式(5-78)中的性质。

表 5-1　所有已知的巴克码序列

码长	编码序列
2	1,–1 或者 1,1
3	1,1,–1
4	1,1,1,–1 或者 1,1,–1,1
5	1,1,1,–1,1
7	1,1,1,–1,–1,1,–1
11	1,1,1,–1,–1,–1,1,–1,–1,1,–1
13	1,1,1,1,1,–1,–1,1,1,–1,1,–1,1

2）m序列

m序列又称为最长线性反馈寄存器序列（Maximal Length Linear Feedback Shift Register Sequence），它的产生原理如图5-27所示，其中第k个寄存器的状态记作a_k。

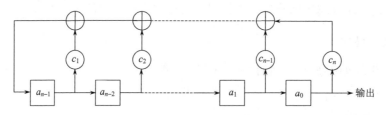

图5-27　m序列原理方框图

根据图5-27，左端输入a_n满足以下关系：

$$a_n = \sum_{i=1}^{n} c_i a_{n-i} \tag{5-79}$$

产生a_n后将a_0移位输出，并将输出为0的码字映射为–1。对于n位的寄存器序列，m序列的长度为

$$L = 2^n - 1 \tag{5-80}$$

m序列具有近乎理想的周期自相关函数，在这里周期自相关函数定义为

$$r(n) = r(-n) = \sum_{m=1}^{L} s_m s_{(m+n) \bmod L}, \quad n \geqslant 0 \tag{5-81}$$

可以证明，m序列的周期自相关函数满足$|r(n)|=1$。另外，给定序列长度L，存在若干组满足$|r(n)|=1$的m序列。m序列比较适合用作连续波雷达的发射信号，其在通信系统中也有着广泛的应用。

图5-28给出了码长$L=31$的m序列的周期自相关函数和非周期自相关函数。可以看出，m序列的周期自相关函数旁瓣很低，而其非周期自相关函数旁瓣相对较高。

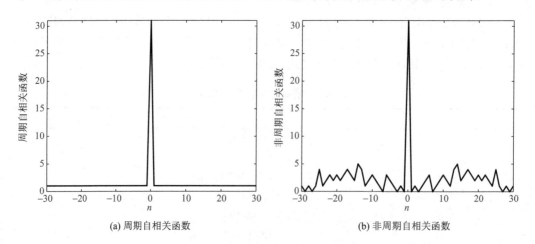

(a) 周期自相关函数　　　　　　　(b) 非周期自相关函数

图5-28　31位m序列的自相关函数

3）Gold 序列

Gold 序列是 R. Gold 在 1967 年基于 m 序列所构造的二相编码序列。给定码长，可以构造多组 Gold 序列。当码长相同时，不同 Gold 序列之间的互相关特性要优于 m 序列，但周期自相关特性要劣于 m 序列。图 5-29 给出了长度 $L=127$ 的 Gold 序列的周期自相关函数。可以看出，Gold 序列的周期自相关函数旁瓣要比 m 序列高很多。

4）补偿勒让德序列

补偿勒让德序列的构造方法如下：取码长为质数 n 的勒让德序列 $X = (x_0, x_1, \cdots, x_{L-1})$，其第 i 个码元满足

$$x_i = \left(\frac{i}{L}\right), \quad 0 \leqslant i < L \tag{5-82}$$

式中，(i/L) 为勒让德符号，即若存在某个 x 使 $x^2 \equiv i (\mathrm{mod}\,L)$，则 $x_i = 1$；若不存在，则 $x_i = -1$。

补偿勒让德序列 $X_r = (s_0, s_1, \cdots, s_{L-1})$ 的构造源于勒让德序列，其满足

$$s_i = x_{(i+[rL])\,\mathrm{mod}\,L}, \quad 0 \leqslant i < L \tag{5-83}$$

式中，[ ] 表示向下取整。

图 5-30 给出了 31 位补偿勒让德序列的非周期自相关函数，其自相关函数的峰值旁瓣为 4。

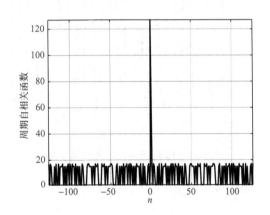

图 5-29　127 位 Gold 序列的周期自相关函数　　　图 5-30　31 位补偿勒让德序列的非周期自相关函数

2. 四相编码信号

对于四相编码信号，子码相位 φ_m 属于如下集合：

$$\varphi_m \in \{0, \pi/2, \pi, 3\pi/2\} \tag{5-84}$$

对应的子码编码为

$$s_m \in \{1, \mathrm{j}, -1, -\mathrm{j}\} \tag{5-85}$$

相比于二相编码信号，已知的具有良好特性的四相编码信号并不多。比较著名的四相编码信号包括 16 位 Frank 序列，它的相位序列满足

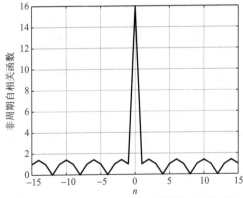

图 5-31 16 位 Frank 序列的非周期自相关函数

$$\varphi_{n,k} = \frac{\pi}{2}(n-1)(k-1) \tag{5-86}$$

式中，$1 \leq n$，$k \leq 4$。因此，16 位 Frank 序列满足

$$\{s_m\} = [1,1,1,1,1,\mathrm{j},-1,-\mathrm{j},1,-1,1,-1,1,-\mathrm{j},-1,\mathrm{j}] \tag{5-87}$$

图 5-31 给出了 16 位 Frank 序列的非周期自相关函数，其峰值旁瓣约为 1.414。

5.3.2 相位编码信号特征

1. 时域特征

如图 5-32 所示，相位编码信号是恒包络信号。在码元宽度的整数倍，码序列若发生变化，则信号相位也会出现突变，相应地会使信号波形的变化趋势看起来被突然中断。这一特点也是后续分析相位编码信号时相特征和编码序列的基础。

2. 频域特征

利用 δ 函数的性质，式(5-75)中的相位编码信号可以重写为

$$s(t) = s_1(t) * s_2(t) \tag{5-88}$$

式中

$$s_1(t) = \mathrm{rect}\left(\frac{t}{t_b}\right) \tag{5-89}$$

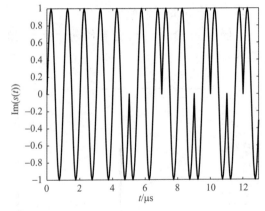

图 5-32 13 位巴克码信号波形虚部

为矩形窗函数；

$$s_2(t) = \sum_{m=1}^{L} s_m \delta(t - (m-1)t_b) \tag{5-90}$$

因此，相位编码信号的频谱满足

$$S(f) = S_1(f)S_2(f) \tag{5-91}$$

式中，$S_1(f)$ 和 $S_2(f)$ 分别为 $s_1(t)$ 和 $s_2(t)$ 的傅里叶变换。

根据傅里叶变换的相关性质，可以求出

$$S_1(f) = \int_{-\infty}^{\infty} s_1(t)\mathrm{e}^{-\mathrm{j}2\pi ft}\mathrm{d}t = \int_{-t_b/2}^{t_b/2} \mathrm{e}^{-\mathrm{j}2\pi ft}\mathrm{d}t = t_b \,\mathrm{sinc}(ft_b) \tag{5-92}$$

$$S_2(f) = \sum_{m=1}^{L} s_m \exp\left[-\mathrm{j}2\pi(m-1)ft_b\right] \tag{5-93}$$

因此，相位编码信号的频谱可以写为

$$S(f) = t_b \operatorname{sinc}(ft_b) \sum_{m=1}^{L} s_m \exp\left[-\mathrm{j}2\pi(m-1)ft_b\right] \tag{5-94}$$

有时也使用相位编码序列的自相关函数来表示其频谱。为此，注意到

$$
\begin{aligned}
\left|S_2(f)\right|^2 &= \left|\sum_{m=1}^{L} s_m \exp\left[-\mathrm{j}2\pi(m-1)ft_b\right]\right|^2 \\
&= \sum_{m=1}^{L} s_m \exp\left[-\mathrm{j}2\pi(m-1)ft_b\right] \sum_{n=1}^{L} s_n^* \exp\left[\mathrm{j}2\pi(n-1)ft_b\right] \\
&= \sum_{m=1}^{L}\sum_{n=1}^{L} s_m s_n^* \exp\left[-\mathrm{j}2\pi(m-n)ft_b\right]
\end{aligned}
\tag{5-95}
$$

定义变量 $k=m-n$，则式 (5-95) 可以写成

$$
\begin{aligned}
\left|S_2(f)\right|^2 &= \sum_{k=0}^{L-1}\sum_{n=1}^{L-k} s_{n+k} s_n^* \exp(-\mathrm{j}2\pi kft_b) + \sum_{k=-(L-1)}^{-1}\sum_{n=-k+1}^{L} s_{n+k} s_n^* \exp(-\mathrm{j}2\pi kft_b) \\
&= \sum_{k=0}^{L-1}\sum_{n=1}^{L-k} s_{n+k} s_n^* \exp(-\mathrm{j}2\pi kft_b) + \sum_{k=-(L-1)}^{-1}\sum_{n=1}^{L+k} s_n s_{n-k}^* \exp(-\mathrm{j}2\pi kft_b) \\
&= \sum_{k=0}^{L-1} \exp(-\mathrm{j}2\pi kft_b)\left(\sum_{n=1}^{L-k} s_{n+k} s_n^*\right) + \sum_{k=-(L-1)}^{-1} \exp(-\mathrm{j}2\pi kft_b)\left(\sum_{n=1}^{L+k} s_n s_{n-k}^*\right) \\
&= \sum_{k=-(L-1)}^{L-1} r(-k)\exp(-\mathrm{j}2\pi kft_b) = \sum_{k=-(L-1)}^{L-1} r(k)\exp(\mathrm{j}2\pi kft_b)
\end{aligned}
\tag{5-96}
$$

因此，相位编码信号的频谱又可以写为

$$S(f) = t_b \operatorname{sinc}(ft_b)\left[\sum_{k=-(L-1)}^{L-1} r(k)\exp(\mathrm{j}2\pi kft_b)\right]^{\frac{1}{2}} \tag{5-97}$$

图 5-33 给出了 13 位巴克码信号的频谱，其中信号脉冲宽度为 13μs，即码元宽度为 1μs。从图中可以看出，相位编码信号的频谱主瓣宽度约为 $1/t_b$，这是相位编码信号频域能量最集中的地方。因此，给定相位编码信号码元宽度，其带宽可以用式(5-98)近似：

$$B \approx \frac{1}{t_b} \tag{5-98}$$

对应的信号压缩比为

$$D = BT_p \approx L \tag{5-99}$$

即约等于码元序列的长度。

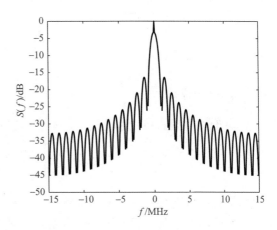

图 5-33　13 位巴克码信号的频谱图(t_b=1μs)

3. 时频特征

从理论上讲，相位编码信号的频率基本不会随着时间变化，即瞬时频率在时频平面应该为水平直线。只有在相位编码信号编码序列发生变化的地方，信号存在相位突变，使得信号产生较大的瞬时频率。准确地说，对于零中频二相编码信号，如果信号的采样频率为 f_s，则在相位突变点估计得出的瞬时频率为

$$\left|\hat{f}\right| = \left|\frac{\Delta\phi f_s}{2\pi}\right| = \frac{f_s}{2} \tag{5-100}$$

即采样频率的一半。图 5-34(a)给出了采用一阶差分估计法得出的 13 位巴克码信号的时频特征曲线，其中信号采样频率为 30MHz。可以看出，在相位突变点处估计得到的瞬时频率为 15MHz，和式(5-100)中的理论分析完全一致。图 5-34(b)给出了采用短时傅里叶变换法对 13 位巴克码时频特征分析的结果。可以看出，在相位未突变处，信号频率集中在零频附近；而在相位发生突变的地方，信号的频谱会沿着频谱中心往两端扩散，即存在相对高频的成分。

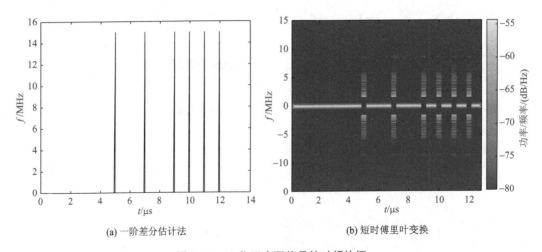

(a) 一阶差分估计法　　　　　　　　　　　(b) 短时傅里叶变换

图 5-34　13 位巴克码信号的时频特征

4. 时相特征

对于零中频的相位编码信号，不难得出两个相邻采样时刻信号的相位差为

$$\Delta\phi(t_k) = \begin{cases} \arg\left(s_{m+1}s_m^*\right), & t_k = mt_b \\ 0, & t_k \neq mt_b \end{cases} \tag{5-101}$$

即相位差仅可能在码元宽度的整数倍不为 0。

另外，如果两个相邻码元采用完全相同的编码序列，则

$$\arg\left(s_{m+1}s_m^*\right) = \arg\left(s_m s_m^*\right) = \arg\left(\left|s_m\right|^2\right) = 0 \tag{5-102}$$

即此时相位也不会发生变化。

　　图 5-35(b)给出了 13 位巴克码信号的时相特征曲线。为方便对照，图 5-35(a)给出了相应的信号波形，可以看出在 5μs、7μs、9μs、10μs、11μs、12μs 处均存在相位变化，与 13 位巴克码的编码序列变化趋势完全一致。另外，图 5-36 给出了 16 位 Frank 码的时相特征曲线，从图中不仅可以观察到发生相位突变的时刻，也可以观察到下一个码元相对上一个码元所发生的相位变化大小包括 0°、90°、180°、−90°等值。

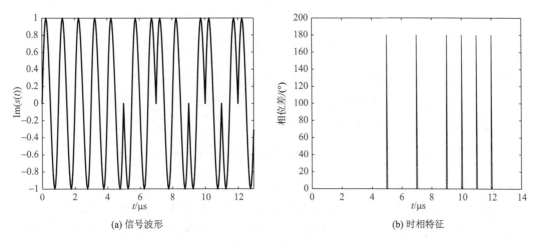

（a）信号波形　　　　　　　　　　　（b）时相特征

图 5-35　13 位巴克码信号的信号波形与时相特征曲线

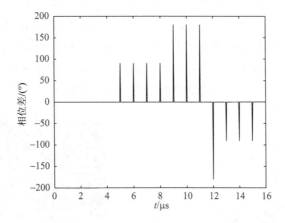

图 5-36　16 位 Frank 码的时相特征曲线

5. 模糊函数

相位编码信号的模糊函数定义为

$$\left|\chi(\tau,v)\right|=\left|\int_{-\infty}^{\infty}s(t)s^*(t+\tau)\exp(\mathrm{j}2\pi vt)\mathrm{d}t\right| \tag{5-103}$$

将式(5-75)中的信号模型代入式(5-103)，可得

$$\begin{aligned}\left|\chi(\tau,v)\right| &= \left|\int_{-\infty}^{\infty}\sum_{m=1}^{L}s_m\mathrm{rect}\left[\frac{t-(m-1)t_b}{t_b}\right]\sum_{n=1}^{L}s_n^*\mathrm{rect}\left[\frac{t+\tau-(n-1)t_b}{t_b}\right]\exp(\mathrm{j}2\pi vt)\mathrm{d}t\right| \\ &= \left|\sum_{m=1}^{L}\sum_{n=1}^{L}s_m s_n^*\int_{-\infty}^{\infty}\mathrm{rect}\left[\frac{t-(m-1)t_b}{t_b}\right]\mathrm{rect}\left[\frac{t+\tau-(n-1)t_b}{t_b}\right]\exp(\mathrm{j}2\pi vt)\mathrm{d}t\right| \\ &= \left|\sum_{m=1}^{L}\sum_{n=1}^{L}s_m s_n^*\exp(\mathrm{j}2\pi vmt_b)\int_{-\infty}^{\infty}\mathrm{rect}\left[\frac{t}{t_b}\right]\mathrm{rect}\left[\frac{t+\tau-(n-m)t_b}{t_b}\right]\exp(\mathrm{j}2\pi vt)\mathrm{d}t\right|\end{aligned} \tag{5-104}$$

令

$$\chi_{\mathrm{rect}}(\tau,v)=\int_{-\infty}^{\infty}\mathrm{rect}\left[\frac{t}{t_b}\right]\mathrm{rect}\left[\frac{t+\tau}{t_b}\right]\exp(\mathrm{j}2\pi vt)\mathrm{d}t \tag{5-105}$$

为宽度为 t_b 的矩形脉冲的模糊函数,它的解析表达式可以写为

$$\chi_{\mathrm{rect}}(\tau,v)=\exp(-\mathrm{j}\pi v\tau)(t_b-|\tau|)\mathrm{sinc}(\pi v(t_b-|\tau|)),\quad|\tau|\leqslant t_b \tag{5-106}$$

因此,式(5-104)又可以写成

$$\left|\chi(\tau,v)\right|=\left|\sum_{m=1}^{L}\sum_{n=1}^{L}s_m s_n^*\exp(\mathrm{j}2\pi vmt_b)\chi_{\mathrm{rect}}(\tau-(n-m)t_b,v)\right| \tag{5-107}$$

即相位编码信号的模糊函数取值取决于其编码序列。

图 5-37 和图 5-38 分别给出了 13 位巴克码信号和 127 位补偿勒让德序列的模糊函数,可以看出巴克码信号和补偿勒让德序列的模糊函数形状不同于线性调频信号的模糊函数,它们在原点呈现尖锐的单峰,然后迅速下降。在雷达信号理论中,通常把这一类模糊函数称为图钉形模糊函数。具有图钉形模糊函数的信号又称为多普勒敏感信号,这种类型的信号不存在距离多普勒耦合,常常用于目标径向速度不高的场合。在这种场合中,目标回波在雷达信号脉内的相移比较小,可以忽略,直接进行匹配滤波引起的损失也不大。当目标径向速度很高时,如果需要使用这类相位编码信号对目标进行检测和参数估计,接收机端应该采用多路匹配滤波器来抵消目标多普勒的影响。

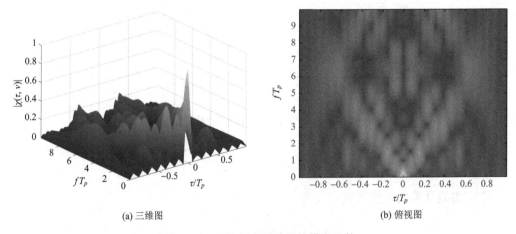

(a) 三维图　　　　　　　　　　　　　(b) 俯视图

图 5-37　13 位巴克码信号的模糊函数

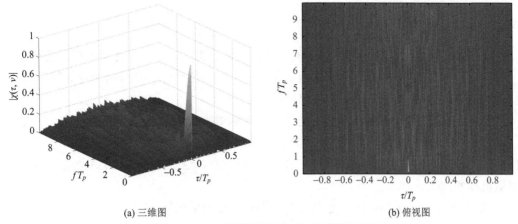

(a) 三维图　　　　　　　　　　　　　(b) 俯视图

图 5-38　127 位补偿勒让德序列的模糊函数

相位编码信号的模糊函数在零多普勒切面的表达式为

$$\left|r(\tau)\right|=\left|\chi(\tau,0)\right|=\left|\sum_{m=1}^{L}\sum_{n=1}^{L}s_m s_n^*\chi_{\text{rect}}(\tau-(n-m)t_b,0)\right| \tag{5-108}$$

式中

$$\chi_{\text{rect}}(\tau-(n-m)t_b,0)=\begin{cases}t_b-\left|\tau-(n-m)t_b\right|, & \left|\tau-(n-m)t_b\right|<t_b\\0, & \left|\tau-(n-m)t_b\right|\geqslant t_b\end{cases} \tag{5-109}$$

将延时写成

$$\tau=kt_b+\eta \tag{5-110}$$

式中，$0\leqslant\eta<t_b$。因此，当且仅当

$$n=m+k \quad \text{或} \quad n=m+k+1 \tag{5-111}$$

时，式 (5-109) 取值非零。假设 $k>0$，则式 (5-108) 又可以写成

$$\left|\chi(kt_b+\eta,0)\right|=\left|(t_b-\eta)\sum_{m=1}^{L-k}s_m s_{m+k}^* +\eta\sum_{m=1}^{L-k}s_m s_{m+k+1}^*\right| \tag{5-112}$$

$$=\left|(t_b-\eta)r(k)+\eta r(k+1)\right|$$

从式 (5-112) 可以看出，对于相位编码信号，其信号的自相关函数可以由编码序列的自相关函数线性插值得到。

图 5-39 给出了 13 位巴克码信号的自相关函数，其中信号脉冲宽度为 13μs。可以看出，它的峰值旁瓣比为

$$-20\lg 13\approx-22.3(\text{dB}) \tag{5-113}$$

它的主瓣宽度约为 1μs，等于码元宽度 t_b，故相位编码信号的距离分辨率为

$$\Delta R=\frac{ct_b}{2} \tag{5-114}$$

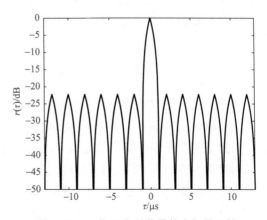

图 5-39　13 位巴克码信号的自相关函数

5.3.3 相位编码信号分析方法

在研判分析相位编码信号的调制类型时，应注意把握以下四个方面的信号特征。

(1) 观察时域波形特征，看波形是否恒包络，如果能获得相位编码信号的基带波形，应当注意观察到基带波形在码元变化处包络有中断。

(2) 观察信号频谱，看波形频谱是否为受到调制的 sinc 函数，通带以外衰减较快。

(3) 认真分析信号的时相特征，观察码元变化处相位差取值是否存在突变，并根据相位差取值特点确定是二相编码信号还是四相编码信号，这也是研判相位编码信号调制类型最重要的依据。

(4) 分析信号的模糊函数，看其是否为图钉形模糊函数。

当确定信号为相位编码信号后，应进一步分析相位编码信号的码元宽度、编码序列、带宽、距离分辨率和压缩比等参数。

相位编码信号的码元宽度分析可以建立在信号的时相特征分析基础之上。当分析得到相位编码信号的相位突变点后，假设相位突变点共有 K 个，将这些相位突变点对应的时刻分别记为 t_1，t_2，$\cdots$，t_K，把这 K 个时刻中相邻的两个时刻两两相减得到时刻差，即

$$\Delta t_m = t_m - t_{m-1}, \quad m = 1, 2, \cdots, K \tag{5-115}$$

式中，$t_0 = 0$。

可以通过以下几种方法估计相位编码信号的码元宽度。

(1) 取时刻差之中的最小值作为码元宽度的估计。例如，对于图 5-35(b) 中的时相特征曲线，相位突变点共有 6 个，分别为 5μs、7μs、9μs、10μs、11μs、12μs。将其两两相减，得到 6 个时刻差：5μs、2μs、2μs、1μs、1μs、1μs。其中最小者为 1μs，则码元宽度为 1μs。

(2) 取所有时刻差的最大公约数作为码元宽度的估计。例如，对于图 5-35(b) 中的时相特征曲线，时刻差：5μs、2μs、2μs、1μs、1μs、1μs 的最大公约数为 1μs，则相位编码信号的码元宽度为 1μs。

当分析得到相位编码信号的码元宽度后，很容易计算得到编码序列的长度 L：

$$L = \frac{T}{t_b} \tag{5-116}$$

编码序列的长度即相位编码信号的压缩比。另外，根据分析得到的码元宽度，还可以根据式(5-98)、式(5-114)得到信号的带宽和距离分辨率。

接下来介绍相位编码信号编码序列的分析方法，并以最常见的二相编码信号和四相编码序列为例说明编码序列的分析方法。

对于二相编码信号，它的编码序列分析算法如表 5-2 所示，其中[·]代表取整运算。

表 5-2　二相编码信号编码序列分析算法

输入：相位突变点时刻 t_1，t_2，$\cdots$，t_K，码元宽度 t_b，编码长度 L。
输出：编码序列 s_1，s_2，$\cdots$，s_L。
计算
$$n_k = [t_k / t_b], \quad k = 1, 2, \cdots, K$$
初始化：s_1=1，k=1。
FOR l = 2 TO L
　　IF $l \leqslant n_k$
　　　　　$s_l = s_{l-1}$
　　ELSE
　　　　　$s_l = s_{l-1} \oplus 1$
　　　　　k=k+1
　　END IF
END FOR
$s_l = 2(s_l - 0.5)$

下面利用表 5-2 中的算法和图 5-35（b）中的时相特征曲线来分析图中的编码序列。根据图 5-35（b），相位突变点共有 6 个，所在的位置分别为 5μs、7μs、9μs、10μs、11μs、12μs，码元宽度为 1μs，因此有

$$\{n_k\}_{k=1}^6 = \{5, 7, 9, 10, 11, 12\} \tag{5-117}$$

对于前 5 个码，$l \leqslant n_1$，未发生相位突变，因此有

$$\{s_k\}_{k=1}^5 = \{1, 1, 1, 1, 1\} \tag{5-118}$$

对于第 l=6 个码元，已经满足

$$l > n_1 \tag{5-119}$$

因此，有

$$s_6 = s_5 \oplus 1 = 0 \tag{5-120}$$

此时切换到 n_2。对于第 7 个码元，满足 $l \leqslant n_2$，故

$$s_7 = s_6 = 0 \tag{5-121}$$

类似地，可以推算剩下的码元序列：

$$s_9 = s_8 = s_7 \oplus 1 = 1 \tag{5-122}$$

$$s_{10} = s_9 \oplus 1 = 0 \tag{5-123}$$

$$s_{11} = s_{10} \oplus 1 = 1 \tag{5-124}$$

$$s_{12} = s_{11} \oplus 1 = 0 \tag{5-125}$$

$$s_{13} = s_{12} \oplus 1 = 1 \tag{5-126}$$

将其中的 0 码映射为–1，1 码保持不变，便可以得到编码序列：

$$\{s_m\}_{m=1}^{13} = \{1, 1, 1, 1, 1, -1, -1, 1, 1, -1, 1, -1, 1\} \tag{5-127}$$

上述编码序列的分析过程也可参照表 5-3。

表 5-3　二相编码信号编码序列分析过程

l	k	n_k	$l \leqslant n_k$	s_l
1	1	5	是	1
2	1	5	是	1
3	1	5	是	1
4	1	5	是	1
5	1	5	是	1
6	2	5	否	0
7	2	7	是	0
8	3	7	否	1
9	3	9	是	1
10	4	9	否	0
11	5	10	否	1
12	6	11	否	0
13	—	12	否	1

对于四相编码信号，假设相位差只存在四种情况：$-180°$，$-90°$，$90°$，$180°$。它的编码序列分析算法见表 5-4。

表 5-4　四相编码信号码元序列分析算法

输入：相位突变点时刻 t_1, t_2, ⋯, t_K，码元宽度 t_b，编码长度 L。

输出：编码序列 s_1, s_2, ⋯, s_L。

计算

$$n_k = [t_k / t_b], \quad k = 1, 2, \cdots, K$$

初始化：s_1=1，k=1。

FOR $l = 2$ TO L

　　IF $l \leqslant n_k$

　　　　$s_l = s_{l-1}$

　　ELSE

　　　　$\Delta\phi = -180° : s_l = (s_{l-1} - 2) \bmod 4$

　　　　$\Delta\phi = -90° : s_l = (s_{l-1} - 1) \bmod 4$

　　　　$\Delta\phi = 90° : s_l = (s_{l-1} + 1) \bmod 4$

　　　　$\Delta\phi = 180° : s_l = (s_{l-1} + 2) \bmod 4$

　　　　$k=k+1$

　　END IF

END FOR

$s_l = \mathrm{j}^{(s_l - 1)}$

利用表 5-4 中的分析算法和图 5-36 中的时相特征曲线来分析编码序列。

根据图 5-36，信号相位发生突变的时刻共有 11 个，分别为 5～15μs，可以从中得出码元宽度为 1μs。因此，有

$$\{n_k\}_{k=1}^{11} = \{5,6,7,8,9,10,11,12,13,14,15\} \tag{5-128}$$

对应的相位差为

$$\{\Delta\phi_k\}_{k=1}^{11} = \{90°,90°,90°,90°,180°,180°,180°,-180°,-90°,-90°,-90°\} \tag{5-129}$$

利用表 5-4 中的算法进行分析，其分析过程见表 5-5，很容易得到图 5-36 中四相编码信号的编码序列为

$$\{s_m\}_{m=1}^{16} = \{1,1,1,1,1,j,-1,-j,1,-1,1,-1,1,-j,-1,j\} \tag{5-130}$$

正是 16 位 Frank 序列。

表 5-5　四相编码信号编码序列分析过程

l	k	n_k	$l \leqslant n_k$	$\Delta\phi$	s_l	映射后
1	1	5	是	—	1	1
2	1	5	是	—	1	1
3	1	5	是	—	1	1
4	1	5	是	—	1	1
5	1	5	是	—	1	1
6	2	5	否	90°	2	j
7	3	6	否	90°	3	−1
8	4	7	否	90°	0	−j
9	5	8	否	90°	1	1
10	6	9	否	180°	3	−1
11	7	10	否	180°	1	1
12	8	11	否	180°	3	−1
13	9	12	否	−180°	1	1
14	10	13	否	−90°	0	−j
15	11	14	否	−90°	3	−1
16	12	15	否	−90°	2	j

最后需要指出的是，相位编码信号的编码序列一般都经过精心设计来实现某种用途。例如，经过优化设计的编码序列一般都具有较低的自相关函数旁瓣。因此，当分析得到相位编码信号的编码序列后，还应当计算其自相关函数，判断自相关函数的旁瓣高度是否能够满足雷达设计需求。如果计算所得的自相关函数旁瓣较高，则应当仔细甄别所得的编码序列是否存在误码。

5.4　频率编码信号分析

5.4.1　频率编码信号模型

频率编码信号同样由 L 个等宽的子码合成。不同于相位编码信号，频率编码不同子码对应着不同的频率，即频率编码信号每个子码的相位不再恒定，而是连续变化的。频

率编码信号的数学表达式可以写作

$$s(t) = \sum_{m=0}^{L-1} \exp\big(\mathrm{j}2\pi f_m(t - mt_b)\big)\,\mathrm{rect}\!\left[\frac{t - mt_b}{t_b}\right] \tag{5-131}$$

式中，L 为频率编码的个数；f_m 为子码 m 的频率。子码频率 $f_0, f_1, \cdots, f_{L-1}$ 的取值区间为 $\{n_1\Delta f, n_2\Delta f, \cdots, n_L\Delta f\}$，$\{n_1, n_2, \cdots, n_L\}$ 为 $\{1, 2, \cdots, L\}$ 中的一个排列，Δf 的典型值为 $1/t_b$。不难得出，当给定子码频率 $f_0, f_1, \cdots, f_{L-1}$ 时，这些频率的不同组合数共有 $L!$ 个。

　　Costas 频率编码信号是比较知名的频率编码信号。Costas 频率编码信号各子码具有的特定的排定关系使得其满足某些性质。图 5-40 给出了 $L=7$ 时 Costas 频率编码信号时频关系示意图，图中黑色圆圈代表某个码片所对应的频率。可以看出，每一个码片仅对应一个频率，相互之间不重复。Costas 频率编码信号一个最显著的特性是时移频移几乎不重叠特性，对于图 5-40 所示的 Costas 频率编码信号时频关系示意图，如果将时频平面向左/右/上/下移动整数个单元格，移动前后的时频平面重叠不会超过一个格子，如图 5-41（a）所示。与之形成对比的是线性调频信号的时频关系图，若将线性调频信号的时频平面沿着对角线移动，时频格子重复得较多，如图 5-41（b）所示。将时频平面向左右移动视作变化信号的时延，向上下移动视作变化信号的多普勒频移。从时频平面的这种特性就很容易解释线性调频信号具有斜刀刃形模糊函数的原因。以此类比，就可推断出 Costas 频率编码信号具有图钉形模糊函数。

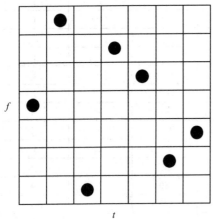

图 5-40　Costas 频率编码信号时频关系示意图

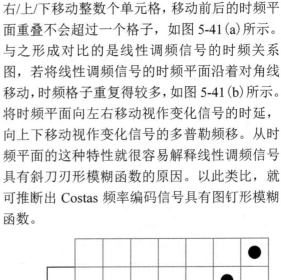
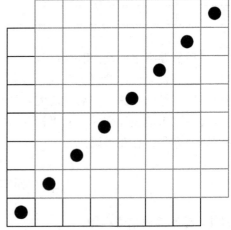

(a) Costas 频率编码信号　　　　　　　　(b) 线性调频信号

图 5-41　两种频率调制信号的对比示意图

5.4.2 频率编码信号特征

1. 时域特征

图 5-42 给出了 Costas 频率编码信号的波形示意图(为方便起见,将频率编码信号整体向右平移 0.5μs),其中脉冲宽度 T_p=7μs,每个子码的脉冲宽度为 t_b=1μs,频率编码方式分别为[4,7,1,6,5,2,3]MHz。可以看出,频率编码信号是恒包络信号。另外,可以看出频率编码基带信号均匀地震荡了[4,7,1,6,5,2,3]个周期。由于在每个子码内的信号频率相同,因此子码内信号过零点的疏密程度是相同的。

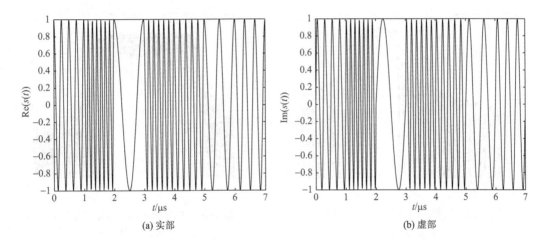

(a) 实部　　　　　　　　　　　　　(b) 虚部

图 5-42　Costas 频率编码信号的波形示意图(T_p=7μs,B=7MHz)

2. 频域特征

频率编码信号的傅里叶变换定义为

$$
\begin{aligned}
S(f) &= \int_{-\infty}^{\infty} s(t)\exp(-\mathrm{j}2\pi ft)\mathrm{d}t \\
&= \sum_{m=0}^{L-1}\int_{(m-1/2)t_b}^{(m+1/2)t_b} \exp(\mathrm{j}2\pi f_m(t-mt_b))\exp(-\mathrm{j}2\pi ft)\mathrm{d}t \\
&= \sum_{m=0}^{L-1} t_b \exp(-\mathrm{j}2\pi mft_b)\mathrm{sinc}((f_m-f)t_b)
\end{aligned}
\tag{5-132}
$$

因此,频率编码信号的频谱可以视作 L 个 sinc 函数沿水平方向移动后的复加权和。特别地,当 f=f_m 时

$$
|S(f_m)| = t_b
\tag{5-133}
$$

因此,频率编码信号的频谱在这 L 个频点的响应都是相同的。图 5-43 给出了图 5-42 中频率编码信号的频谱,可以看出信号在 0~7MHz 的频谱是比较平坦的,部分印证了式(5-133)中的理论分析。另外,由此也可以看出频率编码信号的带宽约为

$$
B \approx (L-1)\Delta f + t_b^{-1}
\tag{5-134}
$$

若

$$\Delta f = \frac{1}{t_b} \qquad (5\text{-}135)$$

则频率编码信号的带宽约为

$$B \approx L\Delta f \qquad (5\text{-}136)$$

因此，当频率编码信号的子码宽度不变时，只有增加频率编码的数量才能增加频率编码信号的带宽（同时也增加了信号的脉冲宽度）；当频率编码数量不变时，只有减小子码宽度才能增加频率编码信号的带宽。图 5-44 给出了当子码宽度为 1μs、频率编码数量增加至 30 时的频率编码信号频谱，可以看出此时信号带宽已经增加至 30MHz。

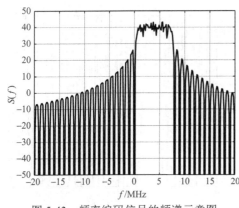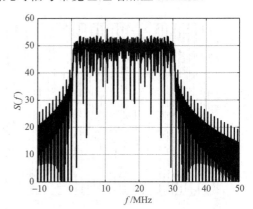

图 5-43　频率编码信号的频谱示意图　　　　图 5-44　频率编码信号的频谱示意图
(T_p=7μs，B=7MHz)　　　　　　　　　(T_p=30μs，B=30MHz)

3. 时频特征

根据式(5-131)中的频率编码信号模型，频率编码信号的瞬时频率是分段函数，即

$$f(t) = f_m, \quad -t_b/2 \leqslant t - mt_b \leqslant t_b/2 \qquad (5\text{-}137)$$

图 5-45 给出了采用一阶差分估计法和短时傅里叶变换对频率编码信号的时频特征分析结果（为方便起见，将频率编码信号整体向右平移 0.5μs）。从图中很容易分析得到各个子码对应的频率。此外，从频率发生突变的位置也很容易得到各个子码对应的脉冲宽度。

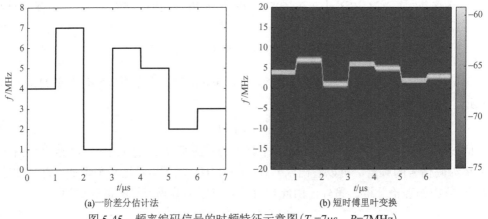

(a) 一阶差分估计法　　　　　　　(b) 短时傅里叶变换

图 5-45　频率编码信号的时频特征示意图(T_p=7μs，B=7MHz)

4. 时相特征分析

根据式(5-131)中的频率编码信号模型，频率编码信号的相位差也是分段函数，即

$$\Delta\phi(t) = \frac{2\pi f_m}{f_s}, \quad -\frac{t_b}{2} \leqslant t - mt_b \leqslant \frac{t_b}{2}$$

(5-138)

图 5-46 给出了脉冲宽度为 7μs、带宽为 7MHz 的频率编码信号时相特征，其中信号采样频率为 100MHz。根据式(5-138)，可以推算得出最大的相位差为

$$\frac{2\pi \times 7\text{MHz}}{200\text{MHz}} \approx 0.44\text{rad} \quad (5\text{-}139)$$

与图 5-46 中的结果完全吻合。

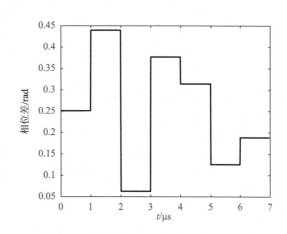

图 5-46　频率编码信号的时相特征示意图
（T_p=7μs，B=7MHz）

5. 模糊函数分析

频率编码信号的模糊函数定义为

$$\left|\chi(\tau, v)\right| = \left|\int_{-\infty}^{\infty} s(t)s^*(t+\tau)\exp(\mathrm{j}2\pi vt)\mathrm{d}t\right| \quad (5\text{-}140)$$

为分析频率编码信号的模糊函数，此处定义单点频信号为

$$p_m(t) = \exp(\mathrm{j}2\pi f_m t)\mathrm{rect}\left(\frac{t}{t_b}\right) \quad (5\text{-}141)$$

它是频率为 f_m、脉冲宽度为 t_b 的信号。根据式(5-141)，频率编码信号又可写成

$$s(t) = \sum_{m=0}^{L-1} p_m(t - mt_b) \quad (5\text{-}142)$$

定义 $p_m(t)$ 的自模糊函数为

$$\phi_{mm}(\tau, v) = \int_{-\infty}^{\infty} p_m(t)p_m^*(t+\tau)\exp(\mathrm{j}2\pi vt)\mathrm{d}t \quad (5\text{-}143)$$

以及 $p_m(t)$ 和 $p_n(t)$ 的互模糊函数为

$$\phi_{mn}(\tau, v) = \int_{-\infty}^{\infty} p_m(t)p_n^*(t+\tau)\exp(\mathrm{j}2\pi vt)\mathrm{d}t \quad (5\text{-}144)$$

很明显，两类函数在 $|\tau| > t_b$ 时取值为 0。

代入式(5-141)，可以计算得出

$$\phi_{mm}(\tau, v) = \exp(-\mathrm{j}2\pi\tau(f_m + v/2))(t_b - |\tau|)\mathrm{sinc}(v(t_b - |\tau|)), \quad |\tau| \leqslant t_b \quad (5\text{-}145)$$

$$\phi_{mn}(\tau, v) = \exp(-\mathrm{j}\pi\tau(f_m + f_n + v))(t_b - |\tau|)\mathrm{sinc}((f_m - f_n + v)(t_b - |\tau|)), \quad |\tau| \leqslant t_b \quad (5\text{-}146)$$

将式(5-131)代入式(5-140)，可得

$$
\begin{aligned}
\left|\chi(\tau,v)\right| &= \left|\int_{-\infty}^{\infty}\sum_{m=0}^{L-1}p_m(t-mt_b)\sum_{n=0}^{L-1}p_n(t+\tau-nt_b)\exp(\mathrm{j}2\pi vt)\mathrm{d}t\right|\\
&= \left|\sum_{m=0}^{L-1}\sum_{n=0}^{L-1}\int_{-\infty}^{\infty}p_m(t-mt_b)p_n(t+\tau-nt_b)\exp(\mathrm{j}2\pi vt)\mathrm{d}t\right|\\
&= \left|\sum_{m=0}^{L-1}\exp(\mathrm{j}2\pi mvt_b)\sum_{n=0}^{L-1}\int_{-\infty}^{\infty}p_m(t)p_n(t+\tau-(m-n)t_b)\exp(\mathrm{j}2\pi vt)\mathrm{d}t\right|
\end{aligned}
\tag{5-147}
$$

注意到

$$
\begin{aligned}
&\sum_{n=0}^{L-1}\int_{-\infty}^{\infty}p_m(t)p_n(t+\tau-(m-n)t_b)\exp(\mathrm{j}2\pi vt)\mathrm{d}t\\
&= \phi_{mm}(\tau,v)+\sum_{\substack{n=0\\n\neq m}}^{L-1}\phi_{mn}(\tau-(m-n)t_b,v)
\end{aligned}
\tag{5-148}
$$

因此，频率编码信号的模糊函数可以写成

$$
\left|\chi(\tau,v)\right| = \left|\sum_{m=0}^{L-1}\mathrm{e}^{\mathrm{j}2\pi mvt_b}\left[\phi_{mm}(\tau,v)+\sum_{\substack{n=0\\n\neq m}}^{L-1}\phi_{mn}(\tau-(m-n)t_b,v)\right]\right|
\tag{5-149}
$$

图 5-47(a)给出了图 5-42 中频率编码信号的模糊函数图，可以看出该信号的模糊函数具有图钉形模糊函数，也可以看出其模糊函数的旁瓣较高，特别是在零多普勒附近。当增加信号的脉冲宽度至 30μs、带宽增加至 30MHz 时，频率编码信号的模糊函数图如图 5-47(b)所示，可以看出模糊函数的旁瓣低了很多。

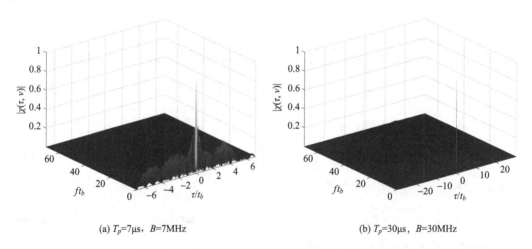

(a) T_p=7μs, B=7MHz　　　　　　　　　(b) T_p=30μs, B=30MHz

图 5-47　频率编码信号的模糊函数图(T_p=7μs, B=7MHz)

令 v=0，可得到频率编码信号模糊函数在零多普勒的切面，即频率编码信号的自相关函数：

$$\left| \chi(\tau,0) \right| = \left| \sum_{m=0}^{L-1} \left[\phi_{mm}(\tau,0) + \sum_{\substack{n=0 \\ n\neq m}}^{L-1} \phi_{mn}(\tau-(m-n)t_b,0) \right] \right| \tag{5-150}$$

且

$$\phi_{mm}(\tau,0) = \exp(-j2\pi\tau f_m)(t_b - |\tau|), \quad |\tau| \leqslant t_b \tag{5-151}$$

$$\phi_{mn}(\tau,0) = \exp(-j\pi\tau(f_m + f_n))(t_b - |\tau|)\operatorname{sinc}((f_m - f_n)(t_b - |\tau|)), \quad |\tau| \leqslant t_b \tag{5-152}$$

由于 $m \neq n$ 时，有

$$\left| \operatorname{sinc}((f_m - f_n)(t_b - |\tau|)) \right| \ll 1 \tag{5-153}$$

因此，可以将频率编码信号的自相关函数近似为

$$\left| \chi(\tau,0) \right| \approx \left| (t_b - |\tau|) \sum_{m=0}^{L-1} \exp(-j2\pi\tau f_m) \right|$$

$$= (t_b - |\tau|) \frac{\sin(L\pi\tau\Delta f)}{\sin(\pi\tau\Delta f)} \tag{5-154}$$

从式(5-154)可以看出，频率编码信号的自相关函数的第一零点位于

$$L\pi\tau\Delta f = \pi \Rightarrow \tau = \frac{1}{L\Delta f} = \frac{1}{B} = \frac{t_b}{L} \tag{5-155}$$

它与频率编码信号的主瓣宽度近似相等。也就是说，频率编码信号的脉冲压缩比为

$$D = L^2 \tag{5-156}$$

另外，频率编码信号的距离分辨率取决于信号带宽 B，即取决于频率编码信号的子码宽度 t_b 和频率编码的数量 L：

$$\Delta R = \frac{ct_b}{2L} \tag{5-157}$$

因此，对于频率编码信号，子码宽度越窄，频率编码的数量越多，则频率编码信号的带宽越大，对应的距离分辨率也就越高。

图 5-48 和图 5-49 分别给出了带宽为 7MHz 和带宽为 30MHz 的频率编码信号的自相关函数图，可以看出带宽为 30MHz 的频率编码信号的自相关函数的主瓣宽度明显更窄，

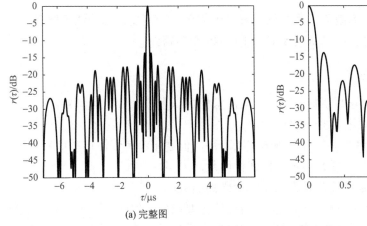
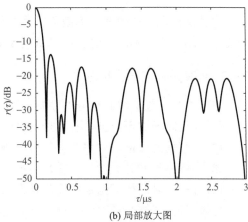

(a) 完整图   (b) 局部放大图

图 5-48 频率编码信号的自相关函数（$T_p=7\mu s$，$B=7MHz$）

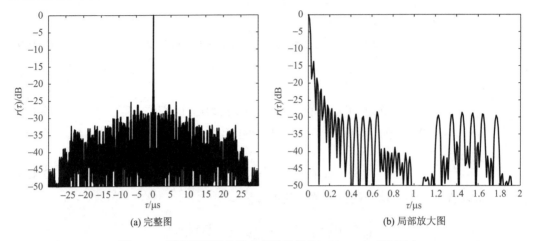

(a) 完整图　　　　　　　　　　　　　　　　(b) 局部放大图

图 5-49　频率编码信号的自相关函数(T_p=30μs，B=30MHz)

因此它的距离分辨率更高，这和以上理论分析完全一致。另外，也可以看出带宽更大的频率编码信号的自相关函数的旁瓣高度总体更低，旁瓣衰减速度更快。

根据式(5-154)还可以推算出频率编码信号的自相关函数第一旁瓣的位置：

$$L\pi\tau\Delta f = \frac{3\pi}{2} \Rightarrow \tau = \frac{3}{2L\Delta f} = \frac{3}{2B} = \frac{3t_b}{2L} \tag{5-158}$$

它的高度为

$$\text{PSL} = -t_b\left(1 - \frac{3}{2L}\right)\frac{1}{\sin\left[3\pi/(2L)\right]} \tag{5-159}$$

当频率编码的个数 L 远远大于 1 时，式(5-159)又可以近似为

$$-t_b\left(1 - \frac{3}{2L}\right)\frac{1}{\sin\left[3\pi/(2L)\right]} \approx \frac{-2Lt_b}{3\pi} \tag{5-160}$$

因此，频率编码信号的自相关函数的峰值旁瓣比为

$$\text{PSLR} = 20\lg\frac{2}{3\pi} \approx -13(\text{dB}) \tag{5-161}$$

也就是说，通过改变频率编码信号的频率编码个数和子码宽度，都无法降低它的自相关函数的峰值旁瓣比，这也可以从图 5-48 和图 5-49 观察得到。

5.4.3　频率编码信号分析方法

在研判分析频率编码信号的调制类型时，应注意把握以下四个方面的信号特征。

(1)观察时域波形特征，看波形是否恒包络。

(2)观察信号频谱，频率编码信号的频谱衰减不快，但通带没有线性调频信号平坦。

(3)分析信号的时频特征，看是否为分段线性函数。

(4)分析信号的模糊函数，看其是否为图钉形模糊函数。

总体来说，时频特征是用来研判频率编码信号的重要依据。然而，基于时频特征来研判频率编码信号时，还需要注意两两频率之间的最小间隔是否约为子码宽度的倒数，

以及频率编码方法是否满足一定的规律。例如，对于 Costas 频率编码信号，可以借助差分矩阵来判断由某个频率集构造的频率编码信号是否为 Costas 频率编码信号。对于图 5-40 所示的 Costas 频率编码信号，它使用的频率依次为 f_3, f_6, f_0, f_5, f_4, f_1, f_2，对应的序号分别为 a_1=4, a_2=7, a_3=1, a_4=6, a_5=5, a_6=2, a_7=3，计算其差分矩阵的上三角部分如下：

$$D_{i,j} = a_{i+j} - a_j, \quad i+j \leqslant M \tag{5-162}$$

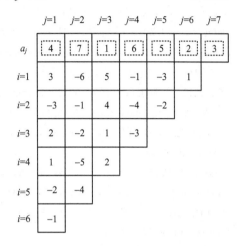

计算结果如图 5-50 所示。可以看出，Costas 频率编码信号的差分矩阵的每一行都不存在重复的元素，这一结果与图 5-41(a) 中的结果相吻合。换言之，对于频率编码信号，按照式 (5-162) 计算其差分矩阵的上三角矩阵，如果每一行的元素都互不相同，那么该频率编码信号就是 Costas 频率编码信号。

当确定信号为频率编码信号后，应当进一步分析频率编码信号的子码宽度、频率编码序列、带宽、距离分辨率和压缩比等参数。

分析频率编码信号的子码宽度，主要依据为信号的时频特征曲线，根据分段线性函数每一段的持续时间来确定信号的子码宽度，在此基础之

图 5-50　Costas 频率编码信号的差分矩阵

上便可得到编码个数 L。分析频率编码信号的频率编码序列，首先应当测量分段线性函数每一段的频率，根据频率取值的最大公约数来确定 Δf，然后得到频率编码信号的编码规律，最后频率编码信号的带宽、距离分辨率和压缩比可以根据式 (5-136)、式 (5-156)、式 (5-157) 得到。

5.5　本　章　小　结

思维导图-5

随着现代雷达的脉内调制特征越来越复杂，通过截获雷达信号的脉内特征识别雷达，分析雷达的搜索与跟踪精度等，成为学术研究和业务工作的重要内容之一。然而，存储技术的不断发展使得设备的存储能力越来越强。将每个信号的脉内特征都存储下来，虽然为雷达辐射源分析提供了全面数据，但也给快速分析、识别雷达辐射源提出了极大的挑战，需要进一步深入研究。尽量在准确测量脉内特征的前提下，减少存储的数据量，为快速深度分析、高效数据传输等提供技术和方法支撑。

习　　题

1. 给出三角调频信号频谱近似表达式 (式 (5-23)) 的推导过程。
2. 总结归纳线性调频信号、非线性调频信号、相位编码信号和频率编码信号的特征。
3. 侦测某雷达对抗目标时，侦察设备的中心频率为 9000MHz，工作带宽为 200MHz。如果该目标

的发射信号为线性调频信号，中心频率为 8800MHz，带宽为 400MHz，脉宽为 100μs，则侦测的信号脉冲宽度为多少？

参 考 文 献

林茂庸, 柯有安, 1984. 雷达信号理论[M]. 北京: 国防工业出版社.

张直中, 1979. 雷达信号的选择与处理[M]. 北京: 国防工业出版社.

朱晓华, 2011. 雷达信号分析与处理[M]. 北京: 国防工业出版社.

SKOLNIK M I, 2010. 雷达手册[M]. 3 版. 南京电子技术研究所, 译. 北京: 电子工业出版社.

BOEHMER A, 1967. Binary pulse compression codes[J]. IEEE transactions on information theory, 13(2): 156-167.

COLLINS T, ATKINS P, 1999. Nonlinear frequency modulation chirps for active sonar[J]. IEEE proceedings radar, sonar, and navigation, 146(6): 312-316.

COOK C E, BERNFELD M, 1967. Radar signals: an introduction to theory and application[M]. New York: Academic Press.

COSTAS J, 1984. A study of a class of detection waveforms having nearly ideal range-Doppler ambiguity properties[J]. Proceedings of the IEEE, 72(8): 996-1009.

FREEDMAN A, LEVANON N, GABBAY S, 1995. Perfect periodic correlation sequences[J]. Signal processing, 41(2): 165-174.

HE H, LI J, STOICA P, 2012. Waveform design for active sensing systems: a computational approach[M]. Cambridge : Cambridge University Press.

LEVANON N, MOZESON E, 2004. Radar signals[M]. Chichester : John Wiley & Sons, Inc.

SCHROEDER M R, 1970. Synthesis of low-peak-factor signals and binary sequences with low autocorrelation[J]. IEEE transactions on information theory, 16(1): 85-89.

STOICA P, LI J, XUE M, 2008. Transmit codes and receive filters for radar[J]. IEEE signal processing magazine, 25(1): 94-109.

第6章　雷达辐射源识别

雷达辐射源识别是将侦察获得的雷达信号特征与已知调制类型、雷达型号和个体的特征进行比较，进而确定辐射源的调制类型、型号及个体身份，掌握其用途、搭载平台和威胁等级等。雷达辐射源识别是电子战中至关重要的一部分，是电子支援措施（Electronic Support Measures，ESM）的核心和雷达对抗系统中的关键技术，也是电子战的重要任务之一。

雷达辐射源识别技术的水平制约着整个雷达对抗系统的水平，其识别结果的有效性和准确性会直接影响形势的判断和决策的调整。随着现代雷达技术的发展，以相控阵雷达为代表的新体制雷达越来越多，战场电磁环境日益复杂，辐射源交错程度高，信号密度与日俱增(已经达到每秒数百万脉冲)，复杂电磁环境使现有的雷达识别技术面临庞大的数据和繁杂的形式。对雷达辐射源识别主要包括以下内容。

1)雷达辐射源信号调制类型识别

雷达辐射源信号调制类型识别通常是指在没有先验知识或少量先验知识的条件下，判断雷达辐射源信号的调制类型。在雷达脉冲波形的设计过程中，设计者为达到一定的技术意图，会对雷达辐射源信号进行脉内调制。通过对所截获雷达信号调制类型的分析与处理，推断雷达的功能与性能，从而判断其所具有的威胁程度。此外，由于电子战支援的特殊性，有时信号的信噪比较低，且缺少信号的任何先验信息。若能根据接收到的观测信号提取相应的调制特征，对调制类型做出判断，对不同调制类型的信号采取不同的参数估计与处理方法，可提高信号检测、分选和识别的性能。

2)雷达辐射源型号识别

这里是指识别出雷达辐射源的具体型号，主要通过对雷达辐射源信号参数特征进行处理，依据辐射源的特征和分类器实现辐射源的分类识别，在此基础上确定该辐射源的信息，进而估计其在战争中的作用、战术特点、危险等级等，为下一步态势评估、威胁估计和决策调整提供依据。

3)雷达辐射源个体识别

雷达辐射源个体识别是在对雷达信号参数高精度测量的基础上，唯一地识别辐射源，完成准确的威胁判断和平台鉴别，以获得更多、更精确的雷达辐射源信息。雷达个体识别(Specific Emitter Identification, SEI)，即特定辐射源识别、辐射源个体识别。雷达辐射源个体识别是当前电子战支援的重难点问题，是雷达辐射源数据分析的一项重要内容，不仅是分析与雷达相关的武器系统的重要依据，也是分析有关国家和地区雷达战斗序列与电磁态势的重要依据，雷达个体识别牵涉的因素多，是一项比较艰巨的任务，一般通过信号的细微特征来实现。

6.1　雷达辐射源信号调制类型识别

在现代战场电磁环境下，信号环境越来越密集，信号样式越来越复杂。一方面，以相控阵雷达为代表的新体制雷达所占比例越来越大，为增强新体制雷达的反干扰、反侦察技术，雷达的波形设计越来越复杂，工作参数丰富多变；另一方面，随着电子战在现代战争中所起的作用越来越大，战场环境中辐射源的数目急剧增加。因此，仅利用常规的脉冲描述字等参数特征已不能很好地表征雷达辐射源信号特征的本质，也难以实现雷达辐射源信号的准确识别。

20 世纪 90 年代，人们开始探索雷达辐射源信号的脉内细微特征，即脉内特征分析识别法。与信号的外部特征相比，辐射源信号的脉内特征受噪声影响更小，对脉内特征进行提取成为雷达对抗的一个重要研究领域。雷达辐射源脉内特征包括脉内无意特征和脉内有意特征，如图 6-1 所示。

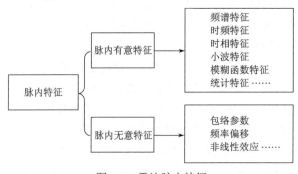

图 6-1　雷达脉内特征

脉内无意特征是因工艺或雷达电路和器件的不同而附加在雷达信号上的某种特性（也称指纹特征或个体特征），是具体某一部雷达特有的属性，可用于雷达辐射源的个体识别。目前对脉内无意特征提取主要集中在包络及其参数（上升/下降时间、幅度、上升/下降角度）、频率偏移、非线性效应等方面。

脉内有意特征主要指为提高雷达性能或实现特定的功能而在雷达信号波形中加入人为的调制方式，通过合理的特征提取算法对这些调制方式特有的脉内调制规律或时不变特征提取所需的特征参数。脉内有意特征反映了雷达信号的本质，可用于雷达辐射源的调制类型识别，特征的好坏直接影响调制类型识别的正确率。脉内有意特征提取方法主要集中在基于时频信息的特征参数提取技术、高阶累积量特征提取技术、小波变化特征参数提取技术等方面。

6.1.1　脉内有意特征参数

本小节主要考虑对雷达信号中常见的线性调频信号、频率编码信号、二相编码信号和四相编码信号进行区分识别。仿真中抽样频率为 20MHz，所有信号脉冲宽度为 50μs，中频频率中心为 5MHz。线性调频信号带宽为 10MHz；频率编码信号为 7 位 Costas 序列编码，子码频率间隔为$1/t_b$，t_b为子码宽度；二相编码信号为 13 位巴克码，四相编码信号为 16 位 Frank 序列编码。

1. 基于时频分析的特征提取

基于信号时频特征的调制类型识别是指依照各种不同调制类型的信号具有不同的时频特征来对信号进行识别。利用时频信息进行特征提取是一种经典的特征提取算法，其特征提取过程比较简单，并且可识别的目标相对较多，因此它常作为特征提取基本算法而得到广泛的研究和应用。常用的时频分析方法包括一阶差分法、短时傅里叶变换、小波变换和 Winger-Ville 分布等。

雷达信号的时域表达式一般可写为

$$s(t) = a(t)e^{j\varphi(t)} \tag{6-1}$$

式中，$a(t)$为信号的瞬时包络；$\varphi(t)$为信号的瞬时相位；瞬时频率$f(t)$可由瞬时相位求微分得到，即

$$f(t) = \frac{1}{2\pi}\frac{\mathrm{d}\varphi(t)}{\mathrm{d}t} \tag{6-2}$$

在实际分析过程中，一般利用相位差分来代替相位微分。但是在信噪比较低的情况下，如图 6-2 所示，利用一阶差分法往往难以较好地估计信号的瞬时频率。

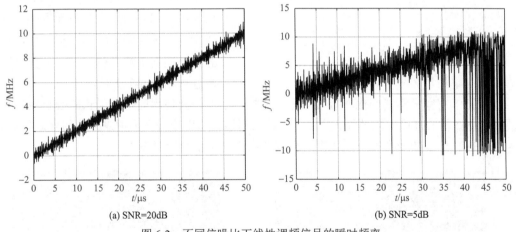

(a) SNR=20dB　　　　　　　　　　　　　　(b) SNR=5dB

图 6-2　不同信噪比下线性调频信号的瞬时频率

由图 6-2 可以看出，在信噪比为 20dB 时，由一阶差分法求得的线性调频信号的瞬时频率较为准确。但是在信噪比为 5dB 时，该方法的性能急剧恶化。

短时傅里叶变换的主要思想是将信号加窗，然后将加窗后的信号进行傅里叶变换。通过在时间轴上滑动窗函数，可以得到任意时刻瞬时频率的估计。与傅里叶变换相比，短时傅里叶变换在形式上只是多了一个时间域上的窗函数，短时傅里叶变换采取滑窗处理，对一小段时间间隔内的信号做傅里叶变换，因此，它能反映信号频谱随时间的大致变化规律，克服了传统傅里叶变换的缺点。

傅里叶变换是把一个信号分解成各种不同频率的正弦波，因此正弦波是傅里叶变换

的基函数。同样，小波分析是把一个信号分解成将原始小波经过移位和缩放之后的一系列小波，因此小波函数同样可以用作表示信号的基函数。在数学上，小波函数定义为可局域化 $f(t)$ 的函数。小波可由一个定义在有限区间的函数 $\psi(t)$ 来构造，$\psi(t)$ 称为母小波或者基本小波。一组小波基函数可通过缩放和平移 $\psi(t)$ 来生成，即

$$\psi_{a,b}(t) = \left| \frac{1}{\sqrt{a}} \right| \psi\left(\frac{t-b}{a} \right) \tag{6-3}$$

式(6-3)中，小波基函数是缩放因子 a 和位置 b 的函数。与傅里叶变换不同，小波变换通过平移母小波可获得信号的时间信息，而通过缩放小波的宽度(或者称为尺度)可获得信号的频率特性(小波的缩放因子与信号频率之间的关系可以理解为：缩放因子小，表示小波比较窄，度量的是信号细节，表示频率比较高；相反，缩放因子大，表示小波比较宽，度量的是信号的粗糙程度，表示频率比较低)。连续小波变换(Continuous Wavelet Transform，CWT)用下式表示：

$$C(a,b) = \int_{-\infty}^{+\infty} f(t)\psi_{a,b}(t)\mathrm{d}t \tag{6-4}$$

CWT 的结果所得的小波系数 $C(a,b)$，是信号 $f(t)$ 与被缩放和平移的小波函数 $\psi_{a,b}(t)$ 之积在信号存在的整个期间里的求和。CWT 的整个变换过程如图 6-3 所示。

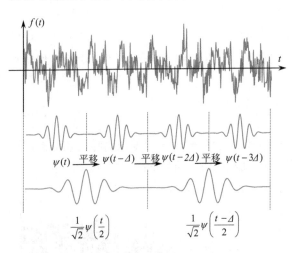

图 6-3　CWT 的变换示意图

相比于窗宽窄不能变化的短时傅里叶变换，小波变换使用的是有限长的会衰减的小波基，小波基的尺度可以伸缩，从而可以解决时域、频域分辨率不可兼得的问题。图 6-4 为利用短时傅里叶变换和小波变换所得到的线性调频信号时频图。

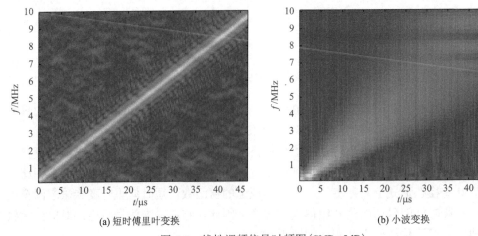

(a) 短时傅里叶变换　　　　　　　　(b) 小波变换

图 6-4　线性调频信号时频图(SNR=5dB)

　　对信号时频图的每一列取最大值对应纵坐标的位置作为瞬时频率值,所得时频分析结果如图 6-5 所示。

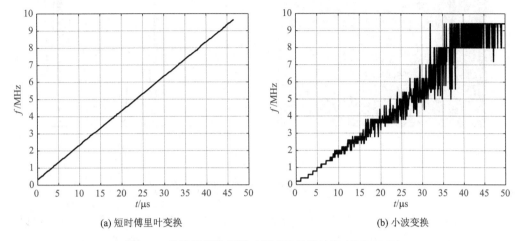

(a) 短时傅里叶变换　　　　　　　　(b) 小波变换

图 6-5　线性调频信号瞬时频率的估计结果(SNR=5dB)

　　由图 6-5 可以看出,与一阶差分法相比,即使在信噪比较低时,短时傅里叶变换和小波变换也能够比较准确地分析信号的瞬时频率。然而,从图中也可以看出,小波变换对于信号高频部分的分辨率较低。因此,接下来以短时傅里叶变换作为信号时频分析的主要方法。图 6-6 为信噪比为 5dB 时,利用短时傅里叶变换所得的不同调制类型信号的时频图及瞬时频率估计。

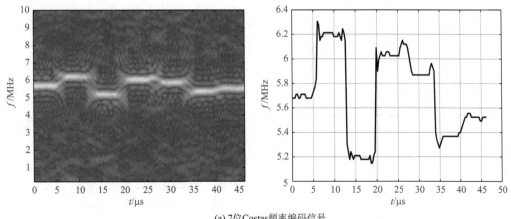

(a) 7位Costas频率编码信号

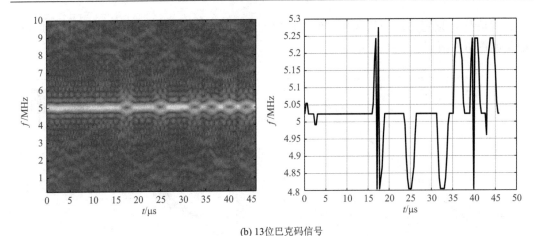

(b) 13位巴克码信号

图 6-6　不同信号短时傅里叶变换及瞬时频率估计

从图 6-6 可以看出，对于不同调制类型，其信号瞬时频率分布不同。因此，可以基于信号的瞬时频率特征识别信号的调制类型。为方便起见，定义瞬时频率的方差及线性方差分别为

$$\sigma_1 = \sqrt{\sum_{n=1}^{N}\left[f(n) - m_f\right]^2 \Big/ N} \tag{6-5}$$

$$\sigma_2 = \sqrt{\sum_{n=1}^{N}\left[f(n) - \hat{f}(n)\right]^2 \Big/ N} \tag{6-6}$$

式中，$f(n)$ 为瞬时频率值；$m_f = N^{-1}\sum_{n=1}^{N} f(n)$ 为瞬时频率均值；N 为采样点数；$\hat{f}(n)$ 为利用最小二乘法对瞬时频率 $f(n)$ 的线性拟合值。

对线性调频信号、频率编码信号、二相编码信号以及四相编码信号在不同信噪比下瞬时频率的方差及线性方差进行分析，所得结果如图 6-7 所示。将方差减去线性方差并取绝对值，所得结果如图 6-8 所示。

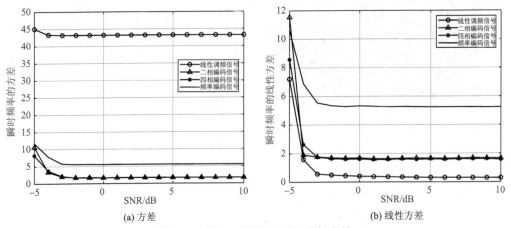

图 6-7　不同信噪比下方差及线性方差

由于相位编码信号的瞬时频率只有在相位突变的地方跳变，因此其方差及线性方差都较小，二者的差值也较小；频率编码信号在不同时刻具有不同的瞬时频率，因此其方差及线性方差的特征值较大，但是二者差值较小；线性调频信号的瞬时频率的方差不为零，但是线性方差的理论值为 0，故二者差值较大。

通过以上分析，可将瞬时频率方差和线性方差的差值绝对值 $\sigma = |\sigma_1 - \sigma_2|$ 作为区分线性调频信号和其他调制类型信号的特征参数，且特征参数在低信噪比条件下也非常稳定。

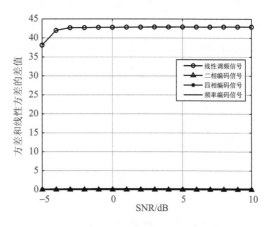

图 6-8　不同信噪比下方差与线性方差之间的差值的模

2. 基于 AR 功率谱的特征提取

不同调制方式的信号具有不同的功率谱分布，因此可以基于信号功率谱特征来识别信号的调制类型。然而，以傅里叶变换为代表的经典功率谱估计方法，无论是数据加窗还是自相关函数加窗，在频域都会发生"泄漏"现象，即功率谱的主瓣能量泄漏到旁瓣中去，造成谱的模糊失真。例如，图 6-9 为 7 位 Costas 序列频率编码信号的频谱，当子码频率间隔为 $1/t_b$ 时，无法从频谱看出该信号包括 7 个子码频率。

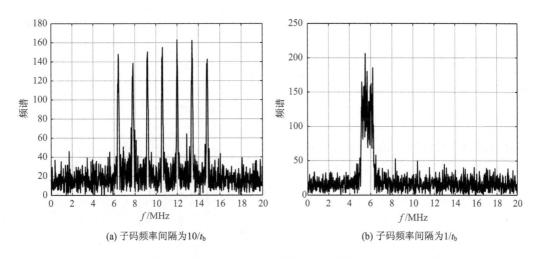

(a) 子码频率间隔为 $10/t_b$　　　　　　　　(b) 子码频率间隔为 $1/t_b$

图 6-9　信噪比为 5dB 时频率编码信号的功率谱

为了克服传统方法的缺点，人们先后提出了很多高分辨率谱估计技术，即现代谱估计方法。现代谱估计方法可以突破数据长度限制，这是因为对于给定的有限长序列信号，虽然其估计出的相关函数也是有限长的，但是现代谱估计方法隐含着数据和自相关函数的外推，并不是简单地将观察区以外的数据假设为零，使其可能的长度超过给定的长度，因此可大大地提高分辨率。基于 AR 模型的功率谱估计方法就是一种分辨率较高的现代谱估计方法。AR 模型又称自回归模型，其估计功率谱的原理如下：假设信号 $s(n)$ 可由之前的 K 个状态估计得到

$$s(n) = -\sum_{k=1}^{K} a_k s(n-k) + w(n) \tag{6-7}$$

令 $S(z)$ 为 $s(n)$ 的 Z 变换，可得

$$H(z) = \frac{S(z)}{W(z)} = \frac{1}{A(z)} = \frac{1}{1 + \sum_{k=1}^{K} a_k z^{-k}} \tag{6-8}$$

所以，AR 模型为全极点模型，对应的信号功率谱为

$$p(e^{jw}) = \frac{\sigma^2}{|A(z)|^2}\bigg|_{z=e^{jw}} = \frac{\sigma^2}{\left|1 + \sum_{k=1}^{K} a_k z^{-k}\right|^2}\bigg|_{z=e^{jw}} \tag{6-9}$$

式中，K 为 AR 模型的阶数；噪声方差 σ^2 和 $a_k(k=1,2,\cdots,K)$ 为待估参数，可利用 Yule-Walker 等算法进行求解。

$s(n)$ 的自相关函数为

$$\begin{aligned} R(m) &= E\left[s(n)s^*(n+m)\right] \\ &= E\left[s(n)w^*(n+m)\right] - \sum_{k=1}^{K} a_k R(m-k) \end{aligned} \tag{6-10}$$

$$= \begin{cases} \sigma^2 - \sum_{k=1}^{K} a_k R(m-k), & m=0 \\ -\sum_{k=1}^{K} a_k R(m-k), & m>0 \end{cases}$$

将其写成矩阵形式为（Yule-Walker 方程）

$$\begin{bmatrix} R(0) & R(1) & \cdots & R(K) \\ R(1) & R(0) & \cdots & R(K-1) \\ \vdots & \vdots & & \vdots \\ R(K) & R(K-1) & \cdots & R(0) \end{bmatrix} \cdot \begin{bmatrix} 1 \\ a_1 \\ \vdots \\ a_K \end{bmatrix} = \begin{bmatrix} \sigma^2 \\ 0 \\ \vdots \\ 0 \end{bmatrix} \tag{6-11}$$

当阶数 K 和自相关函数已知时，可通过求解 Yule-Walker 方程来估计未知参数。实际中可利用 Levinson-Durbin 递推算法逐步扩大 Yule-Walker 矩阵来实现，这样做的优点在于可减小计算复杂度，并有利于选择合适的阶数。

当得到基于 AR 模型的功率谱后，接下来便可以提取功率谱中的峰值个数。提取方法分为以下几个步骤。

（1）利用 Yule-Walker 方程求解模型参数，并获取信号 AR 功率谱。

（2）对功率谱做离散一阶差分，检测差分序列符号变化，获得波峰点。

（3）设置门限 δ，将小于 δ 值的波峰点位置去除，剩余波峰点的个数记为频谱峰值个数。

图 6-10 为 Costas 频率编码信号的 AR 功率谱。由图 6-10 可以看出，当子码频率间隔为 $1/t_b$ 时，可以看出 7 个子码频率，并提取了 7 个峰值。图 6-11 为线性调频信号和相位编码信号的功率谱。由图 6-11 可知，相位编码信号只有一个波峰点，而频率编码信号和线性调频信号具有多个波峰点，因此可取波峰点个数作为区分不同调制类型信号的特征参数。图 6-12 为不同信噪比下不同调制类型的信号功率谱峰值个数。从图中可以看出，采用该特征可以较好地将频率编码信号与相位编码信号区分开来。

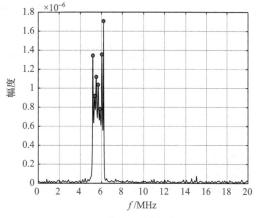

图 6-10　基于 AR 模型的频率编码信号功率谱（信噪比为 5dB）

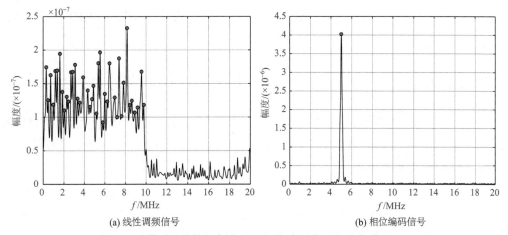

(a) 线性调频信号

(b) 相位编码信号

图 6-11　基于 AR 模型的线性调频信号和相位编码信号的功率谱（信噪比为 5dB）

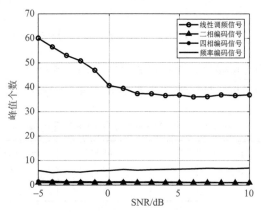

图 6-12　不同信噪比下峰值的个数

3. 基于高阶累积量的特征提取

自从 J. Reichert 提出用高阶累积量识别信号后，基于高阶累积量的信号识别方法得到了迅速发展，其最重要的特性在于高斯过程二阶以上的累积量值为零，所以理论上可有效地消除高斯噪声。

给定一组平稳实随机变量 $[x_1, x_2, \cdots, x_n]$，它们的联合 $r(r = k_1 + k_2 + \cdots + k_n)$ 阶矩定义为

$$
\begin{aligned}
\operatorname{Mom}\left\{x_1^{k_1}, x_2^{k_2}, \cdots, x_n^{k_n}\right\} &= E\left\{x_1^{k_1}, x_2^{k_2}, \cdots, x_n^{k_n}\right\} \\
&= (-\mathrm{j})^r \left. \frac{\partial \Phi(\omega_1, \omega_2, \cdots, \omega_n)}{\partial \omega_1^{k_1} \partial \omega_2^{k_2} \cdots \partial \omega_n^{k_n}} \right|_{\omega_1 = \omega_2 = \cdots = \omega_n = 0}
\end{aligned}
\tag{6-12}
$$

式中，$\Phi(\omega_1, \omega_2, \cdots, \omega_n) = E\left\{\exp\left[\mathrm{j}(\omega_1 x_1 + \omega_2 x_2 + \cdots + \omega_n x_n)\right]\right\}$ 称为随机变量的联合特征函数。定义 $\ln \Phi(\omega_1, \omega_2, \cdots, \omega_n)$ 为第二特征函数，则有

$$
\operatorname{Cum}\left\{x_1^{k_1}, x_2^{k_2}, \cdots, x_n^{k_n}\right\} = (-\mathrm{j})^r \left. \frac{\partial \left[\ln \Phi(\omega_1, \omega_2, \cdots, \omega_n)\right]}{\partial \omega_1^{k_1} \partial \omega_2^{k_2} \cdots \partial \omega_n^{k_n}} \right|_{\omega_1 = \omega_2 = \cdots = \omega_n = 0}
\tag{6-13}
$$

式中，$\operatorname{Cum}\left\{x_1^{k_1}, x_2^{k_2}, \cdots, x_n^{k_n}\right\}$ 为平稳实随机变量的 r 阶累积量。随机向量的矩和累积量函数存在如下关系：

$$
\operatorname{Cum}\left\{x_1^{k_1}, x_2^{k_2}, \cdots, x_n^{k_n}\right\} = \sum (-1)^{p-1} (p-1)! E\left\{\prod_{i \in S_1} x_i\right\} E\left\{\prod_{i \in S_2} x_i\right\} \cdots E\left\{\prod_{i \in S_p} x_i\right\}
\tag{6-14}
$$

这里 $\sum$ 表示对于整数集合 $(1, 2, \cdots, N)$，当 $p = 1, 2, \cdots, N$ 时，所有的互不连通的有序分割集合 $(S_1, S_2, \cdots, S_N)$ 内求和。具体来讲，定义 $M_{pq} = E[X(t)^{p-q} X^*(t)^q]$，根据矩与累积量的转换关系，可定义累积量为

$$
C_{21} = M_{21}
\tag{6-15}
$$

$$
C_{80} = M_{80} - 28 M_{20} M_{60} - 35 M_{40}^2 + 420 M_{40} M_{20}^2 - 630 M_{20}^4
\tag{6-16}
$$

接收到的受加性高斯白噪声污染的雷达信号经过正交变换和变频处理后成为复基带信号，其表达式为

$$
r_b(t) = A \sum_n a_n g(t - nT) \exp(\mathrm{j}\theta_c) + n(t)
\tag{6-17}
$$

根据高斯过程累积量的特性，上述接收到的复基带数字信号的累积量的理论值就等于原复基带信号的累积量值，即消除了噪声部分。各累积量的理论值如表 6-1 所示。

表 6-1　待识别信号高阶累积量的理论值

累积量的理论值	线性调频	二相编码	四相编码	频率编码
$|C_{21}|$	A^2	A^2	A^2	A^2
$|C_{80}|$	0	$272 A^8$	$34 A^8$	0

利用信号的二阶累积量和八阶累积量，定义如下特征参数：

$$\gamma = \left|C_{80}\right| / \left|C_{21}\right|^{4} \qquad (6\text{-}18)$$

图 6-13 为不同信噪比下不同调制类型的信号特征参数取值。由图 6-13 可以得出，由于累积量只包含幅度和相位信息，无法体现频率上的差异，因此利用高阶累积量的方法提取特征时，频率编码信号以及线性调频信号的特征参数的理论值为零。而相位编码信号的特征参数值差异较大，不仅可以与频率编码信号以及线性调频信号相区分，而且可以实现相位编码信号的类间识别。

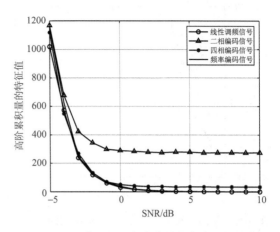

图 6-13　不同信噪比下各类信号的高阶累积量特征

6.1.2　雷达信号调制类型识别

本节涉及的待识别信号共 4 种，分别为线性调频信号、二相编码信号、四相编码信号和频率编码信号。识别特征数据来源于 3 种分类特征参数组成的原始特征集，如表 6-2 所示。

表 6-2　调制类型识别分类特征

序号	特征描述
1	功率谱峰值个数（ζ）
2	瞬时频率的方差与线性方差之间的差值（σ）
3	累积量之比（$\gamma = \left|C_{80}\right| / \left|C_{21}\right|^{4}$）

本节使用决策树分类器对信号的调制类型进行识别。基于决策树结构的雷达信号调制类型识别器如图 6-14 所示。

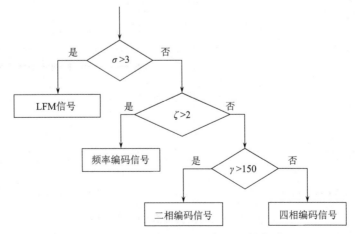

图 6-14　基于决策树结构的雷达信号调制类型识别器

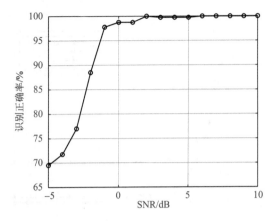

图 6-15　不同信噪比下雷达信号调制类型的识别结果

决策树分类器识别算法简单，也容易实现。若选取的分类特征参数充分有效，则分类结果会很好。图 6-15 为不同信噪比下雷达信号调制类型的识别结果，其中每类信号的样本数为 1000。图 6-16 为每一类信号的识别结果。

由图 6-15 和图 6-16 可知，当信噪比大于 -1dB 时，提取的特征参数及分类器可有效识别雷达信号的调制类型，总体识别正确率在 96% 以上。而对于不同调制类型信号的识别，线性调频信号和频率编码信号的识别正确率为 100%，二相编码信号和四相编码信号的识别正确率在信噪比大于 -1dB 的情况下也高于 90%。

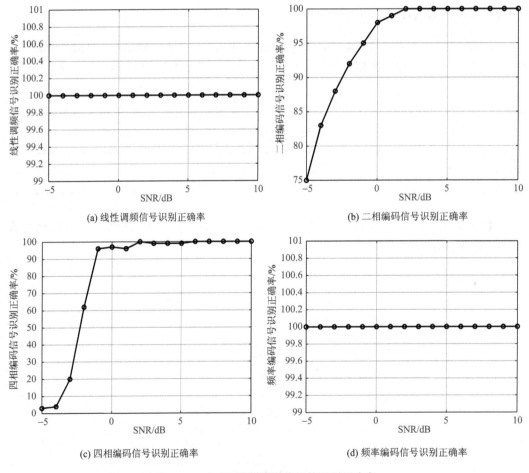

(a) 线性调频信号识别正确率

(b) 二相编码信号识别正确率

(c) 四相编码信号识别正确率

(d) 频率编码信号识别正确率

图 6-16　对不同调制类型信号的识别正确率

6.2　雷达辐射源型号识别

各国在定型、生产雷达的过程中，都会为其确定型号，而且通常根据用途、平台等属性明确规范的命名规则，以便于管理和使用。因此，对雷达型号的识别就成为雷达辐射源分析的重要内容之一。在通过电子侦察截获有关雷达辐射源的特征数据以后，就要对其进行深入分析，并结合其他来源情报，确定相关雷达的型号。

6.2.1　雷达辐射源型号识别的参数特征

通过电子侦察设备截获雷达辐射源的脉冲描述字参数、参数变化规律、平台运动特征，有时还可以掌握外观特征等，这些都可以作为雷达辐射源型号识别的依据。目前，在雷达辐射源型号识别过程中，仍以信号到达方向、脉冲幅度、脉冲宽度、脉冲重复间隔等脉冲描述字参数为主要依据，尤其以频率和脉冲重复间隔为最主要的依据。

1. 到达方向

雷达信号的脉冲到达方向表示雷达信号的来波方向。它是唯一一个短时间内雷达辐射源不会发生很大改变的特征参数。雷达信号脉冲到达方向一般不直接作为型号识别的依据，但是根据雷达信号脉冲到达方向的变化规律，可以确定雷达装载平台的类型，如地面、舰载、机载或者星载等，因此对脉冲到达方向的分析在雷达平台识别中有重要作用。

2. 脉冲幅度

雷达信号的脉冲幅度受传输距离及传输信道特性的影响较大，和脉冲到达方位类似，它一般不直接作为识别依据。通过分析雷达信号的脉冲幅度的变化特点，可以获得雷达天线的方向图特征和峭度、主瓣数目等扫描特征，进而确定雷达的波束宽度和扫描类型，这是识别雷达天线扫描类型和判断工作状态的重要依据。

3. 频率

频率是雷达辐射源型号识别中的重要参数之一，它的特点及规律取决于雷达的体制、用途和平台。以搜索为主要任务的雷达，由于监视空域大、作用距离较远、目标数目较多，一般采用较低的频率；对于担负跟踪任务的雷达，则选用较短的波长以提高发射天线增益，从而增大跟踪距离，提高跟踪精度。针对不同形式的信号，雷达识别系统可以通过测量脉冲对应频率的平均值，以区分不同的雷达辐射源型号。

4. 脉冲重复间隔

脉冲重复间隔是通过对到达时间进行差分获得的，脉冲重复频率为脉冲重复间隔的倒数，约等于雷达每秒发射脉冲的数量，它是对雷达辐射源型号进行识别的关键参数。因此，对到达时间进行精确估计是后续过程中正确识别辐射源型号的前提。为了消除距离或速度模糊或反侦察和干扰，不同雷达常采用不同的脉冲重复间隔变化类型。

5. 脉冲宽度

脉冲宽度指的是单个脉冲信号的持续时间。脉冲宽度与雷达的作用距离和距离分辨率关系密切，搜索雷达作用距离远，一般采用较大的脉冲宽度。而考虑到对测量精度的要求，跟踪雷达一般选择较小的脉冲宽度，脉冲宽度的变化形式通常比较简单。然而，在实际环境中，受到脉冲缺失和分裂等因素的影响，有时电子侦察设备所测量得到的脉冲宽度与目标真实脉冲宽度差异较大。

6. 其他参数特征

当前雷达辐射源信号的参数变化复杂多样，大量特殊雷达体制的使用使得雷达参数越来越复杂。对雷达辐射源信号的描述方式除了上述的参数特征，一些参数特征如极化方式特征、频率和脉冲重复间隔等参数的变化类型和变化规律等信息也可以用于雷达辐射源型号的识别。此外，雷达的战术运用特点，如开关机特点、工作时间等，也可以作为识别雷达辐射源型号的参数特征。

6.2.2　雷达辐射源型号识别的依据

雷达辐射源型号识别涉及的内容非常广泛，目前雷达型号识别的主要依据是雷达信号的参数特征。但是要明确的是，型号的识别都要结合资料，不能仅仅只从雷达辐射源信号的参数特征上进行分析。雷达技术体制、工作平台、雷达外形、战术运用特点、雷达信号脉内细微特征、公开的文献资料、上级下发的资料等都是雷达辐射源型号识别的重要依据。通常要将资料分解成可供分析的若干类信息，即参数组合、特征情况、平台情况、与武器配对情况（一些雷达往往与特定的武器系统有比较固定的编制关系）、战斗序列、部署位置等。确定目标后，要结合资料确定型号，能吻合资料的便冠以具体型号，不能吻合的就不能确定型号。型号识别不是目标分析的最终目的，即使无法分析出型号，只要是客观存在的信号数据，能确定目标，便完成了对单部雷达的分析任务，将其称为待研判的雷达辐射源。

1. 与雷达相关的技术资料

将侦察得到的雷达信号技术参数与雷达手册或雷达档案资料中每一部已知型号的雷达技术参数进行比较，根据各个参数的匹配程度来判断雷达属于哪一个具体型号。在资料比对中，关键的是要有数据比较齐全、可靠的雷达手册和雷达档案资料。目前使用比较多的公开出版的雷达手册有《世界地面雷达手册》《机载雷达手册》《世界海用雷达手册》等。许多分析机构都有自建的雷达档案资料，但在数据的全面性、准确性以及规范性方面还有待进一步提高。

2. 雷达的战术与技术参数

结合历年侦察数据，在侦测员对某型雷达的参数合批的基础上，通过对不同信号样式数据的综合分析，以识别某型雷达或某部雷达。在进行雷达及相关武器平台的战术与技术参数匹配的过程中，通常采取关键特征匹配的方法，例如，依据雷达的脉冲重复间隔特征、脉内调制特征、天线扫描周期、占空比等关键特征参数，再结合其他参考数据，能识别出雷达型号或个体。例如，某雷达采用了 13 位巴克码，它与相似雷达明显不同；从平台情况中可确定信号的类别，它甚至能决定型号的准确与否。

3. 多元侦察数据

另外，对雷达辐射源型号的识别通常还要利用其他传感器的信息，如雷达侦测的目标航迹诸元、无线电通信侦测的目标通联关系、图像侦测的天线和外形等，从而用于综合分析提升对雷达型号的识别正确率。

6.2.3　雷达辐射源型号识别的方法

对雷达的识别是由辐射源参数向辐射源目标的转换过程，是典型的分类识别问题。根据原理不同，可分为决策论识别方法和统计模式识别方法。决策论识别方法根据假设检验和概率论的贝叶斯理论，建立在以随机过程和数理统计为核心内容的严格数学理论基础之上，从理论上保证了在贝叶斯最小误判代价准则下分类识别结果是最优的。然而，决策论识别方法对先验知识要求严格，且似然比分类的充分统计量表达式很复杂，计算量大，难于实时处理。统计模式识别方法主要通过对雷达信号参数和特征进行处理，依据辐射源的参数、特征和识别规则实现对雷达的识别。基于统计模式识别的雷达辐射源识别方法的原理框图如图 6-17 所示。

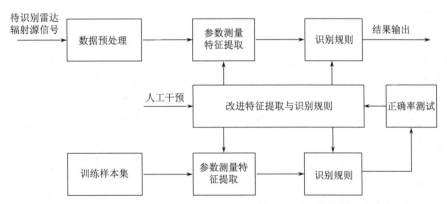

图 6-17　基于统计模式识别的雷达辐射源识别方法的原理框图

基于统计模式识别的雷达辐射源识别方法通常由预处理、特征提取和分类器三个部分构成。预处理部分包括下变频以及参数测量等；特征提取是从数据中提取事先定义好的表征信号的特征；分类器在特征参数提取的基础上，选择和确定合适的判决规则，此时需要具备一个完善、准确的雷达识别数据库，识别结果的正确性极大地取决于雷达识别库中已知雷达特征参数信息的完整性和准确性。

雷达识别的特征参数通常是通过一定的信号样本得到的，所以在低信噪比下特征提取困难，识别率易受噪声干扰。但是其理论分析简单，提取的特征适应性强；较高信噪比下，信号特征明显，易于提取，具有较好的识别性能。因此，在雷达识别领域，使用更多的是基于统计模式识别的方法，其比决策论识别方法有更广阔的研究和应用前景。典型的雷达辐射源识别方案原理框图如图 6-18 所示。

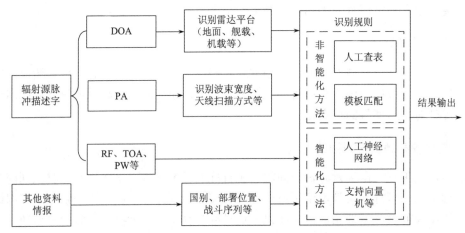

图 6-18　典型的雷达辐射源识别方案原理框图

从最初仅需实现对敌我辐射源识别的要求到现阶段电子战支援(ESM)的需求，雷达辐射源型号识别的识别规则出现了几个分支，主要包括人工查表、模板匹配等非智能化方法和后来出现的基于人工神经网络、支持向量机等智能化方法。

1. 人工查表法

人工查表分析是型号识别中经常做的工作，这项工作一般由计算机来完成，但最终核实时，要由人来进行，查表分析时要将资料和侦察数据相对列出，以便审查人员充分相信，然后人工分析比较参数的匹配程度。如果待判别的雷达与表中任何一个雷达都不匹配，则说明该雷达是一个未知型号的雷达，或是某一个已知雷达的尚未掌握的工作模式。这时就要对该雷达的技术参数、体制、用途、战术运用特点等进行全面分析，并进一步收集有关数据和资料，经过几次核实和分析判断后，就可以收录到雷达手册或雷达档案资料中，并给予一个合适的编号或名称，这样下一次再侦测到该雷达时，就可以进行型号分析。

人工查表法的基本步骤如下。

(1)根据雷达的工作平台，选用合适的雷达手册。例如，已知是机载雷达，就应当查看《机载雷达手册》。

(2)根据雷达的国别，查看该国的雷达型号。目前，除了美、俄、英、法等少数国家可以独立研制雷达并形成独立的雷达设备系列，其他国家或地区往往使用外国生产的雷达，有的还使用几个不同国家或地区生产的雷达。这时就要根据该国或地区雷达的来源，查看雷达原生产国家和厂商的雷达手册。例如，越南主要使用俄制雷达，印度主要使用俄制雷达，也配备部分美国、法国和以色列等国生产的雷达。

(3)有些雷达手册是按雷达的用途编排的，这时就要分析判断雷达的用途，然后按用途进行查找和比较。

(4)把待分析的雷达信号参数与雷达手册中已知型号的雷达信号参数进行比较。在实际比较中可以发现，待分析的雷达信号参数和已知型号的雷达信号参数总是有些差别，只是差别有大有小。判别中的一般做法是：把待分析的雷达判为与已知型号雷达的信号参数最接近的雷达。由于雷达手册中给出的雷达信号参数是标称值，标称值与每部雷达的实际信号参数是有差别的。因此，在分析过程中，如何判别这两种数据的匹配程度，就要依靠雷达辐射源分析人员的理论基础和经验知识。

例如，当侦测到如表 6-3 所示的雷达信号数据时，通过根据部署的平台、国家或地区信息查找对应的资料，并将待分析的雷达信号参数与资料中已知型号的雷达信号参数进行分析比较。分析表明，该雷达信号的频率、脉冲重复间隔和脉冲宽度与 AN/TPS-75 雷达的资料最为相近；而且同样采用了频率捷变和六参差的特殊体制；转速为 6r/min，与 AN/TPS-75 雷达资料中的一个转速相同。综上所述，可初步判断该雷达为 AN/TPS-75 雷达。

表 6-3　人工查表法示例

雷达辐射源参数	资料	侦测情报
信号频率/MHz	2900～3100	2950～3110
脉冲重复频率范围/Hz	250～275(可变)	250
脉冲重复频率变化类型	参差	六参差
脉冲宽度/μs	6.5	6.2
天线转速/(r/min)	6、10、20	6
电子防护措施	频率捷变	频率捷变

2. 自动化方法

自动化方法主要是利用计算机自动对雷达辐射源特征参数所构成的特征矢量与已有雷达的识别数据库进行特征匹配。

1) 模板匹配法

模板匹配法为模式识别中的一种算法，多用于计算机处理和特征识别等学科。模板匹配法对信号特征参数描述字不采取变换、相关等处理，直接将得到的描述字构成一个特征向量，通过与雷达辐射源数据库中已知的雷达辐射源信息进行匹配来确定待识别雷达辐射源的型号等信息。基于模板匹配法的雷达辐射源型号识别步骤如下。

(1)建立模板向量。

对每一种已识别雷达辐射源型号建立如下模板值：

$$T_m(k) = \sum_{n=1}^{N} x_{m,n}(k) \tag{6-19}$$

式中，$x_{m,n}(k)$ 为第 m 种已识别雷达辐射源型号第 n 个脉冲的特征描述向量的第 k 个特征；N 为总的脉冲数。将 $T_m(k)$ 的均值作为第 m 种雷达辐射源型号第 k 个特征的值，并建立此雷达的模板向量为

$$T_m = \begin{bmatrix} T_m(1) & T_m(2) & \cdots & T_m(K) \end{bmatrix} \tag{6-20}$$

式中，K 为总的特征数。

(2)计算样本相似度。

对每一种待识别的雷达辐射源型号的脉冲特征 $\tilde{x}(k), k=1,2,\cdots,K$ ，计算与模板向量之间的相似度：

$$D_m = \frac{1}{K} \sum_{k=1}^{K} w(k) \left[\tilde{x}(k) - T_m(k) \right]^2 \qquad (6\text{-}21)$$

式中，$w(k)$ 为第 k 个特征的权值；D_m 为匹配误差，表示待识别特征与模板特征的差异程度。匹配误差越小，两个特征越一致。

(3)雷达辐射源型号识别。

设置门限 ε，将具有最小匹配误差所对应的雷达辐射源型号作为识别结果，如果所有的匹配误差均大于门限 ε，则拒绝识别。

模板匹配法的原理简单易懂，实现起来较为方便且处理速度较快。早期的雷达辐射源数量稀少、体制单一、功能简单、频域覆盖范围小，信号波形设计简单且参数相对稳定，因此模板匹配法的识别率较高。

模板匹配法的缺点也显而易见，其识别效果很大程度上取决于数据库中雷达辐射源信号的种类和收集到的参数的好坏，对于数据库中不存在的辐射源信号或不确定的参数，该方法无法实现有效的识别。此外，模板匹配法的容错性较差且没有自学习能力，难以用于存在信号缺失或畸变时的雷达辐射源型号识别。下面通过仿真来分析模板匹配法的性能。

选取频率和脉冲重复间隔作为型号识别的两个特征。首先考虑在两种参数取值恒定情况下的识别率，仿真参数如表 6-4 所示。

表6-4　雷达辐射源参数表

雷达辐射源型号	频率/MHz	脉冲重复间隔/μs
雷达 1	9730	200
雷达 2	9727	210

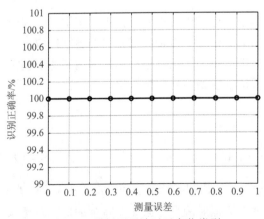

图 6-19　模板匹配法对于变化类型固定的雷达识别正确率

仿真中，两部雷达各生成 200 个脉冲样本，其中利用每部雷达的前 100 个样本参数生成三部雷达的模板向量，并利用后 100 个样本测试识别正确性，如图 6-19 所示。两个特征参数的测量误差均服从均值为 0、均方差为 σ 的正态分布。

由图 6-19 可以看出，在雷达特征参数值恒定的情况下，模板匹配法能够取得较好的识别效果。

然而，在现代复杂的雷达体制下，模板匹配法的识别率会急剧恶化，例如，将频率参数保持不变，考虑脉冲重复间隔八参差变化，仿真参数如表 6-5 所示，此时模板匹配法对于两种型号的雷达的识别正确率如图 6-20 所示。

表 6-5　雷达仿真参数表

雷达辐射源型号	频率/MHz	脉冲重复间隔/μs
雷达 1	9730	$200, 203, 206, \cdots, 221$
雷达 2	9727	$210, 213, 216, \cdots, 231$

　　因此，在特征参数变化类型比较复杂的情况下，模板匹配法的识别效果会下降。这是因为模板匹配法仅仅考虑了待识别样本参数向量与所建立的模板向量的距离，相当于将平均值代表整体数据分布特性。

2）K 近邻算法

　　K 近邻（K-nearest Neighbors，KNN）算法是一种比较基础的机器学习方法。它的基本思想是在训练集中数据和标签已知的情况下，输入测试数据，将测试数据的特征与训练集中对应的特征进行相互比较，找到训练集中与之最相似的前 K 个数据，

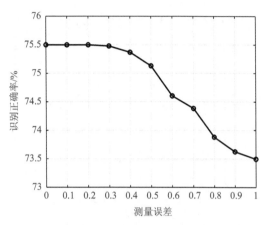

图 6-20　模板匹配法对于 PRI 参差雷达的识别正确率

则该测试数据对应的类别就是 K 个数据中出现次数最多的那个分类。

　　KNN 算法是一种非参数化的算法，该算法不会对数据的分布情况做任何假设，与之相对的是模板匹配法，它适用于假设数据可以用一条直线来确定识别分界线的情况。KNN 算法建立的模型结构是根据数据来决定的，这也比较符合现实的情况。

　　KNN 算法的流程如下。

　　(1) 计算测试数据与各个训练数据之间的距离。假设 $x_{m,n}(l)$ 为第 m 种已识别雷达辐射源型号第 n 个脉冲的特征描述向量的第 l 个特征（特征描述向量的维度为 L），$x(l)$ 为待识别雷达辐射源型号的第 l 个特征，待识别雷达辐射源特征参数与第 m 种已识别雷达辐射源型号第 n 个脉冲的欧氏距离的计算公式如下：

$$R_{m,n} = \sqrt{\sum_{k=1}^{L} \left[x_{m,n}(l) - x(l) \right]^2} \tag{6-22}$$

　　(2) 按照距离的递增关系进行排序，并选取距离最小的 K 个点。

　　(3) 将这 K 个点中出现频率最高的雷达作为待识别雷达辐射源型号的预测分类。

　　如图 6-21 所示，假设图中正方形点就是待识别的雷达辐射源参数，选取 $K=3$。那么 KNN 算法就会找到与它距离最近的三个点（这里用圆圈把它们圈起来了），并分析这三个点属于哪种雷达多一些。在本例中，三角形最多，因此正方形点就被识别为三角形对应的雷达辐射源型号。

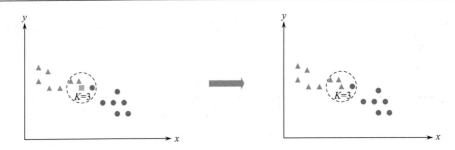

图 6-21 KNN 算法的示意图

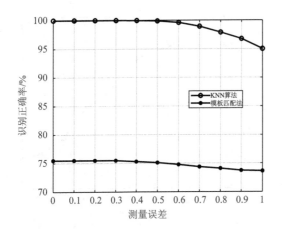

图 6-22 模板匹配法与 KNN 算法的识别率对比

图 6-22 为模板匹配法与 KNN 算法的识别率对比，其雷达仿真参数与表 6-5 一致。对于 KNN 算法，选取 $K=5$。

KNN 算法的优点在于简单，易于理解和实现，无须估计参数，对数据没有假设，准确度高。然而，KNN 算法也存在以下缺点。

（1）计算量大。每一个待识别雷达样本都要计算它与全体训练样本的距离，才能得到它的 K 个最近邻点。

（2）样本不平衡时，对稀有类别的识别正确率低。例如，若一部雷达辐射源型号的样本容量很大，而其他雷达辐射源型号的样本容量很小，有可能导致当输入一个新样本时，该样本的 K 个邻居中大容量类的样本占多数。

（3）对训练数据依赖度高，对训练数据的容错性差。例如，如果训练数据集中，有一两个数据是奇异的，刚好又在待识别数据的旁边，这样就可能导致数据识别结果不正确。

3. 智能化方法

1）人工神经网络法

人工神经网络（Artificial Neural Network, ANN）模型的建立受生物学的启发，从微观结构与功能上对人的神经系统进行模拟。它是一种基于连接主义机制的人工智能技术，其特点主要是具有非线性特性和自适应性，并具有很强的识别能力，可克服传统线性方法存在的分界面不准确或无法确定分界识别面的情况。人工神经网络的神经元模型以及典型拓扑结构分别如图 6-23 和图 6-24 所示。

单个神经元是神经网络中最基本的结构，也可以说是神经网络的基本单元，它的设计灵感完全来源于生物学上神经元的信息传播机制。生物学中，神经元有两种状态：兴奋和抑制。一般情况下，大多数的神经元处于抑制状态，但是一旦某个神经元受到刺激，它的电位超过一个阈值，那么这个神经元就会被激活，处于"兴奋"状态，进而向其他的神经元传播化学物质。在人工神经网络里，一个神经元代表一个非线性函数，神经元的输出为

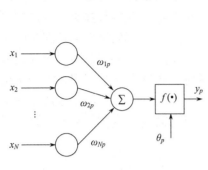

图 6-23　单个神经元模型

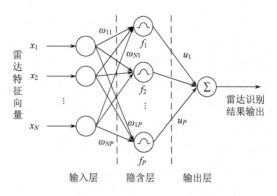

图 6-24　神经网络的拓扑结构

$$f_p(x) = f\left(\sum_{n=1}^{N} \omega_{Np} x_n - \theta_p\right), \quad p=1,2,\cdots,P \tag{6-23}$$

式中，θ_p 为神经元的激活阈值，函数 $f(\cdot)$ 也称为激活函数。激活函数可以用一个阶跃方程表示，大于阈值激活，否则抑制，但是因为阶跃函数不光滑、不连续、不可导，因此通常使用 Sigmoid 函数或 ReLU 函数（图 6-25）来表示激活函数：

$$\text{Sigmoid}: f(x) = \frac{1}{1+e^{-x}}$$

$$\text{ReLU}: f(x) = \begin{cases} 0, & x < 0 \\ x, & x \geqslant 0 \end{cases} \tag{6-24}$$

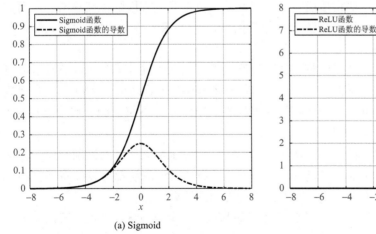

(a) Sigmoid

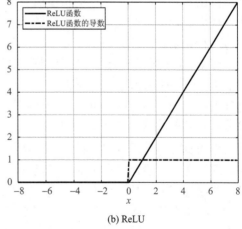

(b) ReLU

图 6-25　Sigmoid 函数和 ReLU 函数的曲线

　　一个典型的神经网络由一个输入层、一个输出层和至少一个隐含层组成。神经网络的输入层对输入的信息不做任何处理，只将输入向量 x（即雷达特征向量）加权分配给隐含层，隐含层上的每一个节点代表一个神经元。隐含层的节点对输入刺激产生响应，输出层的节点输出隐含层节点的线性加权和。

在确定隐含层的激活函数后，使用反向传播(Back Propagation，BP)算法对神经网络的权重参数进行训练，因此神经网络常常也称为 BP 神经网络。反向传播算法直接利用输出层节点的预测误差反向估计上一层隐藏节点的预测误差，从而实现对连接权重的调整。采用 Sigmoid 函数时，指数运算的计算量大；反向传播求误差梯度时，求导涉及除法，计算量相对较大。而采用 ReLU 函数时，整个过程的计算量能节省很多，因为无论是函数还是其导数都不包含复杂的数学运算。然而，如图 6-25 所示，当输入为负值时，ReLU 函数的学习速度可能变得很慢，因为此时输入小于零而梯度为零，从而其权重无法得到更新，在剩下的训练过程中会保持不变。

激活函数的另一个选择为采用高斯(Gauss)函数：

$$f_p(x)=\exp\left[-\frac{\|x-c_p\|^2}{\sigma_p^2}\right] \tag{6-25}$$

式中，σ_p 为高斯函数的宽度，基函数的宽度越小，基函数越具有选择性。$c_p(p=1,2,\cdots,P)$ 为隐含层节点的数据中心，实际处理中可以选择为训练样本中的抽样，也可以是训练样本集的多个聚类中心，这个结构也称为高斯径向基函数(Radial Basis Function，RBF)神经网络。式(6-25)利用高斯函数可将数据映射到无穷高的维度(参考核函数思想)，因此与 BP 神经网络不同，用高斯径向基函数构成隐含层节点时，输入层到隐含层直接相连，不需要通过权重进行连接。隐含层的作用是把雷达特征输入向量 x 映射到一个高维度特征空间中，这样低维度线性不可分的情况到高维度就可以变得线性可分，因此 RBF 神经网络能解决非线性分类识别问题。RBF 神经网络输入层到隐含层无须进行权值训练，而网络输出对隐含层到输出层的权值而言又是线性的，可由线性方程组直接解出，从而大大加快学习速度并避免局部极小问题。综上所述，本节选择 RBF 神经网络对雷达辐射源型号进行识别。

图 6-26 对模板匹配法、KNN 算法和神经网络法的识别率进行了对比。仿真参数与表 6-5 一致，两部雷达各生成 200 个脉冲样本，其中利用每部雷达的前 100 个样本参数进行训练，利用后 100 个样本参数测试识别准确性。RBF 神经网络的隐含层设置包含 5 个节点，高斯函数的宽度 $\sigma_p=10$。

由仿真分析可以看出，神经网络法的识别率较高，与 KNN 算法的识别结果非常接近，原因在于只要训练样本准确且足够，神经网络法和 KNN 算法都可以在特征空间中进行非线性划分，且能够取得比模板匹配法更为理想的结果。

当样本数不平衡时，KNN 算法的识别正确率降低。为了说明这个问题，其他仿真参数保持不变，雷达 1 用于训练的样本数为 100，但是雷达 2 用于训练的样本数为 20，测试样本数为每部雷达各 100 个，如图 6-27 所示。

由图 6-27 可知，神经网络法取得了最高的识别率，而 KNN 算法在样本数不平衡时，性能恶化较多。

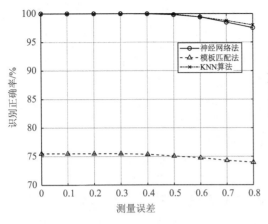

图 6-26　样本平衡时三种算法的识别率对比

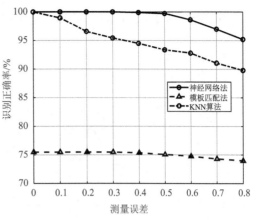

图 6-27　样本不平衡时三种算法的识别率对比

2）支持向量机法

支持向量机（Support Vector Machine, SVM）是 Vapnik 等提出的一种建立在统计学习理论、VC 维理论和结构风险最小化原理基础上的机器学习算法，为解决有限样本学习问题提供了一个统一的学习方案。SVM 通过事先选择的非线性映射（核函数）将输入向量映射到一个高维度特征空间，在高维度空间对非线性问题进行分类。基于 SVM 的分类模型示意图如图 6-28 所示。

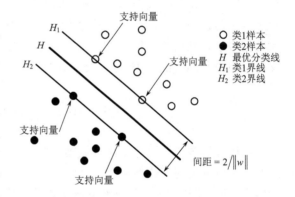

图 6-28　基于 SVM 的分类模型示意图

基于 SVM 的雷达辐射源分类识别方法，其目的在于根据训练样本，寻找最优的分类超平面。为便于说明问题，假设有两类雷达辐射源要进行识别，每个雷达辐射源样本可用多维特征参数 x_i 表示。空心圆点称为正样本，对应的标签为 $y_i = 1$，实心圆点为负样本，对应 $y_i = -1$。SVM 的训练过程在于最大化两类样本边界线之间的距离：

$$\max_{\omega,b} \frac{2}{\|\omega\|} \tag{6-26}$$
$$\text{s.t.}\quad y_i(\omega^{\mathrm{T}} x_i + b) \geqslant 1$$

如果分类问题为线性不可分，则需要构造核函数 $\phi(x)$，使得原数据特征进行特征变换，映射到高维度可区分的空间里，常用的核函数有线性核、多项式核、高斯核、拉普拉斯核以及 Sigmoid 核等。采用高斯核函数对雷达特征进行变化，高斯核函数的表达式为

$$K\left(x_i, x_j\right) = \exp\left(-\frac{\|x_i - x_j\|}{2g^2}\right) \tag{6-27}$$

引入核函数后的 SVM 的结构示意图如图 6-29 所示。

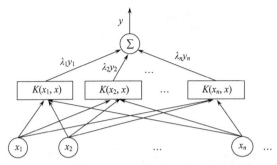

图 6-29　引入核函数后的 SVM 的结构示意图

SVM 能通过结构风险最小化原理控制它们 VC 维的上界，因此不容易出现过学习的情况。其优点是训练过程简单，在训练样本有限的情况下，能够得到很好的结果。但是对于复杂问题的分类，SVM 模型表现不是很理想，因为它不能像神经网络那样，能够从大数据中学习到深度信息。SVM 主要解决二分类问题，针对多类别的分类问题，可将二叉树思想与 SVM 结合，构造多类别分类结构，即构造二叉树结构的支持向量机来解决。

6.3　雷达辐射源个体识别

雷达辐射源个体识别是在雷达辐射源信号参数高精度测量的基础上，唯一地识别辐射源，完成准确的威胁判断和平台鉴别，获得更多、更精确的雷达辐射源和其搭载平台的信息，通常简称 SEI。雷达辐射源个体识别是当前电子侦察的重难点问题，是雷达辐射源分析的一项重要内容。它不仅是分析与雷达相关的武器平台的重要依据，也是分析有关国家或地区武器平台威胁的重要依据。

6.3.1　雷达辐射源个体识别的基本要求

雷达辐射源的个体识别特征是指附加在雷达发射信号上的无意调制。无意调制主要是由大功率雷达发射机的发射管、调制器和高压电源等器件或电路产生的各种寄生调制，是大功率雷达发射机固有的特性。也就是说，雷达发射信号的调制形式和调制量对于不同发射机是存在差异的，即使是设计相同的一批雷达中也会存在个体的无意调制差异，这主要是由同类的部件在性能上存在的细微差异造成的。这些可用于对雷达辐射源进行个体识别的细微差异，也称为雷达辐射源的"指纹"特征。构成雷达辐射源识别的个体特征，通常必须满足三个基本特性，即唯一性、稳定性和可测性。

1. 唯一性

雷达辐射源的个体识别特征要具备对雷达辐射源个体进行区分的能力，就要确保对相同频段或相同用途雷达的可区分度，如果差异不明显或细微特征相互交错，就无法完成雷达辐射源的个体识别任务。

2. 稳定性

雷达辐射源的个体识别特征来源于器件差异、制造工艺等，在雷达信号中表现为无意调制，这些无意调制特征首先应具备相对稳定的特征，对同一部雷达，在相对较长的一段时间内保持不变，确保相关设备可有效提取该特征。在实际测量过程中，发现频率和脉冲重复间隔等参数的精确测量特征会随季节、气候、环境温度等起伏，就需要在更长时间内构建个体识别特征。

3. 可测性

雷达辐射源的个体识别特征通常是时频、时相等方面的高阶特征，对测量精度有较高的要求，这就需要相关器件具备足够的一致性，确保个体识别特征能够重复多次测量获得，且要尽可能降低对器件、样本的要求，以提升相关特征的可用性。

除以上基本特性外，为确保可靠地进行雷达辐射源个体识别，在不同用途、不同平台的雷达辐射源选取方面，通常还要求雷达有较长的开机时间、搭载平台数量较少等特性，确保与雷达辐射源关联的水面舰艇等平台个体数量相对较少，并且有足够多的时间采集雷达辐射源个体特征，进而掌握足够多的雷达辐射源个体样本，以提升个体识别的正确率和时效性。

6.3.2　雷达辐射源个体识别的特征分析

在生产雷达过程中，诸多环节会导致不同个体间辐射信号具有不同程度的差异，表现出各自不同的无意调制。至于哪些无意调制最容易产生，或者雷达制造过程中哪些环节最难以控制，分析起来并不容易。通常认为，调制、滤波等数字信号处理过程可以保证不同个体间的一致性；模拟调制、滤波、放大等模拟信号处理过程因器件的差异会导致个体产生不同的无意调制；机械控制会因控制、测量器件的差异导致个体产生无意调制。由此，雷达辐射源个体识别的主要特征如表 6-6 所示。

表 6-6　雷达辐射源个体识别的主要特征

特征产生的原因	个体识别特征	特征描述
频率源产生的 个体特征差异	精确频率特征	随时间变化的均值、方差等
	精确脉冲重复间隔特征	随时间变化的均值、方差等
	一阶谱特征	随时间变化的一阶谱特征
	高阶谱特征	随时间变化的高阶谱特征
发射通道器件产生的 个体特征差异	脉冲上升沿特征	波形、上升时间、下降时间、过冲等
	脉冲下降沿特征	
	脉冲顶部特征	
调制电路产生的 个体特征差异	频率-时间调制特征	频率调制特征形成时频多维特征向量
	相位-时间调制特征	相位调制特征形成时相多维特征向量
天线单元产生的 个体特征差异	天线扫描周期特征	天线伺服系统特征多维特征向量
	天线波束特征	天线孔径差异特征多维特征向量

1. 频率源产生的个体特征差异

雷达的频率源用于产生雷达信号，也用于雷达接收处理回波信号。由于制作工艺偏差，同型号雷达的不同个体间采用的频率源都存在着或大或小的差异。频率源的输出频率偏差必然导致雷达信号载频与其标称值的偏差。对于不同用途的雷达，采用不同的频率源，其载频的相对频率偏差和绝对频率偏差通常都是不同的，但也是满足雷达设计要求的。频率源的差异表征出来就是雷达辐射源的频率和脉冲重复间隔(脉冲重复频率)均值、方差等参数在同型号雷达不同个体间的差别。

2. 发射通道器件产生的个体特征差异

雷达发射通道及发射机大多是由模拟器件组成的,不同雷达个体间的通道特性(包括通道开关特性、幅频特性、相频特性)不可能完全一致。同样地，发射机特性也不可能完全一致。发射机总会发射杂散信号，对于不同的雷达，其杂散输出成分和大小也各不相同。这些差异表现出来，就体现在脉冲包络的不一致，即脉冲的前后沿变化、脉冲包络起伏等方面，可以由此提取脉冲上升沿特征、脉冲下降沿特征、脉冲顶部特征等。

3. 调制电路产生的个体特征差异

雷达技术体制不同，信号调制的方式也有差异，实现雷达辐射源信号调制所采用的模拟器件的差别，会导致不同雷达个体输出的信号出现无意调制信息。调制电路产生的个体特征差异表现为频率调制曲线不一致，可以由此提取频率-时间调制特征、相位-时间调制特征。

4. 天线单元产生的个体特征差异

机械扫描雷达通过伺服控制天线旋转完成空间扫描，天线伺服的机械控制电机、角度测量、反馈控制器件间的差异会造成天线扫描不一致。机械控制的差异表征为不同雷达个体天线扫描周期和天线波束特征的不一致。

6.3.3　雷达辐射源个体识别的特征提取

基于雷达辐射源在频率源、发射通道、调制电路和天线单元等方面产生的个体特征差异，并结合具体用途的雷达、具体的时效性要求等，提取除常规参数之外更细微、更稳健的个体特征，从而构成细微特征参数的完备集合，然后通过设计优良的分类器和在线学习模块，实现雷达辐射源的个体识别。

1. 基于时域的个体特征提取

雷达辐射源信号时域个体特征主要体现在其包络上，信号包络在时间上呈现出不同的瞬态信息，这些瞬态信息是雷达辐射源个体识别的重要依据。常用的时域特征有信号的脉冲宽度、上升沿、下降沿以及上升沿与下降沿的延长线夹角等，这些特征对于单个脉冲只是一个或几个数字特征，通过直接将提取的信号包络作为特征向量，即该特征向量的长度与信号的原始长度相同，既不需要后端计算二次特征，又能保证特征的丰富性，从而在更大程度上保留原始信号的细微特征。

常用的包络提取算法有希尔伯特(Hilbert)变换法、复调制法、小波变换法。其中，复调制法虽然可以得到较为光滑的信号包络，但是它要求产生的本振信号与接收到的雷达信号同频同相，还需要保证采样时钟与产生发射信号的时钟同步，对于电子侦察接收系统，在雷达辐射源信号参数未知的情况下，不适合用复调制法进行包络提取。小波变换法在提取个体特征过程中，通常得到的信号包络毛刺较多，对噪声比较敏感。希尔伯特变换法计算简单、容易实现，能够在保留个体特征与抑噪之间进行折中等，因此在工程中的应用较为常见。下面简要介绍基于希尔伯特变换的包络提取方法。

希尔伯特变换是信号分析中的重要工具。对于一个实因果信号，它的傅里叶变换的实部和虚部，以及幅频响应和相频响应之间存在着希尔伯特变换关系。利用希尔伯特变换法，可以构造出相应的解析信号，使其仅含正频率成分，从而可以降低信号的抽样频率。

给定一连续的时间信号 $x(t)$，其希尔伯特变换定义为

$$\hat{x}(t) = \frac{1}{\pi} \int_{-\infty}^{\infty} \frac{x(\tau)}{t-\tau} d\tau = \frac{1}{\pi} \int_{-\infty}^{\infty} \frac{x(t-\tau)}{\tau} d\tau = x(t) \cdot \frac{1}{\pi t} \qquad (6\text{-}28)$$

$\hat{x}(t)$ 可以看成 $x(t)$ 通过一个滤波器的输出，该滤波器的单位冲击响应为 $h(t)=1/(\pi t)$，$x(t)$ 对应的解析信号定义为

$$z(t) = x(t) + j\hat{x}(t) \qquad (6\text{-}29)$$

对式(6-29)两边进行傅里叶变换，有

$$Z(j\Omega) = X(j\Omega) + j\hat{X}(j\Omega) = \begin{cases} 2X(j\Omega), & \Omega > 0 \\ 0, & \Omega < 0 \end{cases} \qquad (6\text{-}30)$$

由希尔伯特变换构成的解析信号中只含有正频率成分，且其幅度是原信号正频率分量的 2 倍。根据抽样定理，若信号 $x(t)$ 是带限的，最高频率为 Ω_c，那么若保证 $\Omega_s \geqslant 2\Omega_c$，就可以由 $x(t)$ 的抽样 $x(n)$ 恢复出 $x(t)$。对 $x(t)$ 构造解析信号后，由于 $z(t)$ 只含有正频率成分，最高频率仍为 Ω_c，这时只需 $\Omega_s \geqslant \Omega_c$，即可保证由 $x(n)$ 恢复出 $x(t)$。

通过离散傅里叶变换(DFT)可以方便地求出信号的希尔伯特变换及解析信号，步骤如下。

(1)对信号 $x(n)$ 做 DFT，得到 $X(k)$, $k=0,1,\cdots,N-1$，其中 $k=N/2,\cdots,N-1$ 为负频率。

(2)通过式(6-31)构造 $Z(k)$，并对 $Z(k)$ 做逆 DFT，即可得到 $x(n)$ 的解析信号 $z(n)$。

$$Z(k) = \begin{cases} X(k), & k=0 \\ 2X(k), & k=1,2,\cdots,\dfrac{N}{2-l} \\ 0, & k=N/2,\cdots,N-1 \end{cases} \qquad (6\text{-}31)$$

由上述分析可知，对接收到的雷达脉冲实信号按上述步骤进行希尔伯特变换，得到的解析信号模值即脉冲包络。与复调制法相比，该方法不需要产生与接收到的雷达信号同频同相的本振信号，比较适合于信号参数未知的情况。与小波变换法相比，其计算简

单、容易实现。但是，该方法对噪声同样比较敏感，得到的信号包络存在毛刺，可以进一步采用中值滤波对提取到的包络进行处理。

2. 基于频域的个体特征提取

信号载频的精确估计是提取频域个体特征的另一种手段。载频精确估计有很多，下面简要介绍双线幅度法和单线相位法。

1) 双线幅度法(Rife 算法)

设正弦信号模型为

$$s(n) = a \cdot e^{j(2\pi f_c n + \varphi_0)}, \quad n = 1, 2, \cdots, N-1 \tag{6-32}$$

它的 DFT 系数为

$$S_{k_0} = \sum_{n=0}^{N-1} e^{-j2\pi nk/N} \tag{6-33}$$

如果 S_{k_0} 是 $\{s_n\}$ 的 DFT 的最大谱线，那么可以采用式(6-34)精确地估计载频：

$$\widehat{f}_{c0} = \frac{1}{N}\left(k_0 + \frac{r \cdot |S_{k_0+r}|}{|S_{k_0}| + |S_{k_0+r}|} \right) \tag{6-34}$$

其中，当 $|S_{k_0+1}| \leqslant |S_{k_0-1}|$ 时，$r = -1$；当 $|S_{k_0+1}| \geqslant |S_{k_0-1}|$ 时，$r = 1$。

对于 Rife 算法，如被估计正弦波频率位于量化频率点 $k_0/N \cdot f_s$ 附近，误差可能大于 DFT 算法，但处于两相邻量化频率之间的中心区域时精度较高。

2) 单线相位法

从信号 $s(n)$ 中取两个不同长度的序列，分别为 $\{s_n\}, n = 0,1,\cdots, N-1$，$\{s_m\}, m = 0,1,\cdots, M-1$，$M < N$。对 $\{s_n\}$ 和 $\{s_m\}$ 分别进行 DFT，X_{k_0}、X_{k_1} 分别是上述 DFT 系数最大的两个幅值，令

$$\alpha_0 = -\text{Im}(X_k)/\text{Re}(X_{k_0}) \tag{6-35}$$

$$\alpha_1 = -\text{Im}(X_{k_1})/\text{Re}(X_{k_1}) \tag{6-36}$$

$$\beta = \arctan\alpha_0 - \arctan\alpha_1 \tag{6-37}$$

于是，可得到另一种载频的精确估计方法：

$$\widehat{f}_c = \frac{1}{(N-M)T_s}\left(\frac{N-1}{N}k_0 - \frac{M-1}{M}k_1 - \frac{\beta}{\pi} \right), \quad T_s = 1/f_s \tag{6-38}$$

当被估计频率 $\widehat{f}_c$ 位于某一个离散频率附近时，该算法的精度相当高，而 f_c 位于两个离散频率的中心区域时，相位模糊误差较大，算法的精度下降。上述两种载频估计算法，虽然可以较为精确地估计雷达脉冲信号的载频，但得到的只是载频的一个数值，其作为频域个体特征来说维数较少，且包含的可分类信息较单一。因此，实际应用中并不将信号的载频作为分类特征，常常将其应用在信号的基本信息分析中，即对待分类识别的一批雷达信号的载频分布进行估计。对于频域特征通过变换得到一维特

征向量，使其能够很好地表征原始信号的细微频域特征，由此通常用最简单的傅里叶变换以及功率谱作为频域的一维特征向量，其中功率谱可以采用 Welch 方法估计获得。

3. 基于 CPC 的个体表征特征提取

随着多功能雷达技术的发展，雷达辐射源信号样式日趋复杂多变，传统方法依据脉冲到达时间、到达角、脉冲重复间隔、脉冲宽度、频率等信号参数对雷达辐射源个体进行识别，很难满足电子战的实际需求。另外，上述特征是人为提取的，特征的优劣依赖于信号处理技术和专家经验，在先验信息缺乏的情况下对信号细微差异特征的提取能力有限，而且无法挖掘雷达辐射源信号深层次特征，从而降低了识别的正确率。

2018 年，Google 公司 DeepMind 团队提出的对比预测编码（Contrastive Predictive Coding，CPC）无监督表征学习技术在语音识别、计算机视觉、自然语言处理等不同模态的数据领域都取得了优异的识别效果，说明 CPC 特征可以适用于不同模态数据，且识别效果突出。因此，可以尝试提取雷达辐射源的 CPC 特征，然后送入神经网络进行分类学习。

CPC 特征是一种全局慢变的特征，其鲁棒性比传统特征更强。在无需人工先验信息引导的前提下，直接输入雷达辐射源数据采样点，通过相应的网络便可获得所需特征。具体实施步骤为：首先将高维雷达辐射源信号采样数据通过自编码网络生成一个嵌入向量，然后通过一个自回归模型训练并预测下一时刻的向量，最后基于噪声对比估计（Noise-Contrastive Estimation，NCE）损失函数评估预测结果的准确性并更新网络，这里自编码网络所生成的嵌入向量便是 CPC 特征。

6.4　本 章 小 结

思维导图-6

对雷达辐射源进行识别是雷达辐射源分析的核心任务之一。具体需求不同，识别雷达的重点也存在很大差异，对于不同技术体制、不同用途的雷达，识别方法会存在一定的差异性，很难找到一种方法对所有类型的雷达识别效率都很高；另外，对任何一个国家而言，雷达体系的更新换代通常需要 20～30 年，甚至更长的时间，而雷达技术是不断发展进步的，这就导致即使对同一用途、同一技术体制的雷达，在不同年代定型并应用时，其参数特征也可能存在很大的差异性，这就使雷达辐射源识别面临更大的挑战。

习　题

1. 雷达辐射源型号识别的依据有哪些？
2. 雷达辐射源型号识别的方法有哪些？并简析它们的优缺点。
3. 简要说明不同调制类型雷达信号时频特性的差异。

参 考 文 献

陈晟, 姜秋喜, 潘继飞, 2012. 基于脉间指纹特征的雷达个体识别可行性分析[J]. 电子信息对抗技术, 27(3): 6-9.

李春艳, 2011. 雷达辐射源信号检测与脉内细微特征提取方法研究[D]. 西安: 西安电子科技大学.

廖宇鹏, 周仕成, 舒汀, 2015. 基于个体特征的雷达辐射源识别方法研究[J]. 现代雷达, 37(3): 36-39.

普运伟, 金炜东, 胡来招, 2009. 雷达辐射源信号瞬时频率派生特征分类方法[J]. 哈尔滨工业大学学报, 41(1): 136-140.

张柏林, 杨承志, 吴宏超, 2016. 基于 AR 模型的 Yule-Walker 法和 Burg 法功率谱估计性能分析[J]. 计算机与数字工程, 44(5): 813-817.

张玲, 2002. 基于核函数的 SVM 机与三层前向神经网络的关系[J]. 计算机学报, 25(7): 696-700.

张贤达, 保铮, 2001. 非平稳信号分析与处理[M]. 北京: 国防工业出版社.

邹顺, 靳学明, 张群飞, 2006. 一种雷达信号脉内调制特征分析方法[J]. 航天电子对抗, 22(1): 52-54.

Chen S, Wolfgang A, Harris C J, et al, 2008. Symmetric RBF classifier for nonlinear detection in multiple-antenna-aided systems[J]. IEEE transactions on neural networks, 19(5): 737-745.

DOBRE O A, ABDI A, BAR-NESS Y, et al, 2007. A survey of automatic modulation classification techniques: classical approaches and new trends[J]. IET communications, 1(2): 137-156.

GUO G, WANG H, BELL D, et al, 2003. KNN model-based approach in classification[J]. Lecture notes in computer science, 28(8): 986-996.

HAYKIN S, 2004. Neural networks: a comprehensive foundation [M]. 2nd . 叶世伟, 史忠植, 译. 北京: 机械工业出版社.

LI H H, CHEN B L, HAN J, 2009. A new method for SORTING radiating-source [C]. International conference on networks security, wireless communications and trusted computing. Wuhan: 817-820.

LOPEZ-RISUENO G, GRAJAL J, SANZ-OSORIO A, 2005. Digital channelized receiver based on time-frequency analysis for signal interception[J]. IEEE transactions on aerospace and electronic systems, 41(3): 879-898.

NANDI A K, AZZOUZ E E, 1998. Algorithms for automatic modulation recognition of communication signals[J]. IEEE transactions on communications, 46(4): 431-436.

REICHERT J, 1992. Automatic classification of communication signals using higher order statistics[C]. IEEE international conference on acoustics, speech, and signal processing. San Francisco: 221-224.

WILEY R G, 2006. ELINT: the interception and analysis of radar signals[M]. New York: Artech House Publishers.

ZHANG G, RONG H, JIN W, et al, 2004. Radar emitter signal recognition based on resemblance coefficient features[C]. Rough sets and current trends in computing. Uppsala: 665-670.

第 7 章　雷达辐射源技术与战术特性分析

雷达辐射源技术与战术特性分析是雷达辐射源分析的重要内容之一，需要以雷达的电磁辐射特征数据为基础，以态势生成、干扰引导、告警支持等用户需求为核心，判明雷达的技术体制、用途和战术运用规律等，进而分析雷达的威胁，这既是发挥电子侦察设备效能的前提，也是提高电磁态势分析、武器系统数据加载等能力的基础。

7.1　雷达技术体制分析

第二次世界大战使雷达技术得到了飞速的发展，战后持续近半个世纪的冷战刺激，推动着固态功率器件、相控阵天线等雷达系统技术的快速提升，这些技术的发展反过来又促使雷达进一步获得更加广泛的应用。对雷达辐射源进行分析，不仅要掌握其采用何种技术体制，更要结合参数特点、运用方式等掌握其部署的年代，从而为深入地分析战术与技术性能提供支撑。

7.1.1　雷达技术体制的分类

雷达技术体制指雷达在技术类型上所具备的典型特征，由于雷达是由天线系统、发射机、接收机、信号处理等分机组成的，在分析雷达的技术体制时，通常从雷达的各个分机组成来说明雷达的技术机制，不同技术体制的雷达有不同的技术特征。常见的雷达体制如表 7-1 所示。

表 7-1　常见的雷达技术体制

序号	技术体制名称	序号	技术体制名称	序号	技术体制名称
1	简单脉冲	8	脉冲多普勒	15	脉冲压缩
2	频率捷变	9	天波超视距	16	相控阵
3	频率分集	10	地波超视距	17	频率扫描
4	单脉冲	11	连续波	18	两坐标
5	多基地	12	多波束	19	三坐标
6	动目标检测	13	合成孔径		
7	动目标显示	14	逆合成孔径		

从天线结构和波束扫描特点来命名雷达体制，主要有相控阵雷达、圆锥扫描雷达、隐蔽圆锥扫描雷达、单脉冲雷达、多波束雷达等。从雷达发射信号的特点来命名雷达体制，主要有频率分集雷达、频率捷变雷达、连续波雷达、脉冲压缩雷达、脉冲多普勒雷达等。从信号处理方式上来命名雷达体制，主要有动目标显示雷达、动目标检测雷达、

脉冲压缩雷达、合成孔径雷达、边扫描边跟踪雷达等。从测量的目标坐标来命名雷达体制，主要有测高雷达、两坐标雷达、三坐标雷达等。从电磁波传播特点来命名雷达体制，主要有天波超视距雷达、地波超视距雷达等。

7.1.2 雷达技术体制分析的内容

自从雷达出现以来，雷达的技术体制经历了由简单到复杂、由单一到组合的发展历程。不同用途、不同平台、不同国别、不同年代部署的雷达，其采用的技术体制存在诸多差异。因此，分析雷达的技术体制，通常从典型技术体制、技术特性和技术水平等方面进行分析。

1. 分析雷达的典型技术体制

雷达的技术体制与雷达所发射的信号参数特征、搭载平台的运用方式等密切关联，很多雷达通常采用多种互相兼容的技术体制。因此，在分析雷达的技术体制时，要突出雷达的主要技术特点，特别是要注意分析各种不同技术体制兼容时所采用的技术措施。例如，对于连续波雷达通常采用信号特点命名技术体制；对于警戒雷达通常以天线扫描方式或信号特点命名技术体制，如相控阵体制、三坐标体制、脉冲压缩体制等；对于采用相控阵体制的多功能雷达，由于该技术体制可以与频率捷变体制、单脉冲体制、多波束体制、脉冲压缩体制、三坐标体制等诸多技术体制相互兼容，通常以相控阵体制命名。

在分析雷达所采用的技术体制过程中，通常要避免用雷达脉冲重复间隔的变化类型来命名雷达的技术体制，因为雷达的脉冲重复间隔参数有多种不同的变化形式，而这些不同的变化形式可以对应不同的技术体制，也就是雷达的脉冲重复间隔参数变化是雷达某种技术体制的表现方式，而不是技术体制本身。

2. 分析雷达的技术特性

分析雷达的技术特性是雷达辐射源分析的重要任务之一。例如，对于警戒雷达，要分析其最大作用距离、测距精度、距离分辨率、角度分辨率、数据率、抗干扰能力等；对于火控雷达，要分析其跟踪精度、跟踪速度、跟踪的距离范围、抗干扰能力等。雷达的技术体制是依据雷达技术的发展而产生的，有的雷达技术体制是根据雷达的用途而出现的，有的技术体制在多种用途的雷达中应用，而一些技术体制则专门用于特殊用途，下面进行简要介绍。

(1) 频率捷变体制几乎可以用于所有的雷达，它主要用于抗干扰、增大探测距离、提升跟踪精度，以及抑制海杂波和其他分布杂波的干扰等。

(2) 频率分集体制可以用于反干扰，主要用于对空监视。

(3) 动目标显示体制产生较早，主要用于对空监视和低空警戒，也用于机载预警雷达，如 E-2 预警机就采用动目标显示体制。

(4) 脉冲多普勒体制最早用于战斗机火控雷达，主要用于检测贴近地面的运动目标，现在很多预警机远程警戒雷达、陆基武器控制雷达等也采用这种体制。

(5) 脉冲压缩体制运用较广，主要用于提高距离分辨率和作用距离，它在对空监视、机舰载雷达中都得到广泛应用。

(6)合成孔径体制广泛用于机载、星载成像侦察，通过采用合成孔径技术提高方位向分辨力。

(7)相控阵体制早期主要用于远程对空监视，舰载雷达典型代表是 AN/SPY-1D，预警机载雷达典型代表是 AN/APY-1/2，现在已经广泛应用于各种平台、各种用途的雷达。

(8)圆锥扫描体制早期用于炮瞄雷达，虽然有被淘汰的趋势，但其结构简单，仍在部分国家或地区使用，如俄军"炮盘"雷达就采用这种体制。

(9)单脉冲体制主要用于火控制导雷达，通常需要将雷达信号参数特征和平台运用方式结合，才能判断该技术体制。

(10)连续波体制早期用于测距，后来用于导引头，随着新理论、新技术的不断突破，一些低空搜索雷达、岸基监视雷达等也采用连续波体制。

3. 分析雷达的技术水平

不同年代服役的雷达与当时的理论、技术、器件等水平是密切相关的。很多雷达从部署使用到退出服役，通常要经历 20～30 年的时间，有的雷达服役时间甚至更长，这就导致不同年代的雷达同时服役的情况。20 世纪 50～60 年代，由于航空航天技术的飞速发展，基于对飞机、导弹、卫星和反洲际弹道导弹等的探测需要，对雷达提出了远距离、高精度、高分辨率和多目标测量的要求，随着微波高功率管、微波接收机和低噪声放大器等技术的不断成熟，脉冲压缩技术、单脉冲技术、脉冲多普勒技术、相控阵技术等进入实用阶段。20 世纪 70～90 年代，由于发展反弹道导弹、空间卫星探测与监视、军用对地侦察、民用环境和资源勘测等的需要，出现了合成孔径雷达、高频超视距雷达(OTHR)、双/多基地雷达、超宽带(UWB)雷达、逆合成孔径雷达、干涉仪合成孔径雷达(InSAR)等新技术和新体制。以 AN/APG-66 机载雷达为例，作为 20 世纪 70 年代开始投入实战应用较多的机载脉冲多普勒火控雷达，其参数特征具有典型的时代特征，与之后的机载脉冲多普勒火控雷达相比，其信号参数就存在一定的差异。因此，在雷达辐射源分析过程中，需要分析雷达在技术上的先进性，给出该雷达在同类雷达中技术水平的综合评价，有助于更全面地掌握雷达的相关特性。

7.1.3　雷达技术体制分析的依据

雷达技术体制分析不仅要求具备足够的雷达资料，还必须有足够的雷达技术和战术方面的知识。目前雷达技术体制分析的主要依据包括以下方面。

(1)雷达信号参数的特点。雷达信号参数包括频率、脉冲宽度、脉冲重复间隔、天线扫描特征等。不同技术体制雷达的信号参数具有不同的特点，雷达技术体制和信号参数之间的这种相关性，是分析雷达技术体制的重要依据。

(2)雷达的外形。雷达的外形指雷达天线的形状、雷达车辆的形状、与雷达配套运用的技术设备和技术设施的形状与布局等。许多雷达体制具有明显的外形特征，特别是雷达的天线，如相控阵雷达、三坐标雷达、测高雷达等，这些雷达天线具有明显的外形特征。现在常常可以利用航空、航天等手段获取有关雷达的照片，因此雷达的外形也成为分析雷达技术体制的一个重要依据。

(3)雷达的工作平台。雷达的工作平台往往限定了雷达的用途,实现雷达某种用途的技术途径一般也是有限的。例如,卫星搭载成像的侦察雷达一般采用合成孔径体制;对于机载火控雷达主要采用单脉冲和脉冲多普勒体制。

(4)雷达的型号。现在多数国家的雷达都是系列化的,对于每一系列的雷达在技术上一般都有一定的继承性。尽管同型雷达可能有多种改进型,每种改进型都会采用一些新的技术措施,但是,同一系列的雷达在技术上会存在许多共同特点,可以通过电子侦察、文献资料或其他手段获取关于该系列雷达的信息,以区分同一系列不同型号的雷达辐射源。

(5)雷达的战术运用特点。雷达的战术运用特点包括雷达的部署位置、开关机规律、相关武器系统的运用特点等。利用雷达的战术运用特点,有助于判别雷达的技术体制。例如,机载火控雷达信号出现与消失的时间通常与相关机载平台的活动空域密切相关,使用技术体制与机载平台担负的任务密切相关。

(6)雷达信号脉内细微特征。随着电子侦察技术的迅速发展,现代电子侦察设备不仅可以获取如雷达频率、脉冲宽度、脉冲重复频率、天线扫描周期等参数,还可以获取雷达信号脉内细微特征,如脉内频率调制方式、脉内相位调制方式、脉内寄生调制方式、脉冲包络细微特性等,利用雷达信号脉内细微特性可以准确地判定雷达的技术特点,甚至是雷达的型号或个体等。

在依据以上内容分析雷达技术体制的过程中,注意把握同一技术体制在不同年代、不同国别方面的差异性。以战斗机载脉冲多普勒雷达为例,在 20 世纪 90 年代以前的战斗机载脉冲多普勒雷达波形设计上,高重频通常用于目标跟踪,中低重频用于搜索、测距,而在之后的战斗机载脉冲多普勒雷达波形设计上,中高重频搜索加跟踪(TAS)就可以实现多种功能,高重频通常用于搜索截获。而且,不同国家的军事战略、技术基础等不同,也会影响战斗机载雷达波形的设计。因此,要全面分析脉冲多普勒体制关联的雷达型号、工作模式等情况,除了掌握基本的雷达信号参数特征外,还要综合多方面的资料系统分析才能得到更可靠的结论。

7.1.4　典型雷达技术体制分析的要点

1)频率捷变雷达

频率捷变雷达通过频率快速、伪随机变化,实现较强的抗有意干扰和抗海浪杂波能力。由于频率捷变体制与很多技术体制的兼容性不足,通常只能采用脉组捷变或减少频道数等折中方案。因此,频率捷变雷达常以脉组频率捷变的方式快速变化,脉间频率捷变则多见于弹道导弹预警雷达。

2)脉冲压缩雷达

为提高雷达的作用距离,脉冲压缩雷达通常选用较大的脉冲宽度,从而提高占空比,增大平均功率,增加作用距离。为了提高雷达的距离分辨率,脉冲压缩雷达需要有较大的带宽。因此,脉冲压缩雷达往往同时具有较大的脉冲宽度和较宽的频带宽度。从目前掌握的情况看,脉冲压缩雷达的最小脉冲宽度为 1.75μs,最大脉冲宽度可达 6ms,同时脉内存在调制，如线性调频、非线性调频、二相编码、四相编码等。判断一个信号是否是脉冲压缩雷达信号，主要依据其是否有脉内调制，而不是简单地看脉冲宽度的大小。

3）单脉冲雷达

单脉冲雷达在分米波、厘米波和毫米波频段中均有应用。导弹跟踪制导雷达一般工作于分米波频段；对于炮火控制和制导雷达，一般工作于厘米波和毫米波频段。在脉冲宽度和脉冲重复间隔方面，对于远程警戒雷达，一般采用脉冲压缩体制，脉冲宽度为 10～400μs，脉冲重复间隔通常为 500～4000μs；对于炮火控制和导弹制导雷达，脉冲宽度通常小于 1μs，脉冲重复频率一般为 1～300kHz。

4）动目标显示雷达

动目标显示雷达的工作波长一般选择在分米量级，如 10cm、15cm、20cm、60cm 等，也有动目标显示雷达工作在 X 频段，波长约为 3cm。在脉冲重复间隔方面，一般采用参差变化的脉冲重复间隔，有二三参差，甚至六参差。在天线转速方面，动目标显示雷达的转速一般为每分钟几转至几十转，这是因为需要多个回波脉冲进行相关处理，天线的转速不能太快。动目标显示体制可以与频率分集、频率捷变、脉冲压缩、相控阵、单脉冲等体制兼容。

5）脉冲多普勒雷达

脉冲多普勒雷达通常采用相参工作体制，频率稳定度比较高，其脉冲重复频率分布比较广，可分为 LPRF（4～20kHz）、MPRF（20～100kHz）和 HPRF（100～300kHz）。机载脉冲多普勒雷达通常有多种工作模式，不同工作模式可能用不同的信号参数。脉冲多普勒体制可以与频率捷变、单脉冲等体制兼容。

脉冲多普勒雷达分析的内容主要包括雷达信号的频率、脉冲重复间隔、脉冲宽度等主要参数的中心值、变化范围、变化规律等特征，以及信号样式和对应的工作模式等。脉冲多普勒雷达的处理需对若干脉冲进行高效率的相参累计，以获得显著的处理增益。此时，积累的持续时间为 nPRI，nPRI 被称为相参处理周期（CPI）从脉冲多普勒雷达信号特征的脉冲串框架结构上分类可归纳为三大类。一是雷达信号样本的频率或脉冲重复间隔特征有固定框架结构，且 CPI 时间短，相关处理脉冲数通常少于 1000 个脉冲。例如，典型二代战机、预警机载脉冲多普勒体制的雷达，其采用频率捷变、脉组参差等信号样式，脉冲重复间隔变化类型呈现脉组 4～8 参差，每组 100～200 个脉冲，对这一类雷达的分析识别、特征提取等算法设计，既可以采用传统的贝叶斯模型或 SVM 模型来解决，也可以直接采用神经网络的模型进行分析处理。二是雷达信号样本的频率或脉冲重复间隔特征有固定框架结构，但 CPI 时间长，相关处理脉冲数可达 2000 个脉冲。例如，典型三代战机、预警机、舰载多功能武器控制雷达等，其脉冲重复间隔变化类型呈现多脉组变化，典型 PRI 值可达 60～100 个，但仍呈现固定框架结构，每组 200～1000 个脉冲，对这一类雷达的分析识别、特征提取等算法设计，传统的 CDIF、SDIF 直方图等分选方法会出现严重的"增批"问题。三是雷达信号样本的频率或脉冲重复间隔特征无固定框架结构，且 CPI 时间长，相关处理脉冲数可达 2000 个，甚至有 10000 个脉冲。近年来，新部署的机载、舰载多功能相控雷达的脉冲重复间隔变化类型呈现多脉组变化，典型 PRI 值可达 60～100 个，无固定框架结构，每组 1000 个脉冲以上，对这一类雷达的分析识别、特征提取等算法设计，传统的分选方法很难实现准确识别，也很难准确提取其参数特征。

6）相控阵雷达

相控阵雷达波束移动速度快，从一个方向移动到另一个方向所需要的时间只需几微秒，比机械扫描快得多。中、小型相控阵雷达通常采用机械扫描与电子扫描相结合的方法，如方位上采用机械扫描，俯仰上采用电子扫描。多功能相控阵雷达通常采用多个波束，有多种工作模式，不同工作模式可能采用不同的信号模式，例如，搜索时采用宽波束、低脉冲重频；跟踪时采用窄波束、高脉冲重频。相控阵雷达可与脉冲压缩、频率捷变、动目标显示、单脉冲、多波束等多种体制兼容。

相控阵雷达具有多功能、高数据率、作用距离远、能对付多个目标等一系列优点，广泛用于各种用途的雷达，因此其信号特征与具体雷达类型、型号密切相关，但与机械扫描雷达相比，仍有显著特征。一是在脉冲幅度上，相控阵雷达向一个波位连续照射时，侦获的脉冲串幅度基本保持不变，当其连续切换波位时，幅度常常呈现阶跃特征，而机械扫描雷达在切换方位时，脉冲串幅度连续变化；二是在波束扫描周期间隔时间上，由于相控阵雷达波束切换灵活，可根据工作需要灵活调整波束指向，因此电子侦察设备所侦收脉冲群之间的间隔时间不固定，这也是相控阵雷达与常规雷达参数的典型不同之处。

7）合成孔径雷达

合成孔径雷达是一种成像雷达，多用于地面、水面目标的高分辨成像。合成孔径距离向分辨率是通过发射宽带线性调频信号来实现，方位向分辨率采用合成孔径技术实现。合成孔径雷达包括条带式、聚束式等多种工作模式，所发射的信号是相参信号，且一般是脉冲压缩信号，通常工作在 X 频段或稍低的频段，脉冲重复间隔通常为 1000～3000μs，脉冲宽度通常为 100～600μs。

8）频率分集雷达

频率分集雷达通常有几个频率，在这几个频率点上的脉冲宽度和脉冲重复间隔一般相同。通常几个不同频率的信号同时出现同时消失，且信号出现的方向相同。频率分集雷达可以与频率捷变、单脉冲、多波束等技术体制兼容。

9）超视距雷达

超视距雷达的频率一般为 3～30MHz，与无线电短波通信的频段相同。它的脉冲重复频率很低，通常为几十赫兹，信号的带宽一般为 5～100kHz，多采用连续波、调频连续波、线性调频脉冲等信号类型。其利用电离层对电磁波的折射原理探测目标，传播距离可超过视线距离，单次折射的雷达距离可达 4000km。超视距雷达需利用多普勒处理技术从杂波中分离出所需目标信息，由于电离层白天与晚上变化较大，所以雷达频率也要做相应的改变。高频超视距雷达可用于观测飞机、导弹、舰船等目标，空间分辨率不高，由于工作波长较长，天线必须很大，天线尺寸可能为 1000m 或更长。

7.2　雷达用途分析

雷达的用途表示一部雷达的基本功能或能承担的特定任务。随着电子信息技术的快速发展，雷达应用的领域也越来越广泛，使雷达的用途越来越多；与此同时，同一部雷达也能够担负多种任务，具备多种用途。因此，雷达用途分析是对雷达基本功能、工作状态的综合分析，它是分析与雷达相关的武器系统，以及识别雷达和判明雷达威胁程度的基础。对雷达用途的分析是电子战支援情报中一个非常重要的环节，掌握了雷达的用途，对于准确识别雷达以及相关武器系统等具有重要意义。

7.2.1 雷达用途的分类

雷达是利用电磁波发现目标并测定其位置、速度和其他特征参数的电子信息设备。如图 7-1 所示，目前雷达已广泛用于预警探测、侦察监视、目标指示、武器控制、航行保障、敌我识别、地形测绘和气象观测等。按照用途，雷达可以分为军用和民用两大类。雷达发展初期的需求来自战争，之后随着雷达性能的提高及雷达技术的发展，特别是高功率微波器件、计算机与高速信号处理等技术的快速发展，雷达在国计民生领域的应用范围也不断拓展，各种高性能的民用雷达或军民两用雷达均获得了较快的发展。

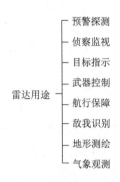

图 7-1 雷达用途的分类

在军事领域，随着大规模集成电路技术和信号处理技术的发展，很多雷达同时担负多种任务，也就具有多种用途，给通过电磁信号分析雷达用途提出了很大的挑战。以机载武器控制雷达为例，其不仅具有武器控制、对空搜索、对海搜索等主要功能，还具有气象观测、目标成像等功能。因此，对雷达工作模式进行分析是雷达用途分析的重要内容。

在民用领域，由于民用雷达通常开机时间长、数量多，对平时的军用雷达辐射源分析构成比较大的影响。只有掌握民用雷达用途与信号参数的规律，才能排除民用雷达信号对军用雷达实施电子战支援时的影响。例如，在对反潜机、战斗机的雷达实施侦测与分析的过程中，工作于 9300～9500MHz 的船用导航雷达信号就会大量进入电子侦察接收机中，严重影响对目标信号的分析识别。

7.2.2 雷达用途分析的内容

雷达是现代战争中的"千里眼"，是很多武器平台（系统）效能得以发挥的关键电子设备。对雷达的用途进行分析，是雷达辐射源分析的重要任务之一。掌握雷达的用途、雷达的工作状态，不仅是判明雷达威胁的基础，也是判明与雷达相关武器平台（系统）能力、企图的关键。对雷达用途分析的内容主要包括以下三个方面。

1. 分析雷达的基本用途

对雷达辐射源的分析与其他目标分析的不同之处在于，雷达辐射源的复杂性与多样性。例如，一些弹道导弹预警雷达的作用距离可达 3000km，既可以承担弹道导弹预警等战略任务，又可以担负空中目标预警等任务；机载火控雷达既可担负目标跟踪、武器制导任务，又可担负气象探测、敌我识别等任务。从客观要求上看，在对雷达辐射源分析过程中，应当从雷达体系的整体上着眼，分析雷达体系的构成、任务、能力，以及与作战体系的关系等。尽管当前绝大多数的雷达具有多种用途，但这些用途有一定的相关性，通常是在某一基本用途的基础上不断发展而来的。因此，首先需要通过雷达辐射源技术参数、活动规律等特征的分析，尽快判明雷达辐射源的基本用途，为进一步分析雷达辐射源的技术体制、型号等提供基本依据。

2. 分析雷达的工作模式

现代雷达通常有多种工作模式，不同工作模式的威胁等级也是不同的。典型的雷达工作模式有五种：远距离搜索、近距离搜索、引导、跟踪和制导。对雷达工作模式的分析主要依据侦获的雷达工作参数，例如，机载多功能火控雷达的工作模式可以分为空-空状态和空-面状态两大类，在每类工作模式中又可细分为多种不同的工作模式。工作模式通常认为是雷达的具体功能模式，例如，机载火控雷达在空-空方式下具有速度搜索（VS）、边搜索边测距（RWS）、边扫描边跟踪（TWS）等工作模式。在不同的工作模式中，雷达为实现特定的功能，需要选择一组适当的信号参数，即适当的信号样式。从目前掌握的情况看，雷达的工作模式与信号样式并没有绝对的一一对应关系，需要结合具体情况具体分析。

3. 分析雷达工作模式与信号样式之间的对应关系

雷达辐射源的信号样式通常指的是一部雷达的频率、脉冲重复间隔、脉冲宽度等参数的典型组合，是根据雷达辐射源信号各参数间的关联和异同对信号的总体区分，是雷达参数特征表征的方式之一，是"逆向"认识雷达的重要依据。从目前掌握的情况看，一部雷达通常具有多种信号样式，尤其是随着相控阵雷达的广泛应用，雷达辐射源的信号样式更复杂，由此找到雷达辐射源信号样式与工作模式之间的对应关系也越来越难。在对雷达用途进行分析的过程中，注意分析雷达工作模式与信号样式的关系。建立雷达信号样式与工作模式的对应关系，仅仅依据雷达辐射源数据进行分析是不够的，必须与相关平台的运用方式密切关联，才更有助于提升工作模式与信号样式关联分析的准确性。

7.2.3　雷达用途分析的依据

一部雷达辐射源信号参数之间的关系不是互相独立的，而是互相制约的，各参数之间的内在联系说明了雷达系统的能力，通过这些因素，可以分析雷达的一般用途。同一部雷达在不同的场合、不同的战场环境下可能担任不同的任务，因此对雷达用途进行分析时必须根据其信号参数特征、技术体制、工作环境、运用平台、雷达活动规律以及战术特点等进行分析。雷达用途分析的主要依据有：频率与用途的关系，脉冲重复间隔、脉冲宽度与用途的关系，雷达天线扫描方式与用途的关系，雷达战术运用特点与用途的关系等。

1. 频率与用途的关系

频率是雷达发射信号中重要的参数之一，雷达的用途不同，使用的频率也可能不同。设计者依据雷达的用途而采用相应的频率，其频率值是有固有规律的。

1）频率与目标尺寸

通常，雷达的工作波长应小于目标的尺寸，以保证产生较强的反射。对于飞机这样大的目标，一般要求雷达的工作波长小于 30cm，其对应的频率通常大于 1GHz；对于炮弹这样小的目标，一般要求雷达的工作波长小于 10cm 或者更短。因此，许多炮位侦察雷达的工作波长为 1.7～3cm，其对应的频率为 10～18GHz。

2）频率与测角精度

频率越高可以得到的测角精度越高，同样的天线孔径，频率越高，方向性越好，角分辨率和天线增益越高，即波束能量集中，相当于提高了雷达的有效发射功率，增大了雷达的探测距离。例如，对于采用 3cm 波长（X 波段）的雷达，如果采用抛物面天线，要得到 3°的波束宽度，对应的天线直径至少为 90cm；若雷达采用 3m 波长 HF 波段，对应的天线直径将达到 90m。因此，一般武器控制雷达往往工作在厘米波段。

3）频率与体积重量

要求雷达有比较高的分辨率时，如果选用的波长比较长，也就是频率比较低，则需要的天线孔径就大。这对于地面雷达来说是可行的，而对体积和重量要求比较高的机载雷达就不适宜，其雷达波长选择必然要短一些，频率必然要高一些。

4）频率与电磁波传播

众所周知，频率在 30MHz 以下的电磁波难以穿过电离层，而高于 30MHz 的电磁波的大气衰减便不可完全忽略。通常来说，当频率低于 3GHz 时，电磁波在大气中的衰减相对较小，而频率在 3GHz 以上的电磁波在大气中衰减严重。频率越高受电离层影响越小，3GHz 以上的电磁波可以顺利地穿过电离层，所以卫星跟踪雷达大多工作于 C 波段；由于短波不能穿过电离层，所以超视距雷达利用这个特点，一般工作在 5～30MHz。

2. 脉冲重复间隔、脉冲宽度与用途的关系

从脉冲宽度与接收机带宽的关系上讲，雷达脉冲宽度的选择不是任意的，它与接收机的带宽有直接的关系。在低重频 300～4000Hz 时，雷达发射的脉冲宽度通常在微秒数量级。如果雷达未采用脉内调制，则带宽为

$$B \approx \frac{1}{\tau} \tag{7-1}$$

从式（7-1）看出，接收机的带宽势必随着脉冲宽度变窄而加宽，例如，当雷达脉冲宽度为 0.3μs 时，带宽约为 3.3 MHz；脉冲宽度为 1μs 时，带宽约为 1MHz；脉冲宽度为 10μs 时，带宽约为 0.1MHz。一般来说，雷达接收机的带宽越大，其输出的脉冲边沿越陡峭。例如，跟踪雷达为了使输出脉冲宽度的边沿更陡峭，往往会增加接收机的工作带宽。

从频率与脉冲宽度的关系上讲，雷达发射机的高频振荡幅度是逐渐增大的，一些雷达需要经过 30～60 个周期的振荡幅度才能趋于稳定。因此，部分米波雷达由于频率低，为了保持脉冲持续时间内有稳定的振荡，脉冲宽度不能太窄。例如，频率为 100MHz 的米波雷达，它的脉冲宽度为 1μs，则在此时间内振荡仅持续约 100 个周期。这样，在脉冲持续时间内约有一半时间幅度不稳定，进而影响雷达的输出功率；若雷达的脉冲宽度增加至 10μs，则脉冲持续时间内振荡可以增加至 300 个周期，不稳定时间只占 10%～

20%；若雷达脉冲宽度进一步增加至 100μs，则不稳定时间可下降至 1%～2%。

3. 雷达天线扫描方式与用途的关系

从天线扫描方式，尤其是天线转速的角度看，天线旋转时，应有足够多的脉冲照到目标上，才有利于目标信号积累和发现目标。一些雷达为了发现远距离目标，要求波束宽度内照射到目标上的脉冲数至少要 3～5 个。天线圆周旋转时，脉冲数由式(7-2)决定，即

$$E = \frac{T_s \cdot \theta_\alpha}{360° \cdot \mathrm{PRI}} \tag{7-2}$$

式中，E 为每个波束内的脉冲数；θ_α 为 3dB 波束宽度；PRI 为脉冲重复间隔；T_s 为天线扫描周期。如果天线转速快、波束宽度窄，则雷达数据率高，然而可用的积累脉冲少，影响雷达系统的作用距离；天线转速慢，每个波束内的脉冲数就会多一些，对发现单个目标有利，但扫完给定的空域时间长，雷达数据率低。对于作用距离远的雷达，天线转速会相对慢一些。

4. 雷达战术运用规律与用途的关系

雷达战术运用规律包括开关机规律、搭载平台活动区域等。从雷达的开关机规律看，一些雷达之间的开关机表现为相伴开机或先后开机。例如，测高雷达和两坐标警戒雷达、引导雷达通常是相伴开机；目标指示雷达一般在火控导雷达开机前开机；双发双收的多基地雷达总是同时开关机；引导雷达则通常在有空情时才开机。另外，同一部雷达存在不同工作模式相继开机，例如，炮瞄制导雷达在搜索与跟踪状态时采用特定的工作模式，通过这些模式可以区别出是何种用途的雷达，机载火控雷达通常具有多种工作模式。从开机时间上，可以区分一部雷达是预警探测雷达还是武器控制雷达，通常预警探测雷达开机的时间要远长于武器控制雷达。

从雷达搭载平台看，如果能分析出雷达的位置或平台，便可初步地判别雷达的用途。例如，星载雷达的用途一般是成像。另外，还有一些雷达阵地是已知的，其用途也是已知的，如果能确定其位置，便可判别雷达的用途。通常采用按用途区分类别的方法，将众多用途的雷达分门别类地区分出来，如对空情报雷达、对海观通雷达、地空导弹制导雷达、空中交通管制雷达等。

7.2.4　典型雷达用途分析的要点

1. 陆基监视引导雷达的分析要点

陆基监视引导雷达是指装载于陆地固定或移动平台之上，用于对空中或海面目标实施探测。从技术体制上看，通常包括频率捷变、脉冲压缩、相控阵、动目标显示等。判断雷达辐射源的用途是否为陆基监视引导，首先应该从目标方位上进行判定，因为陆基固定雷达方位不会发生变化，而机载和舰载的雷达信号方位一般会发生较大变化。在确定雷达辐射源信号来自陆基监视引导雷达后，可以从信号参数着手分析其是否属于监视

类雷达。从信号频率上判断，一般远程警戒雷达要求有较大的发射功率和较大的天线有效面积，所以与一些武器控制雷达相比，多选择较低的频段，特别是 VHF 频段、L 频段和 S 频段；从信号脉冲宽度上判断，雷达探测距离越远，需要的脉冲宽度一般就越大，通常警戒雷达的脉冲宽度在 10～400μs，个别甚至可达 1000μs 以上；从信号脉冲重复间隔判断，减小脉冲重复间隔可以增大探测距离，但是也容易造成测距模糊。因此，综合考虑以上因素，对空警戒雷达的脉冲重复间隔通常都在 2000μs 以上；对海警戒雷达由于受地球曲率影响，其作用距离一般较近，所以其脉冲重复间隔通常小于 1500μs；从雷达天线扫描方式上判断，为了覆盖周边空域，一般警戒雷达会采用水平方向的圆周扫描。满足以上条件时，判断雷达辐射源为陆基警戒雷达的概率较大。

1) 频率特点

陆基监视引导雷达种类繁多，且频率分布比较广泛，通常工作在 UHF 频段、L 频段和 S 频段。相对于高频频段，UHF、L、S 等频段的电磁波在传播过程中衰减较小，同等功率的电磁波可以传播至更远的距离，同时在低频频段上目标通常具有更大的雷达反射截面积(RCS)，因此在 UHF 频段、L 频段和 S 频段工作的雷达一般具有较远的探测距离。岸基对空警戒雷达通常工作在 L 频段，受大气衰减的影响较小，容易获得较大的探测范围，还具有外部噪声干扰小、天线和设备适中等优点。岸基对海警戒雷达通常工作在 C 频段，相对于 L 频段、S 频段而言，大气衰减对其影响加大，探测距离有所下降，主要用于需要获得精确信息的中程目标监视和跟踪雷达，如岸基或舰载对海监视雷达、船舶导航雷达等。兼顾对空对海警戒的雷达通常工作在 S 频段。一般而言，S 频段以下的雷达多用于对空警戒监视，工作在 S 频段以上的雷达则多用于对海中程目标监视和跟踪，而工作在 S 频段的雷达通常兼有 L 频段与 C 频段雷达的能力，因此可兼顾对空对海的警戒任务。

2) 脉冲重复间隔和脉冲宽度特点

根据陆基监视引导雷达的任务不同，一般采用不同的脉冲重复间隔和脉冲宽度，在满足目标探测所需数据率的情况下，与脉冲重复间隔对应的脉冲宽度也通常跟随变化，尤其是一些相控阵体制的雷达，经常采用恒定占空比的信号样式。

3) 天线扫描特点

陆基监视引导雷达的天线扫描方式主要有电扫、机扫，以及电扫和机扫相结合，天线扫描周期一般在每分钟几转到十几转。一维相控阵雷达(方位机扫、俯仰电扫)在担负常态警戒引导任务时，在垂直方向上存在多个波位，其天线波束通常单向顺序扫描；雷达在单个波位上发射数个脉冲后，步进至下一个波位再发射数个脉冲，在单个波位上发射的脉冲序列中脉冲重复间隔呈驻留变化；通常在低仰角波位上发射的信号脉冲重复间隔和脉冲宽度较大，脉冲个数较少，用于低空远距离目标探测；在高仰角波位上发射的信号脉冲重复间隔和脉冲宽度较小，脉冲个数较多，用于高空近距离目标探测。

4) 活动规律特点

陆基监视引导雷达一般位置固定，重点方向骨干雷达保持 24h 开机值班，关机维护时间较短，周期无明显规律，有的 5～15 天关机一次，且同类型雷达通常采用交替关机方式运用。若天线方位采用机械扫描，则天线转速通常为 3～12r/min。

5）与其他电磁辐射源区分

与机载预警雷达相区分，通常机载预警雷达信号到达方向会发生变化，信号出现时间较短，脉冲重复频率较高，最高可达 300kHz，而陆基监视引导雷达的信号到达方向通常不变化，信号持续时间长，脉冲重复频率低。与移动通信基站相区分，移动通信基站 24 h 工作，移动通信基站天线没有扫描周期，信号占空比通常大于 50%，而陆基监视引导雷达信号一定有扫描周期，信号占空比通常小于 30%。

2. 对海搜索雷达的分析要点

为提高对低空和海洋目标的探测距离，对海搜索雷达一般安装在舰艇桅杆上较高的位置。另外，为减小舰艇晃动对雷达造成的影响，保证雷达稳定工作，舰艇均设有稳定平台。同时，舰艇的晃动会造成相对运动显示器画面上的目标动静不分、真实方向不明，必须采用动目标显示模式才能克服这一缺点。由于舰艇吨位和上层建筑的空间有限，舰载对海搜索雷达在外形设计上一般都趋向于小型化。海洋环境条件恶劣，需提高雷达的可靠性，工艺结构上需防潮、防霉和防盐腐蚀，同时也要防震。

1）频率特点

世界上主流的舰载对海搜索雷达均工作在 S 频段、C 频段和 X 频段。民用上，对海搜索雷达多工作于 S 频段和 X 频段，其中 S 频段通常指的是 3050～3100MHz，X 频段通常指的是 9300～9500MHz，由于战斗机载火控雷达均工作在 X 频段，在截获机载雷达信号和分析处理机载雷达信号的过程中，很容易受到民用船载导航雷达的影响。

2）脉冲重复间隔和脉冲宽度特点

舰载对海搜索雷达使用较小的脉冲重复间隔，通常为 500～1500μs，且多采用脉冲重复间隔抖动的变化类型，也有部分对海搜索雷达采用脉冲重复间隔固定、参差、滑变等变化类型；在脉冲宽度上，舰载对海搜索雷达的脉冲宽度均很小，一般不超过 2μs。

3）天线扫描特点

舰载对海搜索雷达的天线转速是比较快的，很多地面警戒雷达的天线转速一般为 10r/min，而舰载对海搜索雷达的天线转速能达到 40r/min。机扫雷达的脉冲幅度变化具有明显的连续性特征，而电扫雷达的脉冲幅度变化连续性不明显。

4）活动规律特点

由于平台目标大且速度慢，在远洋航行时又较为孤立，所以舰载对海搜索雷达通常开机时间比较长，这样雷达信号也容易被电子质察设备所截获。因此，在分析舰载对海搜索雷达时，应重点关注开关机时间规律、信号方位等参数。

5）与其他雷达辐射源区分

在作用距离上，舰载对海搜索雷达通常也分为近程、中程和远程，一般从视距到 40n mile 为近程，40～80n mile 为中程，80～100n mile 为远程。在发射功率上，舰载对海搜索雷达从 10kW 到 400kW，通常远小于地面远程警戒雷达的发射功率。

3. 机载火控雷达的分析要点

机载火控雷达通常是指装备于飞机上的多功能火控雷达，是航空火力控制系统的重要组成部分之一。当前，机载火控雷达已发展成为能在全方位、全高度、全天候，以及有源、无源干扰和目标密集条件下，控制飞机火力的多功能电子信息系统。机载火控雷达在体积和重量上受到严格限制，同时又有多种体制，需要有高效率、高增益、低副瓣的天线阵，能适应各种有源干扰和地面、海面等无源干扰环境下工作的发射波形，以及完善的信息处理系统。

1) 频率特点

机载火控雷达通常工作在 X 频段，容易获得较大的工作带宽，即使天线尺寸较小也可获得较窄的波束宽度。

2) 脉冲重复频率和脉冲宽度特点

机载火控雷达通常有多种工作模式和多种信号波形，信号波形总体可分为 HPRF、MPRF、LPRF 三种。三种波形的性能比较如表 7-2 所示。

表 7-2　HPRF、MPRF、LPRF 波形性能比较

性能	HPRF	MPRF	LPRF
测距	模糊	模糊	清晰
测速	清晰	模糊	模糊
测距方法	复杂	复杂	简单
信号处理	复杂	复杂	简单
测速精度	最高	高	低
副瓣杂波电平	低	中	高
主瓣杂波抑制	优	中	低
允许方位扫描角	大	中	小
分辨空中、地面目标能力	优	良	差

HPRF 波形通常用于迎头目标，发射信号的典型占空比范围为 0.33～0.5，典型脉冲重复间隔数值为 4～10μs，最大脉冲重复间隔的选定应保证所感兴趣的最高速度目标在无杂波区。MPRF 波形全方位性能好，雷达主要工作于边扫描边跟踪方式，天线波束一次扫过目标期间可能采用 7～9 个不同的脉冲重复频率值，其中至少有 3 个主脉冲重复频率值。在每个脉冲重复频率值驻留期间频率固定不变。采用 MPRF 波形，上视、下视、全高度、全方位(进入角)都具有良好的探测性能。同时，由于距离模糊度不是很高，并可得到较高的测距精度，应用脉冲压缩技术还可以再次提高测距精度。因此，MPRF 波形是机载火控雷达最常用的波形。LPRF 波形常用于机载火控雷达的空对地测距、合成孔径等模式，典型的脉冲重复间隔数值为 200～500μs，对应的最大不模糊距离为 300～750km，典型工作模式见表 7-3。

表 7-3　机载火控雷达 LPRF 样式下的工作模式

雷达工作模式		典型的系统功能
相参	多普勒	机载动目标探测(仰视探测)，地面动目标探测
	多普勒波束锐化	为导航改进分辨力的地面测绘
	合成孔径	固定目标探测

续表

雷达工作模式		典型的系统功能
非相参	地面测绘	导航
	地形回避	低空导航
	空对空测距	短程机炮与导弹攻击(格斗)
	空对地测距	炸弹投掷
	地形跟随	低空导航

3)活动规律特点

判断信号是否为机载火控雷达,可从方位变化上进行确定,战斗机一般的巡航速度大于 700km/h,其雷达信号方位变化较快。

4)与其他雷达辐射源区分

从雷达体制入手,机载火控雷达多采用有源/无源相控阵、脉冲多普勒体制,具备空对海、空对地、空对空多种模式。由于机载火控雷达通常为多功能雷达,在实际侦测过程中,其信号样式变化也会比较频繁。

7.3　雷达战术运用规律分析

从信号参数的角度,对雷达的分析可以分成两部分,一部分是技术参数分析;另一部分是战术参数分析,也就是通常说的战术运用规律分析或活动规律分析,其中最重要的内容就是雷达的开关机规律或信号的出现与消失规律。在初步完成对雷达辐射源识别的前提下,通过对雷达及其搭载平台战术运用规律的分析,可以更准确地研判雷达的技术参数与作战运用方式之间的关系,验证识别结论的准确性,分析相关平台及所属部队的意图。

7.3.1　战术运用规律分析的内容

雷达战术运用规律与技术参数、战术参数和搭载平台等三个方面密切相关,具体包括雷达的信号样式运用规律、搭载雷达的相关作战平台、武器系统在某段时间内的活动频度、主要活动区域、运用方式等。

在技术参数关联方面,战术运用规律分析主要包括典型频率、脉冲重复间隔、脉冲宽度或脉内调制等特征在时间与空间上的特点,如搜索状态下最常用的信号样式、近距离跟踪模式下的信号样式等。

在战术参数关联方面,战术运用规律分析主要包括:一是经常开机工作,有明显规律;二是经常开机工作,无明显规律;三是偶尔开机工作,有明显规律;四是偶尔开机工作,无明显规律。

在搭载平台关联方面,战术运用规律分析通常是指舰载、机载雷达及其搭载平台的运用规律,主要包括:一是经常出现,有固定活动区域;二是经常出现,无固定活动区域;三是偶尔出现,有固定活动区域;四是偶尔出现,无固定活动区域。与此同时,还要注意分析多部雷达战术运用规律之间的相关性,以及雷达网若干部雷达战术运用规律之间的相关性。

7.3.2　不同用途雷达的战术运用规律特点

雷达的用途不同,其战术运用规律也呈现出很大的差异性。分析其频率、脉冲重复间隔等技术参数与战术运用规律之间的关系,是研判雷达及其搭载武器平台意图最有效的途径。通常结合典型用途分析雷达的战术运用规律特点。

1. 中远程警戒雷达

中远程警戒雷达通常作为国土防空系统的骨干雷达,其开机工作的时间长、信号强度大、监视的空域比较固定。一般双机交换工作,每部雷达工作的时间为 6~24h,两部雷达交接班时有 5~20min 的重叠工作时间。两坐标远程警戒雷达通常都配有测高雷达,两者互相配合,完成对目标高度、俯仰和方位三个坐标的测量任务。随着雷达器件的不断成熟,也有很多新型三坐标雷达可以连续工作多天,给掌握其开关机规律形成挑战。

2. 机载多功能雷达

机载多功能雷达通常有多种不同的工作模式,且信号样式比较复杂,如边搜索边测距、边搜索边跟踪、速度搜索、空战格斗(ACM)、单目标跟踪(STT)、双目标跟踪(DTT)、多目标跟踪(MTT)、多普勒波束锐化(DBS)、合成孔径等。在平时担负的例行巡飞任务中,一般只使用搜索功能中的几种模式,如边搜索边测距、边搜索边跟踪、速度搜索等工作模式,只有在大型演训、实弹射击等任务中,才会使用多目标跟踪、多普勒波束锐化等模式,信号样式变化也更为频繁。因此,只有掌握了雷达信号样式与武器平台作战运用的关系,才能更好地发挥所掌握信号参数的作用。

3. 防空系统武器控制雷达

防空系统武器控制雷达是防空系统的核心传感器,也是威胁等级最高的电子目标,通常具备远距离搜索、目标指示等多种功能。为了防止对手掌握防空系统武器控制雷达的技术参数,这一类雷达通常例行检查或实弹射击时,才短时间开机。

7.3.3　雷达战术运用规律分析的方法

掌握雷达信号样式与相关武器平台运用方式之间的关系,是电子侦察的重要任务之一。对雷达战术运用规律的分析是建立在长期侦测和统计分析基础上的,雷达的用途不同、工作模式不同,受电磁波传播特性、平台制约特性和作战运用方式等的制约,其在信号参数特征、雷达及相关平台活动规律等方面呈现不同的特点。因此,分析雷达的战术运用规律通常采取技术参数组合分析、活动规律关联分析和多源数据综合分析等方法。

1. 技术参数组合分析法

雷达战术用途不同,其技术参数组合通常也具有明显的差异性。例如,作用距离为4000km左右的反导雷达,其脉冲重复间隔可达64ms;相控阵雷达一般工作在UHF频段,而超视距雷达一般工作在HF频段。采用技术参数组合分析法时,首先要判断是搜索雷达还是跟踪雷达,从搜索雷达中区别是对空雷达还是对海雷达,从对海雷达中判别是对海搜索雷达还是目标指示雷达等;然后从对空雷达中判断是否是对空警戒雷达;最后从其他雷达中再找出引导雷达、空中交通管制雷达等。

2. 活动规律关联分析法

雷达的活动规律是识别雷达用途的重要依据,特别是从雷达的技术参数中无法判明具体用途的情况时,可利用雷达的活动规律。通过开关机或信号出现与消失规律,可以判明雷达的用途与威胁等级等,如目标指示雷达与某些雷达都为同一型号雷达,但应用的地方不一样,其用途也不同。活动规律主要有以下几种情况。

(1)开关机时间。雷达的开关机时间主要有经常开机、定时开机、随机开机、较少开机等几种。例如,警戒雷达一般经常开机或定时开机,火控制导雷达则很少开机。

(2)相关开机。一些雷达之间的开关机表现为同时开机或先后开机。例如,测高雷达和警戒、引导雷达同时开机;目标指示雷达一般在火控制导雷达开机前开机;双发双收的多基地雷达总是同时开关机;引导雷达则通常在有空情时才开机。

(3)不同的工作模式相继开机。炮瞄制导雷达在搜索与跟踪状态时采用特定的工作模式,通过这些模式可以区别出是何种用途的雷达。

3. 多源数据综合分析法

雷达种类繁多,各种平台分布于不同高度层,单一平台的设备难以侦获不同高度层的雷达信号,且某些新体制雷达对空和对地的信号样式会存在很大差异,单部设备难以将其信号侦收完全。要求侦察力量部署灵活,反应迅速。因此,通常需要采用空面一体的策略,协同使用空中、地面、水面的侦测设备,取长补短,全面侦收雷达信号,并充分发挥航空和海上侦测设备部署灵活机动的特性,迅速应对突发情况,才能全面地获取雷达及相关平台的活动规律特点。

综上所述,对雷达战术运用规律的分析是建立在长期侦测和统计分析基础上的,因此需要扎实的业务基础、严谨的机务作风和规范的值班制度基础。掌握战术运用规律没有简便的方法,只有通过严格控守、严格值班来解决,同时对雷达及其搭载平台的战术运用规律的掌握程度,也反映了值班值勤制度的规范和落实情况。另外,对单站而言,由于侦测条件限制、侦获时间不完整等因素影响,对雷达活动规律的分析带有一定的片面性。对同一侦测方向来说,需要有多个侦察站(侦测区域全覆盖,且相互重叠)分工协作,对该方向重点雷达辐射源的运用规律进行长期侦察监视,据此掌握的战术运用规律就更加可靠。

7.4　本　章　小　结

思维导图-7

雷达辐射源技术与战术特性分析的主要依据是截获的雷达辐射源信号参数，有时也会同步获得一些关于相关雷达的光学照片，以及雷达搭载平台的航迹信息等，信息源越多越有助于准确研判相关情况。需要注意的是，通过电子侦察掌握雷达及其搭载平台的战术运用规律是最容易被忽略的，也最有助于提高信息研判的准确性和时效性，需要在实际工作中高度重视。

习　　　题

1. 阐述雷达用途分析和技术体制分析的依据。
2. 阐述雷达技术体制分析的主要内容。
3. 阐述雷达战术运用规律分析的内容。
4. 阐述雷达战术运用规律分析的方法。

参 考 文 献

堵海鹰, 2005. 雷达英汉、汉英、缩略语词典[M]. 北京: 电子工业出版社.

黄槐, 齐润东, 文树梁, 2006. 制导雷达技术[M]. 北京: 电子工业出版社.

亚尔雷科夫, 博加乔夫, 梅尔摩洛夫, 等, 2016. 机载导航、瞄准和武器控制系统设计原理与应用[M]. 滕克难, 译. 北京: 国防工业出版社.

张光义, 赵玉洁, 2006. 相控阵雷达技术[M]. 北京: 电子工业出版社.

张锡祥, 肖开奇, 顾杰, 2010. 新体制雷达对抗导论[M]. 北京: 北京理工大学出版社.

ALABASTER C, 2016. 脉冲多普勒雷达——原理、技术与应用[M]. 张伟, 刘洪亮, 等译. 北京: 电子工业出版社.

BARTON D K, 2007. 雷达系统分析与建模[M]. 南京电子技术研究所, 译. 北京: 电子工业出版社.

BARTON D K, 2016. 现代雷达的雷达方程[M]. 俞静一, 张宏伟, 金雪, 等译. 北京: 电子工业出版社.

SKOLNIK M I, 2010. 雷达手册[M]. 3 版. 南京电子技术研究所, 译. 北京: 电子工业出版社.

WILEY R G, 2007. 电子情报（ELINT）——雷达信号截获与分析（ELINT: the interception and analysis of radar signals）[M]. 吕跃广, 等译. 北京: 机械工业出版社.

第8章 雷达辐射源综合分析

电子侦察设备所截获的各种武器平台的雷达信号,不仅能反映雷达本身的探测能力,也能反映相关武器系统的能力,甚至与潜在作战对手的军事战略、国家战略密切相关。雷达辐射源综合分析就是对所掌握的雷达辐射源战术技术参数、资料等进行深层次的分析,以得到作战对手雷达及其相关武器系统的作战能力、作战企图等方面的综合判断,为军事行动、武器装备运用等提供依据。由于雷达辐射源情报保障用户类型多样,既有指挥决策机构,也有武器系统,不同用户对保障方式、时效要求、产品形式等都存在很大差异,需要从事雷达辐射源分析的专业人员紧贴用户需求,开展深层次的综合分析,形成及时、准确、可靠的研判结论。为此,针对不同用户的需求,结合电子目标情报生成、电磁态势研判、武器系统数据加载等典型任务,探讨雷达辐射源综合分析的内容和方法。

8.1 雷达辐射源综合分析的基本要求

雷达作为武器系统最重要的传感器,通过对雷达探测能力、运用方式的分析,查明作战对手武器平台的战术与技术性能、作战能力,为找准对策提供依据。雷达信号调制的复杂化、雷达用途的多功能化,给分析判断增加了许多困难。因此,需要将各种与雷达辐射源相关的武器平台进行全面分析,为查明作战对手武器系统的战术与技术参数、运用状态、作战能力、威胁等级等提供情报支撑。

1. 跟踪对手动态,深化敌情研究

对雷达辐射源进行综合分析,要全面掌握作战对手的雷达发展、部署、训练与运用动态等"第一手"资料,为准确分析作战对手雷达的能力和企图提供研判佐证情报,是提升雷达辐射源综合分析能力的基础。

(1)跟踪作战对手军事战略变化情况。军事战略是对军事斗争全局进行筹划和指导的基本依据,掌握作战对手军事战略的变化动向,能够预测其在雷达、电子战等领域的发展趋势,为研究作战对手的发展战略、力量运用、装备发展、技术攻关等提供基本依据。

(2)跟踪作战对手力量部署调整情况。很多国家或地区受经济发展因素的影响,常常会通过减少常规军事力量部署,转而通过加大技术投入提升武器平台雷达等电子信息系统、电子战能力,加快军事转型,充分发挥电磁空间、网络空间的高位优势。因此,跟踪作战对手力量部署调整情况是分析雷达及相关武器平台运用规律的基本前提。

(3)跟踪作战对手雷达等电子信息系统发展情况。先进的技术、精良的设备,是电磁

空间斗争的重要依托。连续跟踪作战对手雷达等电子信息技术的发展，为全面提升雷达辐射源综合分析能力提供技术支持情报，是加快创新步伐、确保在关键技术领域形成独特优势、加速技术向作战能力转化的基本要求。

2. 突出重点目标，突出威胁预判

作战对手的力量体系是由其作战要素、作战单元、作战系统，按照一定的指挥关系、组织关系和运行机制构成的，并在一定环境中实现特定作战功能的有机整体。对其雷达辐射源的综合分析，需要结合多源情报，准确把握系统与系统之间、系统与单部雷达之间的相互关联，突出在关键时刻对关键结构和重点雷达的分析掌握。

(1)突出雷达能力的分析。在对雷达辐射源数据分析的基础上，依据相关资料情报，识别雷达的类型、用途、型号等信息，分析其技术体制、技术战术性能，如作用距离、测量精度、跟踪速度、抗干扰能力等，用于完善作战方案和目标企图判别等。

(2)突出雷达关联关系的分析。判明作战对手在不同区域(位置)的雷达系统之间的位置关联、主次关系和指控级别，从而确定作战对手侦察预警、指挥控制、防空反导等系统的体系结构，找出其中的关键节点。

(3)突出雷达及搭载平台威胁的分析。在对雷达及搭载平台战术运用规律分析的基础上，重点查明作战对手雷达及搭载平台的构成要素、部署位置、类型、数量、工作模式等，判明雷达及搭载平台的威胁，确保及时、准确地引导火力摧毁或干扰压制，最大限度地发挥己方的效能。

3. 多源手段互补，加强态势融合

现代雷达通常是由多性质、多类型、多层次、多用途的系统构成的，通过信息网络连接，雷达间能相互关联、相互依存、相互支撑，形成一个复杂的体系。要提高雷达辐射源综合分析能力，必须发挥多源手段的互补作用，加强态势融合，提升研判的准确性和时效性。

(1)确立手段使用规则。通过评估分析雷达、电子对抗、光学侦察等手段的可靠性、时效性、精准性，建立手段使用规则。根据不同目标、不同时机确立使用规则。例如，对大范围区域优先使用电子对抗等被动手段，实现快速获情；在缩小搜索区域后优先采信光学侦察等主动手段，实现主动与被动、高精度与低精度等手段互补。

(2)确立优势互补规则。基于雷达、电子对抗、光学侦察等手段的获情能力，建立手段之间的优势互补规则。通常雷达手段可掌握目标位置、速度、航向等运动状态信息；电子对抗可掌握武器平台雷达参数特征，进而识别目标平台类型、型号或个体等信息；光学侦察可掌握目标位置、外形以及大型舰船身份等信息。充分发挥上述手段的获情优势，通过信息互补实现对目标的全面掌握。

(3)确立方法遴选规则。根据雷达、电子对抗、光学侦察等手段所获目标信息的内容特点，建立融合方法遴选规则。对于时空统一、要素齐全、格式规范的目标信息采取自动融合方法；对时效较差、格式不一、要素不全的目标信息采取人工融合方法。

8.2　电子目标情报生成任务中的雷达辐射源综合分析

电子目标情报生成

　　　　　　　　　　为了确保电子目标情报生成任务中的雷达辐射源综合分析更加准确、更加全面、更加快速，通常将雷达辐射源的特征参数数据与武器系统(平台)的基本性能、运用方式等密切关联，主要包括以下方面。

1. 战技参数关联

　　雷达的战技参数是受电磁波传播特性、雷达战术用途、搭载平台等多种因素制约的。有些雷达的参数具有唯一性，截获到这些唯一性的参数，就能分析出相关武器；有些雷达的参数组合具有相对关系，掌握这些相对关系，也可以了解武器系统的情况。从单一参数中可直接分析出武器系统，也要与其他参数关联，例如，侦收到某驱逐舰对空搜索雷达的双脉冲信号，再与频率相对应便能够确定平台型号；侦收到某预警机雷达脉冲重复间隔参数，再与频率相关联也可判断其平台等。从参数组合中也可以分析出武器系统的情况，例如，一些炮瞄雷达采用高重频、窄脉冲，再与天线扫描相关便可以估计出是何种型号的炮瞄雷达。例如，某型雷达采取 7 位巴克码信号或某种特殊的线性调频信号，从中可以分析出武器平台的型号。战技参数关联分析是研判武器平台的基础，不管分析何种雷达辐射源，战技参数关联分析是基本要求。

2. 工作模式关联

　　工作模式关联是分析武器系统的重要依据。雷达用于不同战术目的时，通常采用不同的工作模式，通过对典型的工作模式分析，可以分析武器系统的工作状态。一是以脉冲重复频率变化来改变工作模式的雷达，例如，机载多功能武器控制雷达处于上视、平视、下视状态时，采用高中低不同的脉冲重复频率；二是以脉冲重复频率和脉冲宽度组合变化来改变工作模式的雷达，一些雷达在搜索时采用低重频、宽脉冲，在跟踪时采用高重频、窄脉冲，如果这些规律再和天线扫描方式结合起来分析，就更容易区分目标；三是以天线扫描方式变化来改变工作模式的雷达，例如，武器控制雷达最显著的特点是搜索和跟踪时采用不同的扫描方式，雷达处于搜索状态时，天线扫描周期大，信号样式持续工作时间长；雷达处于跟踪状态时，天线扫描周期小，信号样式持续工作时间短。

　　需要注意的是，有的雷达的工作模式与信号样式是一一对应的，而大多数情况下，雷达的一种工作模式可以对应不同的信号样式，一种信号样式也可能对应不同的工作模式，这需要结合具体情况具体分析。这里所说的信号样式，通常指的是一部雷达或一型雷达在频率、脉冲重复间隔、脉冲宽度等电磁辐射特征参数的组合，且在雷达的实际工作过程中会重复出现。

3. 配对雷达关联

　　一些武器平台出于战术运用的要求，需用若干部雷达构成一个武器系统，往往形成固定的形式，分析时需加以注意。一是目标指示雷达与火控制导雷达配对。炮瞄雷达、制导雷达通常都需要目标指示雷达为其搜索远距离目标，而近距目标则由火控制导雷达自己完成检测跟踪。二是相对独立的雷达配对。有些水面舰艇都配有多部雷达，以担负不同的任务。例如，驱逐舰、护卫舰等水面舰艇上一般都装备有对空雷达、对海雷达、炮瞄雷达和制导雷达等，通过截获多部雷达的特征参数，进而判明相关水面舰艇的型号或者个体。雷达的配对是武器系统的重要特征，通过分析不同配对雷达辐射源信号，可以掌握配套的武器平台。

4. 部署位置关联

雷达的部署方式通常是由国家的军事战略和作战思想决定的，同时与技术水平和经济能力息息相关。通过将不同体制雷达同一阵地部署，新老雷达互相搭配部署，相邻雷达站采取不同频率的部署方式，使雷达网具有综合的抗干扰能力。部署位置是判断武器系统的重要依据，通常有两类距离不同的位置关联。一是机场、码头、导弹阵地部署的关联；二是同一阵地间隔数百米部署有不同用途雷达的关联。前者可通过其他手段获取，后者需要电子战支援精确定位和照相获取。分析这些国家或地区的雷达部署特点，还需要综合考虑雷达部署位置、雷达技术参数、雷达探测范围、雷达用途和体制等因素。通过雷达技术参数和位置的关联分析，可以掌握其单站和组网后的抗干扰能力；通过雷达用途和位置的关联分析，可以掌握其对不同距离和高度目标的探测能力，进而分析出对某方向上的探测能力。通过对雷达及其搭载平台部署位置的关联，分析雷达的部署特点，有利于掌握作战对手的预警探测、制导火控等方面的综合能力。

5. 开机时间关联

雷达战术用途不同开机工作时间通常也存在明显的差异。例如，武器控制雷达常采用不同时间开机，信号样式之间的切换顺序有时也存在一定规律，可以通过信号出现时间和消失时间进行关联分析。一是顺序开机。导弹制导系统或火控系统开机通常采用目标指示雷达先开机，待目标进入导弹射程后，制导雷达再开机，待目标进入战斗部杀伤范围之后，末制导雷达才开机。二是同时开机。有些火控雷达采用搜索同时跟踪的方法，搜索雷达开机的同时，跟踪雷达也伴随开机；导弹跟踪与目标指示雷达有时也采用同时开机的方式工作。三是临机开机。出于隐蔽的考虑，有些武器系统采用搜索雷达连续开机，而火控雷达直到导弹发射之前才开机的典型运用方式。

6. 武器平台关联

雷达除了和武器之间相关联，还与平台直接相关，掌握了平台，就可以间接分析出所携带的武器。一是分析雷达-飞机-武器的相关性。通常在获取到某战斗机的雷达信号后，分析出雷达型号，就可以研判出是何种型号的飞机，从而推断出飞机搭载的武器系统。二是分析雷达-舰艇-武器的相关性。现代驱逐舰、巡洋舰通常配备多型雷达，除了常用的对海搜索雷达、对空警戒雷达以外，武器控制雷达既担负对空搜索、目标指示任务，也担负对导弹的制导任务。在分析舰艇时，常采用对空—对海—制导/火控雷达的顺序来进行。三是分析雷达-战车-武器的相关性。对一些陆基防空反导系统，其雷达信号不同于飞机、舰船上搭载雷达的信号，由于其机动速度慢，信号到达方位变化也缓慢，分析这类信号要与飞机、舰船加以区别，再与固定的目标进行对比，才能得出准确的结论。通过对雷达辐射源特征数据与武器系统(平台)运用方式的关联分析，可以分析武器系统(平台)的运用规律，为制定作战方案、应对策略提供情报支撑。

8.3　电磁态势研判任务中的雷达辐射源综合分析

电磁态势是战场态势的重要组成部分，在特定的时空范围内，敌我双方的用频装备、设备配置和电磁活动，及其变化所形成的状态和形势。现代战争参战兵种全、要素多、功能强大，其发挥整体"合力"、实现高效协同的关键在于掌控战场态势。当前，作战行动广泛依赖电子信息系统的支持，电磁威胁与传统威胁交织渗透，准确认识和把握电磁态势成为掌控战场态势的重要内容之一。而电磁态势与战场空间、雷达辐射源或相关武器平台的电磁属性密切相关，技术含量高、属性变化快、直接感知困难、关系制约复杂，给通过电磁态势判断实际威胁提出了更高的要求。

8.3.1　基于雷达辐射源数据研判电磁态势的内容

电磁态势是战场态势的最直接、最迅速的反映，也是研判战场威胁的最有效的途径。现代战场目标由多性质、多类型、多层次、多用途的目标系统构成，通过基于电磁频谱的信息网络连接，使目标间相互关联、相互依存、相互支撑，形成了复杂的目标体系。因为作战对手武器平台的一举一动通常会在电磁空间留下"蛛丝马迹"，而这些"异常"会以光的速度呈现于电磁空间，通过电子侦察截获分析，融合于电磁态势。当前，敌我双方从作战单元、武器平台到指控系统效能的发挥均离不开雷达辐射源的使用，"异常"的信号通常与重要的武器、关键的行动密切相关。要以最短的时间、最快的速度捕捉到作战对手各种作战兵力的动向和各种来袭目标，以最大限度地争取防御和反击时间，需要以电磁态势为分析依据。

因此，电磁态势主要是为指挥机构服务的，研判电磁态势首先要搞清指挥机构对电磁态势的具体需求，确定电磁态势研判的重点。基于雷达辐射源数据研判，电磁态势的主要内容通常有以下几个方面。

(1)雷达及其搭载平台对哪些作战行动有重要影响，不同的作战行动所面临的主要电磁威胁，以及对作战行动影响的程度。

(2)分析确定作战对手雷达的数量、配置情况和重要程度。作战对手雷达部队配属构成、所属雷达作用范围、抗干扰能力，具有较强抗干扰措施的雷达辐射源有哪些，哪些是对我方战场生存有高威胁等级的雷达辐射源。

(3)分析确定作战对手雷达辐射源在主要方向形成多种手段的综合探测区域。

(4)分析确定作战对手武器控制系统雷达辐射源的组成，以及其在频谱上的分配、参数特征和抗干扰性能等；分析作战对手主战武器的作战范围，作战对手武器的数量及其纵深配置，以及中、远程武器的射程等。

(5)查明己方兵力兵器的数量和组成,确定己方兵力兵器对作战对手雷达辐射源的压制和毁伤能力。

(6)评估己方电子干扰设备对己方远程预警、火控制导等雷达辐射源的影响。

8.3.2　基于雷达辐射源数据研判电磁态势的要求

电磁态势是及时、准确研判战场威胁的有效途径之一。从运用与分工的角度看，电磁态势研判与利用难度大、要求高，但并不等于对所有相关人员要求都一样。因此，指挥机构要确保能够充分利用对电磁态势的分析结论，关键在于合理区分电磁态势研判与利用的关系，明确电磁态势分析与利用人员职责，由电磁态势分析人员全面获取电磁空间与雷达辐射源活动情况，形成直观的电磁态势，指挥员能够读懂、看透，进而掌握战场整体态势，主要包括以下三个方面。

(1)以武器系统(平台)为基础研判电磁态势。战场信息系统的复杂性、电磁辐射的不可见性，决定了电磁态势研判必须与武器系统(平台)相关联。作战对手可能通过电子设备发射带有虚假信息或干扰噪声的电磁频谱，在我方雷达上生成大量飞机、舰船等目标活动的"假空情""假海情"，诱使我方重要雷达开机。我方需要基于已建成的雷达辐射源数据库，通过对雷达辐射源信号的分析，掌握各类武器系统(平台)的特征、出现时机和活动规律，查明雷达信号与关联武器系统(平台)的对应关系，将获得的目标活动信息串联起来，突出显示目标当前位置及工作模式的变化情况。这种可视化、动态、实时的电磁态势显示是各级指挥机构有效利用电磁态势的基础。

(2)以军事需求为中心研判电磁态势。理解电磁态势图上显示的雷达探测范围、跟踪能力、覆盖区域等图、表、线等，需要一定的专业基础。以雷达的探测距离为例，该距离值与目标大小和高度密切相关，通常在表述雷达探测距离的同时要说明目标的大小和高度。因此，有效研判与利用电磁态势通常要求相关专业人员与指挥机构的其他人员一起，根据敌我双方作战行动对电磁活动的依赖性，推测确定作战对手的作战企图，寻找作战对手的薄弱环节，从而为判断战场态势、果断决策和采取行动提供可靠依据。只有与具体的军事需求密切结合，才能确保恰当地、多侧面地展现电磁态势，确保其他人员一看就懂、一用就会。

(3)以电磁威胁为重点研判电磁态势。电磁威胁作为多元威胁的一种，伴随着信息技术在军事领域的普遍渗透和快速发展应运而生。随着作战进程的加快，各种作战要素、作战单元、作战系统相互融合，作战范围从有形的地理边疆拓展到无形的电磁空间，来自其中的电磁威胁与传统威胁交织渗透，难以察觉和对抗。通过对众多雷达辐射源的综合分析，找准重点威胁，重点从雷达信号密度和数量、频率范围、探测能力、信号形式等方面，找到对我方威胁最大的目标和情况，发挥电磁态势对指挥决策的支撑效能。不同用途、不同体制的雷达辐射源所使用的频段不同，所采用的信号样式也不同，需要根据雷达辐射源综合分析结论，判断高威胁级别的武器平台的运用情况，采取准确的应对措施。

8.3.3　基于雷达辐射源数据研判电磁态势需要注意的问题

电磁活动作为现代战场信息活动的主要表现形式之一，需要专用设备才能看清其本来面目。目前，对作战指挥人员理解、使用电磁态势最大的难处在于看懂电磁威胁，及时判明实际威胁来自何方。因此，需要具备丰富的军兵种专业知识，熟悉对手各种武器平台作战运用方式和电磁环境对电子设备的影响，其关键在于正确研判电磁态势与实际威胁的关系，主要包括以下四个方面。

(1)电磁态势研判需要掌握具体获情手段。传播"无形"是电磁活动的外在表现，雷达信号作为电磁威胁的基本表征，传播于无形的电磁空间，有波长、极化、能量、调制的区分，又受地形、气象、大气等影响；可作用于有形的物理空间，实现目标侦察与监视，又受用频设备天线、发射机等硬件限制，感知来自电磁空间的威胁是应对电磁威胁的基础。随着信息化武器装备的发展，对目前已知的电磁信号基本上均有相应的设备能够有效检测，但没有一种设备能够分析处理所有种类的电磁信号，而且对同一个目标而言，不同平台、不同体制的侦测设备所截获的雷达电磁辐射特征会有差异。因此，掌握不同手段感知电磁威胁的类型，以及这些手段可能的运用方式，是研判电磁态势的关键。

(2)电磁态势研判需要掌握频谱使用规范。当前，频率使用范围已大大拓展，信号调制样式也变化很多，但具体频率、调制样式的使用并不是随意而为，而是受平台大小、使用条件、环境条件、传播距离、探测目标、器件选择等诸多条件的限制。以雷达为例，常用频率范围为1.5MHz～40GHz，而机载火控雷达受机载平台和电磁波传播限制，通常工作于8～12GHz，民船导航雷达受电磁波传播限制和国际电信联盟规定，通常工作于9300～9500MHz，频率再高则大气衰减严重，导致测量距离达不到，频率再低则测量精度达不到实际使用要求。因此，掌握电磁频谱使用规范、熟悉不同用途的电子设备通常选择的工作频段与调制方式等内容，有助于快速、准确地分析研判电磁威胁。

(3)电磁态势研判需要重点关注活动异常的电子设备。现代战场环境中，用频设备多、调制样式多是普遍现象。以X频段的舰船导航雷达为例，其主要用于航行避让、舰船定位、水道引航、观测天气等方面，只要有舰艇活动，这类设备均大量开机，而且脉冲调制结构多样。因此，需要研究作战对手武器平台相关雷达辐射源的使用频段，以便于从电磁态势掌握当前雷达辐射源活动异常，进而掌握作战对手相关武器平台及部(分)队活动情况，确保及时发现作战对手的行动征候，采用恰当的应对措施。

(4)电磁态势研判需要预测态势的变化趋势。预测电磁态势的重点在于抢占先机，以便指挥机构能够在了解双方实力及作战行动后，对接下来将要发生的事情得出一个综合性的结论，确保指挥机构能够更加准确地进行决策。随着电磁空间对抗激烈程度的提高，战场上没有比"早知道""多知道""快决策""快行动"更重要的。预测电磁态势，主要包括作战对手雷达威力的空间分布情况、电磁活动情况、现实威胁等。这些预测内容是基于对当前态势的深入分析，并结合其他情报而得出的科学研判结论。随着交战时间的延续，交战双方必然会根据实际情况重新调整作战力量，改变作战方案，而雷达辐射源的运用因作战对手的行动相应地变化。因此，只要将当前的电磁态势进行综合分析，结合对联合作战行动，就能够根据雷达辐射源的空间分布情况、工作情况、频率分布情况以及新增雷达辐射源的基本情况等信息，对战场态势现实威胁进行更准更快地分析，为摸清对手底数，实现各军兵种力量联合运用提供有力支撑。

8.4　武器系统数据加载任务中的雷达辐射源综合分析

支持武器系统效能发挥是雷达辐射源综合分析最具现代战争特征的能力，也是雷达电子战、反辐射打击等任务的瓶颈因素之一。准确分析雷达电磁辐射特征参数，是一些依赖参数引导的机载告警、电子战、反辐射等武器系统发挥效能的关键。如果要切实发挥这些武器系统的效能，那么需要结合武器系统设备性能，修正已掌握的雷达辐射源数据，实现传感器到射手的无缝连接。

8.4.1　武器系统雷达辐射源数据加载任务面临的挑战

受不同型号侦察接收机体制、数据处理方式、敌我双方平台相对位置、"增批"现象等问题的影响，同一雷达辐射源在不同侦测设备上的响应存在差别，导致已掌握的雷达电磁辐射特征参数与武器系统实时截获的数据并不完全一致，给武器系统精准反应带来诸多困难。

（1）民用辐射源数量多，参数范围宽，影响作战对手雷达辐射源信号的侦测。随着信息技术的迅猛发展，用频设备的数量和密度与日俱增，各种民用信号与军用雷达辐射源信号相互交织，导致频谱拥挤，影响装备性能发挥。在空域上，民用辐射源遍布陆海空，作用距离从几十米到数万米；在时域上，民用辐射源分布广，出现时机无规律，特定时间呈现高度密集状态；在频域上，民用辐射源所占频谱宽；在能域上，民用辐射源功率或强或弱，动态范围大。以上特征，使得侦测设备接收的雷达辐射源信号数据多而杂乱，从中分选识别作战对手雷达辐射源信号变得非常复杂。

（2）己方信号强度高，持续时间长，影响同频段雷达辐射源信号的截获。同频干扰是复杂电磁环境下电子战系统不可避免的问题，当频率相近的多个辐射源信号同时进入侦测接收机时，就会对其分选识别产生影响，尤其是同频段的己方雷达辐射源信号将严重干扰对作战对手雷达辐射源信号的正常截获。一方面，己方雷达辐射源信号强度通常比作战对手雷达辐射源信号强度大，所以必然高于检测门限，若与作战对手雷达辐射源信号特征相似，则容易造成长时间"虚警"，影响感知能力，且对武器系统实时侦测数据库而言，己方平台由于距离近、信号强度大，可能导致被优先干扰的概率更大，占用干扰资源更多，最终也会影响干扰效果；另一方面，当己方雷达辐射源信号强度超过接收机阈值范围时，会造成接收机前端饱和，灵敏度下降，影响搜索截获性能，导致"漏警"。这里的己方雷达辐射源信号包括武器平台本身的雷达所辐射的信号，也包括在周边海空域训飞或执行任务的友邻机型的雷达辐射源信号。目前，为降低己方雷达辐射源信号的干扰，在武器系统数据加载时，通常编定敌方雷达辐射源数据库，将己方雷达辐射源信号工作频段屏蔽，但这同时存在重大风险，此时武器系统也不具备干扰同频段作战对手雷达辐射源信号的能力。

（3）设备侦察数据多，"增批"问题严重，及时识别目标难。"增批"问题是雷达对抗侦察领域固有的"顽疾"，只能在一定程度上缓解，不可能全面解决。"增批"的表现是电子侦察系统对雷达电磁辐射特征截获过程中，受装备性能、信号样式、电磁环境、空间位置等因素的影响,同一个雷达辐射源在侦测设备输出端形成多批目标数据。传统的雷达辐射源信号分选识别方法主要基于频率、脉冲幅度、脉冲宽度、脉冲重复间隔等基本参数进行,其中,频率、脉冲重复间隔分选是应用较为普遍的分选方式,随着新体制雷达辐射源的不断涌现,单部雷达工作模式多样,参数变化频繁,可以集频率捷变、脉冲重复间隔参差、脉冲重复间隔组变等类型于一身,使侦测设备截获同型雷达辐射源数据多,在分选过程中,如果超过设备数据关联准则,很容易将其识别为多型雷达辐射源,造成"增批"问题,影响获取情报的准确性。

8.4.2 武器系统数据加载任务中雷达辐射源综合分析的基本方法

为切实提高武器系统数据加载效果,降低虚警率,针对军用雷达辐射源参数复杂、民用辐射源多等问题的影响,主要从以下方面对武器系统数据加载中的雷达辐射源进行综合分析。

(1)分析民用辐射源在武器系统电子侦测接收设备上的响应。目前,对武器系统数据加载影响最大的问题就在于民用辐射源的电磁辐射特征数据进入侦测接收机,数据量大、持续时间长,且部分数据特征与作战对手的雷达辐射源有相似性,不仅降低了识别效率,而且加重了后期数据分析的负担。为提高数据加载的准确度、降低虚警率,首先要分析民用雷达辐射源的电磁辐射特征,掌握其与军用雷达辐射源的细微差异。

(2)分析己方机载雷达辐射源的电磁辐射特征。武器系统的电子侦测设备对所侦收到的电磁信号数据与雷达告警库中的数据进行对比,并按照雷达编号、敌我标志等进行目标分类。由于侦收的电磁信号数据与雷达告警库进行对比分析,所以当作战对手雷达辐射信号与己方雷达辐射信号在同一频段内时,无法区分信号源的敌我属性,在对侦收数据进行分析筛选时,敌我信号交织重复,不易进行敌我电磁信号分选。因此,系统掌握我方机舰载雷达的电磁辐射特征,避开我方雷达特征数据,为合理加载作战对手雷达辐射源数据提供依据。

(3)分析已掌握雷达辐射源特征参数与武器系统侦测数据的差异。武器系统对雷达辐射源信号的侦测设备体制通常与专用电子侦察设备体制不同,导致武器系统侦测的数据量较大,同时包含敌我双方电磁信号,很难辨别敌我雷达辐射源信号频率,对重点雷达辐射源无法进行详细研判,需要专业人员结合已掌握的雷达辐射源特征参数与武器系统侦测设备掌握的数据进行对比分析,全面掌握不同侦测设备对同一雷达辐射源截获数据的差异。

8.4.3 武器系统数据加载任务中雷达辐射源综合分析的基本要求

雷达辐射源用途不同,其电磁辐射特征通常也存在差异。对工作于同频段的雷达辐射源而言,用途不同,其电磁辐射特征参数也必然存在差异。即使同一类型的雷达辐射源,受制于不同国家和地区的工业基础,有些电磁辐射特征也存在相当大的差异性。因此,雷达辐射源综合分析就要从这些固有特征入手,总结规律,明确规则。

(1)不采用与任务区域存在的民用雷达辐射源相似的参数特征。民用辐射源数量多、分布广、信号样式繁杂、持续存在,一旦加载了与民用辐射源相似的参数特征,必然增大"虚警率"。尤其是尽量不要加载 X 波段的舰船导航雷达特征参数。以民船导航雷达为例，民船导航雷达主要用于航行避让、船舶定位、狭水道引航等，是民用船舶的重要传感器。民船导航雷达数量多、连续不间断存在，尤其在海上区域活动时，进入武器系统侦测设备的民船导航雷达信号很多，其工作于 X 波段、窄脉冲宽度，与战斗机载多功能火控雷达有一定的相似性。排除民船导航雷达信号影响是准确加载的前提。因此，要判断预定飞行区域可能存在的民用辐射源，熟悉这些民用辐射源的参数特征，避免加载与这些民用辐射源参数相似的特征数据。

(2) 不采用与己方雷达辐射源相似的参数特征。己方雷达辐射源包括己方的地面防空雷达、机载火控雷达等，影响最大的为己方的机载火控雷达，由于距离近、功率强、持续时间长，一旦进入侦测接收机则会提高系统的门限，使接收机截获不到或截获不全作战对手雷达辐射源信号，导致"增批""虚警"等问题出现。因此，要全面掌握己方雷达辐射源的参数特征，并尽可能掌握友邻机载雷达辐射源的参数特征，避免加载与己方友方雷达辐射源相似的特征数据。

(3) 针对不同任务、不同方向制定差异性的数据加载方案。针对武器系统不同类型的数据库，对于准确加载雷达辐射源特征参数也提出不同的要求。首先要准确设定一部雷达辐射源的典型工作频率，合理设定容差范围；其次要考虑同一部雷达辐射源的多种信号特征，对同一部雷达不同工作模式下的脉冲重复间隔特性及脉冲宽度变化进行分类处理，但不易区分过细以免占用资源；最后要充分考虑电磁环境的影响，有效地剔除电磁环境的影响是合理分配资源、提高效能的方法之一，同时也是为后续侦收数据分析、筛选敌我电磁信号特征的重要捷径，但要求对电磁环境精确掌握，否则会屏蔽作战对手部分雷达辐射源信号。例如，同一部雷达辐射源可以根据不同的信号特征进行细致拆分加载，以达到对信号特征精确全面的描述，同时还要对平台天线工作模式、功率、增益等进行细致描述，才能对作战对手雷达辐射源实施准确地加载。因此，要熟悉民用辐射源的响应、掌握己方机载雷达辐射源的影响，针对不同任务、不同方向，制定差异性的数据加载方案，降低"虚警率"，切实为武器系统提供精准的引导能力。

8.5　本 章 小 结

思维导图-8

精准掌握作战对手的雷达辐射源情报，是现代战争电子战中最重要的任务之一，也是很多武器系统，尤其是海空平台自卫告警、目标引导、态势生成的重要依据。对雷达辐射源数据掌握与运用的周期越短，说明从传感器到打击系统链路越完善畅通，武器系统(平台)的战斗力就越强。需要说明的是，雷达辐射源情报在面向武器系统(平台)的告警库、识别库等应用时，由于不同武器系统(平台)的设备、担负的任务等存在差异，对已综合分析形成的雷达辐射源情报，依然需要结合不同武器系统(平台)的设备和任务具体分析研究。这是雷达辐射源情报走向应用的"最后一公里"，而这一步对任何军事强国都是极大的挑战，需要从设备、机制、人才等多方面着力，才能不断提高作战支持效能，缩短作战支持周期，进而为提升武器系统(平台)的整体作战能力奠定基础。

习　　题

1. 阐述雷达辐射源综合分析结论与军事情报的关系。

2. 如何认识基于雷达辐射源综合分析形成的电磁态势？

3. 阐述武器系统加载雷达辐射源数据的地位和作用。

4. 剖析电子目标情报生成任务中的雷达辐射源综合分析方法。

5. 面对雷达技术和电子侦察技术快速发展的趋势，探讨如何提升雷达辐射源综合分析效果？

参 考 文 献

堵海鹰, 2005. 雷达英汉、汉英、缩略语词典[M]. 北京: 电子工业出版社.

郭剑, 2007. 电子战行动 60 例[M]. 北京: 解放军出版社.

刘庆国, 黄学军, 2012. 联合作战电磁态势分析[M]. 北京: 解放军出版社.

亚尔雷科夫, 博加乔夫, 梅尔库洛夫, 等, 2016. 机载导航、瞄准和武器控制系统设计原理与应用[M]. 滕克难, 译. 北京: 国防工业出版社.

张晓军, 2001. 军事情报学[M]. 北京: 军事科学出版社.

赵登平, 2012. 世界海用雷达手册[M]. 2 版. 北京: 国防工业出版社.

ALABASTER C, 2016. 脉冲多普勒雷达——原理、技术与应用[M]. 张伟, 刘洪亮, 等译. 北京: 电子工业出版社.

SKOLNIK M I, 2010. 雷达手册[M]. 3 版. 南京电子技术研究所, 译. 北京: 电子工业出版社.

附　　录

附录 A　雷达模糊函数的推导与应用

模糊函数是雷达信号分析和设计的有力工具，它不仅表示雷达信号的固有分辨能力和模糊度，也表示雷达采用该信号后可能达到的距离、速度测量精度和杂波抑制方面的能力。本部分主要分析距离分辨率和速度分辨率与信号波形的关系。

1. 模糊函数的定义

假设空间中两个目标的回波信号复包络分别为

$$s_1(t) = u(t - t_r)e^{j2\pi f_d(t - t_r)} \tag{0-1}$$

$$s_2(t) = u(t - t_r - \tau)e^{j2\pi(f_d + f)[t - (t_r + \tau)]} \tag{0-2}$$

式中，t_r 和 f_d 分别为目标 1 回波信号相对发射信号的时延和多普勒频率；$t_r + \tau$ 和 $f_d + f$ 分别为目标 2 回波信号相对发射信号的时延和多普勒频率；$u(t)$ 为发射信号的复包络。

为了区分这两个目标，希望它们回波之间的差异越大越好。为了衡量这种差异，定义两个目标回波信号复包络的均方差为

$$
\begin{aligned}
\varepsilon^2 &= \int_{-\infty}^{\infty} |s_1(t) - s_2(t)|^2 \, dt \\
&= \int_{-\infty}^{\infty} \left| u(t - t_r)e^{j2\pi f_d(t - t_r)} - u(t - t_r - \tau)e^{j2\pi(f_d + f)(t - t_r - \tau)} \right|^2 dt \\
&= \int_{-\infty}^{\infty} |u(t - t_r)|^2 \, dt + \int_{-\infty}^{\infty} |u(t - t_r - \tau)|^2 \, dt \\
&\quad - 2\mathrm{Re}\left(\int_{-\infty}^{\infty} u^*(t - t_r)u(t - t_r - \tau)e^{j2\pi[f(t - t_r - \tau) - f_d\tau]} dt \right)
\end{aligned}
\tag{0-3}
$$

式 (0-3) 中前两项为发射信号能量的两倍，为便于描述将其记为 C，同时令 $t' = t - t_r - \tau$，则式 (0-3) 可进一步表示为

$$
\begin{aligned}
\varepsilon^2 &= C - 2\mathrm{Re}\left(\int_{-\infty}^{\infty} u^*(t - t_r)u(t - t_r - \tau)e^{j2\pi[f(t - t_r - \tau) - f_d\tau]} dt \right) \\
&= C - 2\mathrm{Re}\left(\int_{-\infty}^{\infty} e^{-j2\pi f_d\tau} u(t')u^*(t' + \tau)e^{j2\pi ft'} dt' \right) \\
&= C - 2\mathrm{Re}\left(e^{-j2\pi f_d\tau} \chi(\tau, f) \right)
\end{aligned}
\tag{0-4}
$$

其中

$$\chi(\tau, f) = \int_{-\infty}^{\infty} u(t)u^*(t+\tau)e^{j2\pi ft}dt \tag{0-5}$$

由于积分变量不影响积分结果，在式(0-5)中用积分变量t代替式(0-4)中的积分变量t'，以使式(0-5)的定义更符合常规。式(0-5)称为模糊函数，它是两个目标信号回波复包络的时间-频率复合自相关函数。

利用复数乘积的不等式关系可以获得以下公式：

$$\text{Re}\left(e^{-j2\pi f_d\tau}\chi(\tau, f)\right) \leqslant \left|\chi(\tau, f)\right| \tag{0-6}$$

利用式(0-4)和式(0-6)可以得到

$$\varepsilon^2 \geqslant C - 2\left|\chi(\tau, f)\right| \tag{0-7}$$

目标信号的分辨一般在信号检波之后进行，即利用信号的模值进行，所以模糊函数的模值$\left|\chi(\tau, f)\right|$给出了两个相邻目标距离-速度联合分辨能力的一种度量。例如，若$\left|\chi(\tau, f)\right|$随着$\tau$和$f$的(模值)增加而迅速下降，则$\varepsilon^2$将越大，这表明两个目标就越容易分辨，即模糊度也就越小。在雷达信号处理中，目标分辨也可能在相参积累或者非相参积累后进行，这时也可以用$\left|\chi(\tau, f)\right|^2$作为两个相邻目标分辨能力的度量，但本质上都是一样的，在后续如无特殊说明，均以$\left|\chi(\tau, f)\right|$作为标准来解释不同信号对两个相邻目标的分辨能力，并将其简称为模糊函数。

2. 典型脉冲信号的模糊函数

1) 单载频矩形脉冲信号

假设单载频矩形脉冲信号的复包络表达式为

$$u(t) = \begin{cases} 1, & 0 \leqslant t \leqslant T_p \\ 0, & \text{其他} \end{cases} \tag{0-8}$$

将式(0-8)代入式(0-5)，当$0 \leqslant \tau \leqslant T_p$时，可得模糊函数的表达式为

$$\begin{aligned}
\left|\chi(\tau, f)\right| &= \left|\int_{-\infty}^{\infty} u(t)u^*(t+\tau)e^{j2\pi ft}dt\right| \\
&= \left|\int_0^{T_p-\tau} e^{j2\pi ft}dt\right| \\
&= \left|\sin c(f(T_p-\tau))(T_p-\tau)\right|
\end{aligned} \tag{0-9}$$

当$-T_p \leqslant \tau \leqslant 0$时，可得模糊函数的表达式为

$$\begin{aligned}
\left|\chi(\tau, f)\right| &= \left|\int_{-\infty}^{\infty} u(t)u^*(t+\tau)e^{j2\pi ft}dt\right| \\
&= \left|\int_{-\tau}^{T_p} e^{j2\pi ft}dt\right| \\
&= \left|\sin c(f(T_p+\tau))(T_p+\tau)\right|
\end{aligned} \tag{0-10}$$

结合式(0-9)和式(0-10)，可以给出单载频矩形脉冲信号的模糊函数为

$$\left|\chi(\tau,f)\right| = \begin{cases} \left|\sin c(f(T_p-\left|\tau\right|))(T_p-\left|\tau\right|)\right|, & \left|\tau\right| \leqslant T_p \\ 0, & \text{其他} \end{cases} \quad (0\text{-}11)$$

图 0-1 为单载频矩形脉冲信号的模糊函数图。可以看出，模糊函数图呈现刀刃形状，刀刃方向与轴线重合，其体积大部分集中在主峰，而且主峰宽度较宽。由模糊函数的定义可知，主峰越宽，说明信号越不容易区分。下面具体说明。

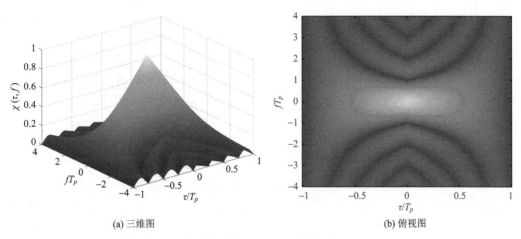

(a) 三维图　　　　　　　　　　　　　(b) 俯视图

图 0-1　单载频矩形脉冲信号的模糊函数图（$T_p = 2\mu s$）

单载频矩形脉冲信号的模糊函数在零多普勒切面的表达式为

$$\left|\chi(\tau,0)\right| = \left|(T_p-\left|\tau\right|)\right|, \quad \left|\tau\right| \leqslant T_p \quad (0\text{-}12)$$

由式(0-12)可知，当 $\tau_0 = T_p$ 时，$\left|\chi(\tau,0)\right| = 0$，这说明单载频矩形脉冲信号的目标距离分辨率为

$$\Delta R = \frac{c\tau_0}{2} = \frac{cT_p}{2} \quad (0\text{-}13)$$

模糊函数在零多普勒的切面图如图 0-2 所示。

单载频矩形脉冲信号的模糊函数在零时延切面的表达式为

$$\left|\chi(0,f)\right| = T_p\left|\sin c(fT_p)\right|, \quad \left|\tau\right| \leqslant T_p \quad (0\text{-}14)$$

由式(0-14)可知，当 $f_0 = 1/T_p$ 时，$\left|\chi(0,f)\right| = 0$，这说明单载频矩形脉冲信号的目标速度分辨率为

$$\Delta v = \frac{\lambda f_0}{2} = \frac{\lambda}{2T_p} \quad (0\text{-}15)$$

结合式(0-13)和式(0-15)可知，对于单载频矩形脉冲信号，其目标距离分辨率和速度分辨率是一对矛盾关系，即利用单载频矩形脉冲信号的雷达系统不能同时兼顾目标的测距与测速性能。模糊函数在零时延的切面图如图 0-3 所示。

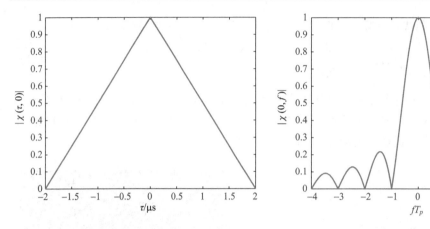

图 0-2　单载频矩形脉冲信号模糊函数在
零多普勒的切面图（$T_p = 2\mu s$）

图 0-3　单载频矩形脉冲信号模糊函数在
零延时的切面图（$T_p = 2\mu s$）

2）线性调频脉冲信号

假设线性调频脉冲信号的复包络表达式为

$$u(t) = \begin{cases} \mathrm{e}^{\mathrm{j}\pi\gamma t^2}, & 0 \leqslant t \leqslant T_p \\ 0, & \text{其他} \end{cases} \tag{0-16}$$

式中，γ 为调制斜率。由于线性调频信号的模糊函数已在 5.2 节进行了详细讨论，这里直接给出最终结果（式（0-17））

$$\left| \chi(\tau, f) \right| = \begin{cases} \left| \sin c((f - \gamma\tau)(T_p - |\tau|))(T_p - |\tau|) \right|, & |\tau| \leqslant T_p \\ 0, & \text{其他} \end{cases} \tag{0-17}$$

图 0-4 为线性调频信号的模糊函数图。线性调频信号的模糊函数图为斜刀刃形，刀刃方向为

$$f = \gamma\tau \tag{0-18}$$

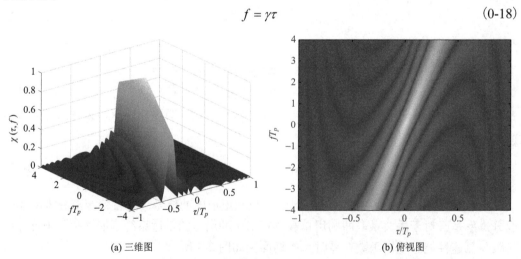

(a) 三维图　　　　　　　　　　　　(b) 俯视图

图 0-4　线性调频信号的模糊函数图（$T_p = 2\mu s$，$B = 6\mathrm{MHz}$）

　　由 5.2 节分析可知，与单载频矩形脉冲信号相比，线性调频信号在目标距离分辨上更优，但在多普勒分辨上是相同的。

　　3) 相参脉冲串信号

　　假设相参脉冲串信号的表达式为

$$u(t) = \sum_{n=0}^{N-1} u_1(t - nT_r) \tag{0-19}$$

式中，$u_1(t)$ 为单载频矩形脉冲信号，具体表达式见式(0-8)；T_r 为脉冲重复周期；N 为脉冲串重复个数。

　　当 $pT_r \leqslant \tau \leqslant pT_r + T_p$，且 $0 \leqslant p \leqslant N-1$ 时，有

$$
\begin{aligned}
|\chi(\tau, f, p)| &= \left| \int_{-\infty}^{\infty} u(t) u^*(t+\tau) \mathrm{e}^{\mathrm{j}2\pi ft} \mathrm{d}t \right| \\
&= \left| \int_{0}^{T_p-(\tau-pT_r)} \mathrm{e}^{\mathrm{j}2\pi ft} \mathrm{d}t + \int_{T_r}^{T_r+T_p-(\tau-pT_r)} \mathrm{e}^{\mathrm{j}2\pi ft} \mathrm{d}t + \cdots + \int_{(N-1-p)T_r}^{(N-1-p)T_r+T_p-(\tau-pT_r)} \mathrm{e}^{\mathrm{j}2\pi ft} \mathrm{d}t \right| \\
&= \left| 1 + \mathrm{e}^{\mathrm{j}2\pi fT_r} + \cdots + \mathrm{e}^{\mathrm{j}2\pi f(N-1-p)T_r} \right| \left| \frac{\mathrm{e}^{\mathrm{j}\pi f(T_p-(\tau-pT_r))} - \mathrm{e}^{-\mathrm{j}\pi f(T_p-(\tau-pT_r))}}{\mathrm{j}2\pi f} \right| \\
&= \left| \frac{\sin(\pi f(N-p)T_r)}{\sin(\pi fT_r)} \right| \left| \sin c(f(T_p - (\tau - pT_r)))(T_p - (\tau - pT_r)) \right|
\end{aligned}
\tag{0-20}
$$

　　当 $pT_r - T_p \leqslant \tau \leqslant pT_r$，且 $0 \leqslant p \leqslant N-1$ 时，有

$$
\begin{aligned}
|\chi(\tau, f, p)| &= \left| \int_{-\infty}^{\infty} u(t) u^*(t+\tau) \mathrm{e}^{\mathrm{j}2\pi ft} \mathrm{d}t \right| \\
&= \left| \int_{-(\tau-pT_r)}^{T_p} \mathrm{e}^{\mathrm{j}2\pi ft} \mathrm{d}t + \int_{T_r-(\tau-pT_r)}^{T_r+T_p} \mathrm{e}^{\mathrm{j}2\pi ft} \mathrm{d}t + \cdots + \int_{(N-1-p)T_r-(\tau-pT_r)}^{(N-1-p)T_r+T_p} \mathrm{e}^{\mathrm{j}2\pi ft} \mathrm{d}t \right| \\
&= \left| 1 + \mathrm{e}^{\mathrm{j}2\pi fT_r} + \cdots + \mathrm{e}^{\mathrm{j}2\pi f(N-1-p)T_r} \right| \left| \frac{\mathrm{e}^{\mathrm{j}\pi f(T_p+(\tau-pT_r))} - \mathrm{e}^{-\mathrm{j}\pi f(T_p+(\tau-pT_r))}}{\mathrm{j}2\pi f} \right| \\
&= \left| \frac{\sin(\pi f(N-p)T_r)}{\sin(\pi fT_r)} \right| \left| \sin c(f(T_p + (\tau - pT_r)))(T_p + (\tau - pT_r)) \right|
\end{aligned}
\tag{0-21}
$$

　　当 $pT_r \leqslant \tau \leqslant pT_r + T_p$，且 $-(N-1) \leqslant p \leqslant 0$ 时，有

$$
\begin{aligned}
|\chi(\tau, f, p)| &= \left| \int_{-\infty}^{\infty} u(t) u^*(t+\tau) \mathrm{e}^{\mathrm{j}2\pi ft} \mathrm{d}t \right| \\
&= \left| \int_{0}^{T_p-(\tau-pT_r)} \mathrm{e}^{\mathrm{j}2\pi ft} \mathrm{d}t + \int_{T_r}^{T_r+T_p-(\tau-pT_r)} \mathrm{e}^{\mathrm{j}2\pi ft} \mathrm{d}t + \cdots + \int_{(N-1+p)T_r}^{(N-1+p)T_r+T_p-(\tau-pT_r)} \mathrm{e}^{\mathrm{j}2\pi ft} \mathrm{d}t \right| \\
&= \left| 1 + \mathrm{e}^{\mathrm{j}2\pi fT_r} + \cdots + \mathrm{e}^{\mathrm{j}2\pi f(N-1+p)T_r} \right| \left| \frac{\mathrm{e}^{\mathrm{j}\pi f(T_p-(\tau-pT_r))} - \mathrm{e}^{-\mathrm{j}\pi f(T_p-(\tau-pT_r))}}{\mathrm{j}2\pi f} \right| \\
&= \left| \frac{\sin(\pi f(N+p)T_r)}{\sin(\pi fT_r)} \right| \left| \sin c(f(T_p - (\tau - pT_r)))(T_p - (\tau - pT_r)) \right|
\end{aligned}
\tag{0-22}
$$

当 $pT_r - T_p \leqslant \tau \leqslant pT_r$，且 $-(N-1) \leqslant p \leqslant 0$ 时，有

$$
\begin{aligned}
|\chi(\tau, f, p)| &= \left| \int_{-\infty}^{\infty} u(t)u^*(t+\tau)\mathrm{e}^{\mathrm{j}2\pi ft}\mathrm{d}t \right| \\
&= \left| \int_{-(\tau-pT_r)}^{T_p} \mathrm{e}^{\mathrm{j}2\pi ft}\mathrm{d}t + \int_{T_r-(\tau-pT_r)}^{T_r+T_p} \mathrm{e}^{\mathrm{j}2\pi ft}\mathrm{d}t + \cdots + \int_{(N-1+p)T_r-(\tau-pT_r)}^{(N-1+p)T_r+T_p} \mathrm{e}^{\mathrm{j}2\pi ft}\mathrm{d}t \right| \\
&= \left| 1 + \mathrm{e}^{\mathrm{j}2\pi fT_r} + \cdots + \mathrm{e}^{\mathrm{j}2\pi f(N-1+p)T_r} \right| \left| \frac{\mathrm{e}^{\mathrm{j}\pi f(T_p+(\tau-pT_r))} - \mathrm{e}^{-\mathrm{j}\pi f(T_p+(\tau-pT_r))}}{\mathrm{j}2\pi f} \right| \\
&= \left| \frac{\sin(\pi f(N+p)T_r)}{\sin(\pi fT_r)} \right| \left| \sin \mathrm{c}(f(T_p+(\tau-pT_r)))(T_p+(\tau-pT_r)) \right|
\end{aligned}
\tag{0-23}
$$

综合式（0-20）～式（0-23），可得 $|\chi(\tau, f, p)|$ 的表达式为

$$
|\chi(\tau, f, p)| = \left| \frac{\sin(\pi f(N-|p|)T_r)}{\sin(\pi fT_r)} \right| |\chi_1(\tau-pT_r, f)|
\tag{0-24}
$$

式中，$|\chi_1(\tau, f)|$ 的具体表达式如式（0-11）所示。考虑到 p 的变化范围，可以给出相参脉冲串信号的模糊函数为

$$
|\chi(\tau, f)| = \sum_{p=-(N-1)}^{N-1} \left| \frac{\sin(\pi f(N-|p|)T_r)}{\sin(\pi fT_r)} \right| |\chi_1(\tau-pT_r, f)|
\tag{0-25}
$$

图 0-5 为相参脉冲串信号的模糊函数图。可以看出，模糊函数图呈现钉板形状，除了主峰，其他尖峰均为模糊瓣。相参脉冲串信号的模糊函数与单载频矩形脉冲信号的模糊函数相比，在多普勒分辨率上具有更加优越的性能，在距离分辨率上相同。另外，相参脉冲串信号的模糊函数在目标距离和速度测量上存在着周期性的模糊。下面具体说明。

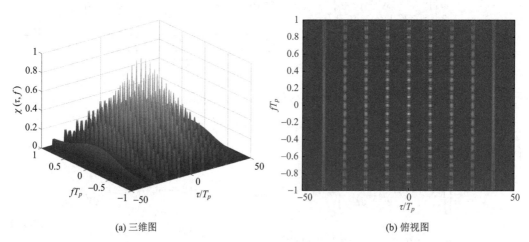

(a) 三维图　　　　　　　(b) 俯视图

图 0-5　相参脉冲串信号的模糊函数图（T_p=2μs，T_r=20μs）

相参脉冲串信号的模糊函数在零多普勒切面的表达式为

$$|\chi(\tau,0)| = \sum_{p=-(N-1)}^{N-1} (N - |p|)|(T_p - |\tau - pT_r|)| \tag{0-26}$$

由式(0-26)可知，当 $\tau_0 = T_p$ 时，$|\chi(\tau,0)| = 0$，这说明相参脉冲串信号的目标距离分辨率为

$$\Delta R = \frac{c\tau_0}{2} = \frac{cT_p}{2} \tag{0-27}$$

模糊函数在零多普勒的切面图如图 0-6 所示。

由式(0-26)可知，当 $\tau_0 = pT_r$ 且 $p \neq 0$ 时，$|\chi(\tau,0)|$ 分别取得相应的峰值，即距离上出现模糊。

相参脉冲串信号的模糊函数在零时延切面的表达式为

$$|\chi(0,f)| = |1 + e^{j2\pi fT_r} + \cdots + e^{j2\pi f(N-1)T_r}||\chi_1(0,f)| \tag{0-28}$$

由式(0-28)可知，当 $f_0 = 1/(NT_r)$ 时，$|\chi(0,f)| = 0$，这说明相参脉冲串信号的目标速度分辨率为

$$\Delta v = \frac{\lambda f_0}{2} = \frac{\lambda}{2NT_r} \tag{0-29}$$

由式(0-28)可知，当 $f_0 = k/T_r$ 时，$|\chi(0,f)|$ 取得峰值，这说明相参脉冲串信号的目标多普勒模糊周期为 $1/T_r$。相参脉冲串信号模糊函数在零多时延的切面图如图 0-7 所示。

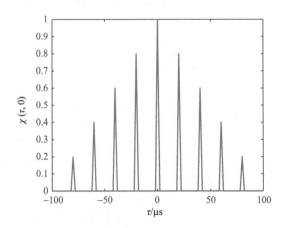

图 0-6　相参脉冲串信号模糊函数在零多普勒的切面图(T_p =2μs，T_r=20μs)

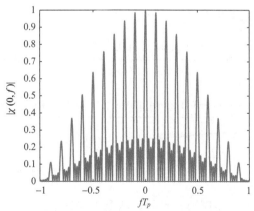

图 0-7　相参脉冲串信号模糊函数在零延时的切面图(T_p =2μs，T_r=20μs)

备注：

(1)上面主要是根据模糊函数的定义，在雷达采用不同信号时，对目标距离和速度的分辨率进行了讨论。

(2)如果将式(0-5)中的信号，一个理解为目标回波信号，一个理解为干扰或者杂波信号，那么利用上面内容也可对雷达采用该信号时的杂波抑制能力进行分析。

(3)如果将式(0-5)中的信号，一个理解为目标回波信号，一个理解为匹配滤波信号，那么利用上面内容也可对雷达采用该信号时的距离和速度测量精度进行分析。

雷达最大不模糊
距离的计算

附录 B　雷达最大不模糊距离的计算

雷达术语有多个与距离相关的概念，如最大直视距离、最大不模糊距离。本部分讨论的最大不模糊距离是指能够对目标进行无模糊精准测量的最大距离，此时不考虑雷达功率以及雷达与目标之间的通视情况。

1. 理想情况

假设雷达发射信号采用参差变化类型，参差数目为 N，脉冲重复周期分别为 $T_{ri}, i=1,2,\cdots,N$。不失一般性，令 T_{ri} 之间互为质数。根据参差测距的原理，雷达最大不模糊距离 $R_{\max}$ 满足式(0-30)：

$$R_{\max} = \frac{k_1 c T_{r1}}{2} = \frac{k_2 c T_{r2}}{2} = \cdots = \frac{k_N c T_{rN}}{2} \tag{0-30}$$

式中，$k_i(i=1,2,\cdots,N)$ 为满足式(0-30)的最小正整数。

对式(0-30)最简单的求解方法便是穷举法，即从 N 维空间对式(0-30)进行搜索，直至满足等式条件；另一种方法是基于脉冲重复周期的最小公倍数进行解析求解。为了说明参差信号在最大不模糊距离测量上的优越性，下面举例说明。假设雷达发射信号为两参差，脉冲重复间隔分别为 11μs、12μs，按照式(0-30)可以计算得到 $R_{\max}=19.8$ km，如图 0-8 所示。

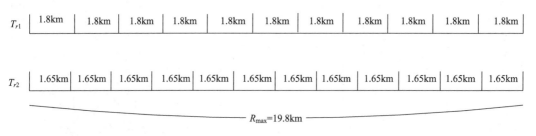

图 0-8　参差信号对应的最大不模糊距离示意图

由图 0-8 可知，两参差对应的最大不模糊距离为 19.8km，与脉冲重复间隔固定为 12μs 的雷达相比，最大不模糊距离扩大了 11 倍，与脉冲重复间隔固定为 11μs 的雷达相比，最大不模糊距离扩大了 12 倍。这说明使用脉冲重复间隔参差这种变化类型能够有效提高雷达的最大不模糊距离。

2. 非理想情况

前面假设雷达的距离测量没有任何误差，但在现实情况下由于信号本身的测量精度、噪声、设备状态不稳定等因素的影响，雷达的距离测量存在一定的误差，这就对雷达的最大不模糊距离产生影响，假设各种因素累积造成的测距容限为 R'，则雷达最大不模糊距离 R_{max} 满足如式(0-31)：

$$\left| R_{max} - \frac{k_i c T_{ri}}{2} \right| \leqslant \frac{R'}{2}, \quad i = 1, 2, \cdots, N \tag{0-31}$$

式中，$k_i(i = 1, 2, \cdots, N)$ 为满足式(0-31)的最小正整数。当容限距离 $R' = 151\text{m}$ 时，按照式(0-31)可以计算得到 $R_{max} = 1.7255\text{km}$，如图 0-9 所示。

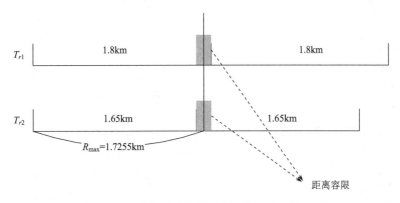

图 0-9　参差信号对应的最大不模糊距离示意图

在考虑到测量误差因素的影响时，雷达的最大不模糊距离可能会变小。下面引用一组更加贴近实际应用的例子来说明这个问题。假设雷达发射信号为四参差，脉冲重复间隔分别为 36μs、52μs、89μs、42μs，按照式(0-30)可以计算得到 $R_{max} = 43734.6\text{km}$，这是一个非常大的值，也就是说如果雷达的能量足够大且雷达与目标之间可以通视，那么雷达能够实现 $4 \times 10^4\text{km}$ 以上的无模糊测距，这是一个不可想象的事情。考虑到实际因素的影响，雷达系统的测距容限为 $R' = 751\text{m}$，那么按照式(0-31)测得最大不模糊距离为 $R_{max} = 226.58\text{km}$。这与理想情况相比要小得多，而且更符合实际，随着测距容限的增大，最大不模糊距离会进一步减小。综合上面的论述，站在雷达对抗的角度分析雷达最大不模糊距离时，一定要考虑测距容限进行综合分析。

附录 C　常用术语

英文名称	中文名称
Air Surface Radar	对空搜索雷达
Air Surveillance Radar	对空监视雷达
Airborne Doppler Radar	机载多普勒雷达
Airborne Early Warning Radar	机载预警雷达
Airborne Weather Radar	机载气象雷达
Antenna Aperture	天线孔径
Antenna Area	天线(有效)面积
Antenna Beam Width	天线波束宽度

续表

英文名称	中文名称
Antenna Beaming	天线方位
Azimuth Angle	方位角
Beam Forming	波束形成
Blind Phase	盲相
Blind Range	盲距
Blind Speed	盲速
Carrier Frequency	载频
Coast Defense Radar	岸防雷达
Coherent Pulse Radar	相干脉冲雷达
Compression Rate[Ratio]	压缩比
Constant False Alarm Rate	恒虚警率
Constant Frequency Pulse	恒定频率脉冲
Continuous-Wave Signal	连续波信号
CW Radar	连续波雷达
Data Rate	数据率
Detection Range	探测范围
Direction Finding	测向
Directional Diagram	方向图
Doppler Ambiguity	多普勒模糊
Doppler Radar	多普勒雷达
Doppler Signal	多普勒信号
Echo Signal	回波信号
Effective Bandwidth	有效带宽
Electromagnetic Interference	电磁干扰
Electronic Camouflage	电子伪装
Electronic Intelligence	电子情报
Electronic Reconnaissance	电子侦察
Electronic Scan	电子扫描
End-Guidance Radar	末制导雷达
False Alarm Probability	虚警概率
False Pulse	假脉冲
Fixed Frequency	固定频率
FM-CW Radar	调频连续波雷达
Frequency Agility（FA）	频率捷变
Frequency Code	频率编码
Frequency Diversity	频率分集
Frequency Domain Analysis	频域分析
Ground-Wave Propagation	地波传播
Guidance Radar	制导雷达

续表

英文名称	中文名称
Gun-Laying Radar	炮瞄雷达
Gunfire Control Radar	火控雷达
Height Finding in 3D Radar	三坐标测高雷达
HF OTH Radar	高频超视距雷达
High Resolution	高分辨率
Horizontal Scan	水平扫描
Identification Beacon	识别信标
Identification Probability	识别概率
Identification Pulse	识别脉冲
Imaging Radar	成像雷达
Impulse Bandwidth	脉冲带宽
Impulse Code	脉冲编码
Impulse Radar	脉冲雷达
Impulse Train	脉冲序列
Impulse Waveform	脉冲波形
Inclined Slot Array Antenna	斜缝隙天线阵
Incoherent Radar	非相参脉冲雷达
Initial Pulse	起始脉冲
Instantaneous Bandwidth	瞬时带宽
Instantaneous Frequency	瞬时频率
Ionosphere	电离层
Large Time Duration-Bandwidth Product Signal	大时宽(带宽积)信号
Leaky-Pipe Antenna	波导裂缝天线
Lobe Shifting	波瓣转换
Lobe Width	波瓣宽度
Long Range Surveillance Radar	远程监视雷达
Loss Factor(In Radar Equation)	损耗因子(雷达方程)
Lost Pulse	漏脉冲
Low Altitude Target	低空目标
Magnetron	磁控管
Main Lobe	主瓣
Main Lobe Beamwidth	主瓣宽度
Main Lobe Cancellation	主瓣对消
Main-Lobe Jamming	主瓣干扰
Main-Lobe Clutter	主瓣杂波
Marine Navigation Radar	海用导航雷达
Mark Pulse	标识脉冲
Matched Filter	匹配滤波器
Matched Receiver	匹配接收机
Maximum Detection Range	最大作用距离
Mechanical Scanning	机械扫描
Medium Frequency	中频

英文名称	中文名称
Meteorological Radar	气象雷达
Metric-Wave Radar	米波雷达
Modulating Pulse	调制脉冲
Monopulse Radar	单脉冲雷达
Monopulse Tracking	单脉冲跟踪
Moving Target Detection (MTD) Radar	动目标检测雷达
Moving Target Indication (MTI) Radar	动目标显示雷达
Multipath Effect	多径效应
Multiple-Beam Antenna	多波束天线
Multiple-Beam Radar	多波束雷达
Neural Network	神经网络
Noise Elimination	噪声抑制
PRF Jitter	重频抖动
PRF Sliding	重频滑变
PRF Stagger	重频参差
Processing Gain	处理增益
Pulse Amplitude Modulation	脉冲幅度调制
Pulse Compression	脉冲压缩
Pulse Compression Ratio	脉冲压缩比
Radar Cross Section (RCS)	雷达截面积
Radar Detection	雷达探测
Radar Equation	雷达方程
Radar False Target	雷达假目标
Radar Netting	雷达组网
Radar Operation Modes	雷达工作模式
Radar Range Prediction	雷达距离估算
Radar Resolution	雷达分辨力
RF Diversity	射频分集
Sampling Period	采样周期
Saturation Chaff	饱和箔条
Scan Period	扫描周期
Target Recognition	目标识别
Ultra-Low Sidelobe	超低副瓣(旁瓣)
Velocity Compensation	速度补偿
Velocity-Gate Deception	速度门欺骗
Velocity Tracking	速度跟踪
Warning Radar	警戒雷达
Waveform Analysis	波形分析
Waveform Parameter	波形参数
Zone of Radar Coverage	雷达覆盖范围

附录 D　常用缩略语

英文缩写	英文全称	中文名称
ADBF	Adaptive Digital Beam Forming	自适应波束形成
AED	Adaptive Energy Detector	自适应能量检测器
AMF	Adaptive Match Filter	自适应匹配滤波器
AP	Affinity Propagation	近邻传播
APC	Antenna Phase Center	天线相位中心
ARM	Anti-Radiation Missile	反辐射导弹
ATR	Automatic Target Recognition	自动目标识别
BSBL	Block Sparse Bayesian Learning	块稀疏贝叶斯学习
CAE	Convolutional Auto-Encoder	卷积自编码网络
CBSBL	Complex Block Sparse Bayesian Learning	复杂块稀疏贝叶斯学习
CCD	Coherent Change Detection	相干变化检测
CFAR	Constant False Alarm Rate	恒虚警率
CFO	Carrier Frequency Offset	载波频偏
CFT	Chirp-Fourier Transform	Chirp-Fourier 变换
CNN	Convolutional Neural Networks	卷积神经网络
CoSaMP	Compressive Sampling Matching Pursuit	压缩采样匹配追踪算法
CPEP	Circular Position Error Probability	圆位置误差概率
CPI	Coherent Processing Interval	相干处理间隔
CS	Compressed Sensing	压缩感知
CSAR	Circular Synthetic Aperture Radar	圆迹合成孔径雷达
CSRDI	Coherent Single Range Doppler Interferometry	相干单距离多普勒干涉
CW	Continuous Wave	连续波
CWM	Choppy Wave Model	尖峰模型
DAC	Digital to Analog Converter	数字模拟转换器
DBF	Digital Beam Forming	数字波束形成
DBZ	Doppler Blind Zone	多普勒盲区
DEKO	Detection of Artificial Objects in Sea Area	海上人造目标检测
DEM	Digital Elevation Model	数字高程模型
DFM	Doppler Frequency Migration	多普勒徙动效应
DOA	Direction of Arrival	信号到达角度
DPCA	Displaced Phase Center Antenna	相位中心偏置天线
EC	Eigen Canceller	特征相消器
ELINT	Electronic Intelligence	电子情报
EM	Electro Magnetic	电磁
EPC	Effective Phase Center	等效相位中心
EPM	Equivalent Plane Model	等效平面模型

续表

英文缩写	英文全称	中文名称
ESM	Electronic Support Measures	电子支援措施
FCM	Fuzzy Clustering Method	模糊聚类
FDA	Frequency Diverse Array	频率分集阵列
FMCW	Frequency Modulated Continuous Wave	调频连续波
FRFT	FRactional Fourier Transform	分数阶傅里叶变换
FSR	Forward Scatter Radar	前向散射雷达
GBSAR	Ground-Based SAR	地基 SAR
GMTIm	Ground Moving Target Imaging	地面运动目标成像
GMTI	Ground Moving Target Indication	地面运动目标指示
GM-PHD	Gaussian Mixture Probability Hypothesis Density	高斯混合概率假设密度
GNSS	Global Navigation Satellite System	全球卫星导航系统
GPS	Global Positioning System	全球定位系统
GRP	Ground Penetrating Radar	探地雷达
GSC	Generalized Sidelobe Canceller	广义旁瓣对消器
GSTFRFT	Gaussian Short-Time FRFT	高斯短时分数阶傅里叶变换
GTD	Geometrical Theory of Diffraction	几何绕射理论
HPBW	Half Power Beam Width	半功率波束宽度
HRRP	High Resolution Range Profile	高分辨距离像
ICA	Independent Component Analysis	独立成分分析
IID	Independent Identical Distribution	独立同分布
IF	Instantaneous Frequency	瞬时频率
IMU	Inertial Measurement Unit	惯性测量单元
INS	Inertial Navigation System	惯性导航系统
LS	Least Squares	最小二乘
ISAR	Inverse Synthetic Aperture Radar	逆合成孔径雷达
ITA	Iterative Thresholding Algorithm	迭代阈值算法
LASAR	Linear Array Synthetic Aperture Radar	阵列三维合成孔径雷达
LFM	Linear Frequency Modulation	线性调频调制
LiDAR	Light Detection and Ranging	激光成像雷达
LOS	Light of Sight	雷达视角
MALD	Miniature Air Launched Decoy	微型空射诱饵
MDV	Minimum Detectable Velocity	最小可检测速度
m-D	Micro-Doppler	微多普勒
MFAS	Multi-Function Active Sensor	多功能有源传感器
MIMO	Multiple Input Multiple Output	多发多收
Mini-SAR	Miniature SAR	微型 SAR
ML	Maximum Likelihood	最大似然
MTD	Moving Target Detection	动目标检测

英文缩写	英文全称	中文名称
MTI	Moving Target Indication	动目标指示
MVDR	Minimum Variance Distortionless Response	最小方差无畸变
MUSIC	MUltiple Signal Classification	多重信号分类
NCS	Non-linear Chirp Scaling	非线性频调变标
NMS	Non-Maximum Suppression	非极大值抑制算法
NUDFT	Non-Uniform Discrete Fourier Transforms	非均匀采样快速傅里叶变换
NUFFT	Non-Uniform Fast Fourier Transforms	非均匀快速傅里叶变换
OFDM	Orthogonal Frequency Division Multiplexing	正交频分复用
OMP	Orthogonal Matching Pursuit	正交匹配追踪
OSA	Overlapped Subaperture Algorithm	重叠子孔径算法
OSPA	Optimal Sub-Pattern Assignment	最优子模式分配
OTHR	Over-the-Horizon Radar	天波超视距雷达
OW	Orthogonal Waveforms	正交波形
PC	Phase Coded	相位编码
PCA	Phase Correction Algorithm	相位修正算法
PCL	Passive Coherent Location	无源相干定位
PD	Phase Difference	相位差
PMEPR	Peak-to-Mean Envelope Power Ratio	包络峰均比
POS	Position and Orientation System	定位定向系统
PPM-UWB	Pulse Position Modulation-Ultra Wide Band	脉冲超宽带
PRF	Pulse Repetition Frequency	脉冲重复频率
PRI	Pulse Repetition Interval	脉冲重复周期(间隔)
PSLR	Peak Side Lobe Ratio	峰值旁瓣比
PSWF	Prolate Spheroidal Wave Function	扁长椭球函数
PW	Pulse Width	脉冲宽度
PWC	Pulse Width Coded	脉冲宽度编码
PWM	Pulse Width Modulation	脉冲宽度调制
RATR	Radar Automatic Target Recognition	雷达自动目标识别
RCS	Radar Cross Section	雷达散射截面积
RD	Range Doppler	距离多普勒
RF	Radio Frequency	射频(频率)
RSS	Received Signal Strength	信号到达强度
RTS	Reconstruction Time Sample	重构时间采样
SAE	Sparse Auto Encoder	稀疏自编码器
SAL	Synthetic Aperture Rader	激光合成孔径雷达
SAR	Synthetic Aperture Radar	合成孔径雷达
SBL	Sparse Bayesian Learning	稀疏贝叶斯学习
SCM	Sample Covariance Matrix	采样斜协方差矩阵

续表

英文缩写	英文全称	中文名称
SCR	Signal-to-Clutter Ratio	信噪比
SNR	Signal-to-Noise Ratio	单脉冲信噪比
SRDI	Single Range Doppler Interferometry	单距离多普勒干涉
SRMF	Single Range Matched-Filter	单距离匹配滤波
STAP	Space-Time Adaptive Processing	空时自适应处理
STAR	Space Time Auto-Regressive	空时自回归
STFT	Short-Time Fourier Transform	短时傅里叶变换
SVM	Support Vector Machine	支持向量机
TDC	Time Domain Correlation	时域相关
TDOA	Time Difference of Arrival	信号到达时差